今すぐ使える かんたん

Excel
（エクセル）

文書作成

稲村暢子 著

完全（コンプリート）

［2019/2016/2013/
365対応版］

ガイドブック

困った解決 & 便利技

技術評論社

本書の使い方

● 本書は、Excelでの文書作成の操作に関する質問に、Q&A方式で回答しています。

● 目次を参考にして、知りたい操作のページに進んでください。

● 画面を使った操作の手順を追うだけで、Excelの文書作成に関する操作がわかるようになっています。

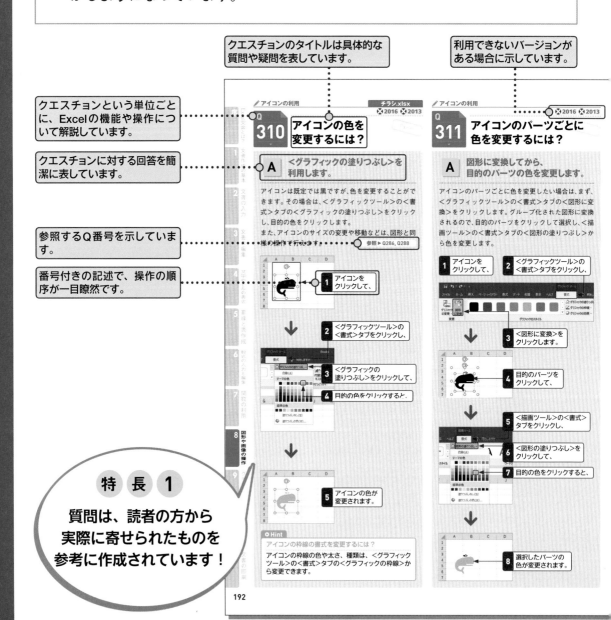

クエスチョンのタイトルは具体的な質問や疑問を表しています。

利用できないバージョンがある場合に示しています。

クエスチョンという単位ごとに、Excelの機能や操作について解説しています。

クエスチョンに対する回答を簡潔に表しています。

参照するQ番号を示しています。

番号付きの記述で、操作の順序が一目瞭然です。

特長 1
質問は、読者の方から実際に寄せられたものを参考に作成されています！

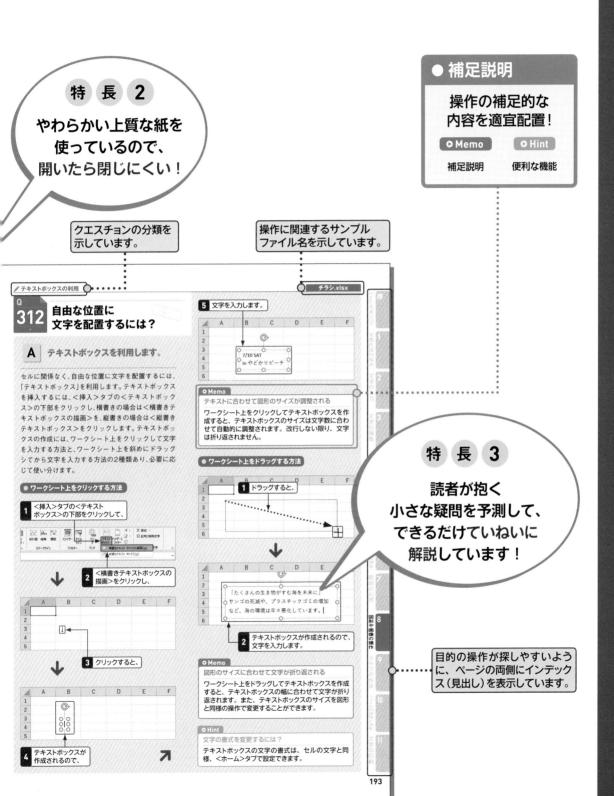

特 長 **2**

やわらかい上質な紙を
使っているので、
開いたら閉じにくい！

● 補足説明

操作の補足的な
内容を適宜配置！

○ Memo　　　○ Hint

補足説明　　便利な機能

クエスチョンの分類を
示しています。

操作に関連するサンプル
ファイル名を示しています。

✎ テキストボックスの利用

チラシ.xlsx

Q 312

自由な位置に
文字を配置するには？

A テキストボックスを利用します。

セルに関係なく、自由な位置に文字を配置するには、「テキストボックス」を利用します。テキストボックスを挿入するには、<挿入>タブの<テキストボックス>の下部をクリックし、横書きの場合は<横書きテキストボックスの描画>を、縦書きの場合は<縦書きテキストボックス>をクリックします。テキストボックスの作成には、ワークシート上をクリックして文字を入力する方法と、ワークシート上を斜めにドラッグしてから文字を入力する方法の2種類あり、必要に応じて使い分けます。

● ワークシート上をクリックする方法

1 <挿入>タブの<テキストボックス>の下部をクリックして、

2 <横書きテキストボックスの描画>をクリックし、

3 クリックすると、

4 テキストボックスが作成されるので、

5 文字を入力します。

○ Memo
テキストに合わせて図形のサイズが調整される
ワークシート上をクリックしてテキストボックスを作成すると、テキストボックスのサイズは文字数に合わせて自動的に調整されます。改行しない限り、文字は折り返されません。

● ワークシート上をドラッグする方法

1 ドラッグすると、

2 テキストボックスが作成されるので、文字を入力します。

○ Memo
図形のサイズに合わせて文字が折り返される
ワークシート上をドラッグしてテキストボックスを作成すると、テキストボックスの幅に合わせて文字が折り返されます。また、テキストボックスのサイズを図形と同様の操作で変更することができます。

○ Hint
文字の書式を変更するには？
テキストボックスの文字の書式は、セルの文字と同様、<ホーム>タブで設定できます。

特 長 **3**

読者が抱く
小さな疑問を予測して、
できるだけていねいに
解説しています！

目的の操作が探しやすいように、ページの両側にインデックス（見出し）を表示しています。

図形や画像の操作

序章 Excel文書とは？

Excel で文書を作成するメリット ……………………………………………………… 22

基本的なビジネス文書の構成 …………………………………………………………… 24

Excel で文書を作成する流れ …………………………………………………………… 26

本書で作成しているおもなビジネス文書 …………………………………………… 30

第1章 文書作成の基本

／用紙設定

Question 001 用紙のサイズを設定するには？ ………………………………………… 40

002 印刷の向きを設定するには？ ……………………………………………… 40

003 用紙の余白サイズを設定するには？ …………………………………… 41

／データの入力

Question 004 セルに文字を入力するには？ ……………………………………………… 41

005 入力した文字の一部を修正するには？ …………………………………… 42

006 セル内の文字を改行するには？ …………………………………………… 42

／行/列/セルの操作

Question 007 行の高さや列の幅を変更するには？ ………………………………… 42

008 文書のタイトルを左右中央に入力するには？ …………………………… 43

／文字の書式

Question 009 セル内のすべての文字を表示するには？ ………………………… 43

010 セル内の文字の横の配置を設定するには？ …………………………… 44

011 セル内の文字の縦の配置を設定するには？ …………………………… 44

012 フォントのサイズを変更するには？ …………………………………… 45

013 フォントの種類を変更するには？ …………………………………………… 45

／ファイルの保存

Question 014 文書を保存するには？ …………………………………………………… 46

📄 文書の印刷

Question	015	印刷イメージを確認するには？	47
	016	文書を印刷するには？	47

第2章 文書の入力

📄 セルの移動

Question	017	セル［A1］にすばやく移動するには？	48
	018	行の先頭にすばやく移動するには？	48
	019	表の右下のセルにすばやく移動するには？	48
	020	データが入力されている範囲の端に移動するには？	48
	021	任意のセルにすばやく移動するには？	49
	022	画面単位で表示範囲を切り替えるには？	49
	023	アクティブセルにすばやく移動するには？	50
	024	データ入力で効率よくセルを移動するには？	50
	025	Enter を押したあとに右のセルに移動するには？	50

📄 データの入力

Question	026	入力したデータを下のセルにコピーするには？	51
	027	セルのデータをすばやく削除するには？	51
	028	姓と名を別々のセルに分けるには？	51
	029	姓名に「様」を一括でつけるには？	52
	030	特定のセル範囲にデータを入力するには？	52
	031	隣接するセルに同じデータをかんたんに入力するには？	53
	032	連続した数値や日付を入力するには？	53
	033	数値を規則にしたがって入力するには？	54
	034	連続データの入力をコピーに切り替えるには？	55
	035	月や年単位で増える連続データを入力するには？	55
	036	曜日をかんたんに入力するには？	56
	037	オートフィルを実行できない場合は？	56
	038	オリジナルの連続データを入力するには？	57
	039	データをコピー＆貼り付けで入力するには？	58
	040	同じデータを複数のセルにまとめて入力するには？	58
	041	データの入力をキャンセルするには？	59

042 入力候補を使ってデータを入力するには？ ················ 59

043 入力候補が表示されないようにするには？ ················ 59

044 確定した漢字を再度変換するには？ ···················· 60

045 箇条書きの行頭記号を入力するには？ ·················· 60

046 「〒」などの特殊な記号を入力するには？ ················ 60

047 「㊞」などの囲い文字を入力するには？ ················ 61

048 数学記号を入力するには？ ···························· 61

049 郵便番号から住所を入力するには？ ···················· 62

050 日本語が入力できない場合は？ ························ 62

051 英字の先頭が自動的に大文字になった場合は？ ·········· 62

052 URL やメールアドレスの下線を消すには？ ·············· 63

053 スペルミスをチェックするには？ ···················· 63

054 入力中にスペルミスが修正されるようにするには？ ········ 64

数値の入力

Question 055 数値に「,（カンマ）」を入れて表示するには？ ············ 64

056 通貨記号の位置を揃えるには？ ························ 65

057 数値に「円」を付けて表示するには？ ·················· 65

058 小数点を自動的に入力するには？ ······················ 66

059 数値が「####」と表示される場合は？ ·················· 66

060 数値が「1.23E+11」のように表示される場合は？ ········ 67

061 小数点以下の数字が表示されない場合は？ ·············· 67

062 小数点以下の数値が四捨五入される場合は？ ············ 67

063 「0001」と入力すると「1」と表示される場合は？ ········ 68

064 「123 千」のように数値を千単位で表示するには？ ········ 68

065 「○○○万○千円」のように表示するには？ ·············· 69

066 負の値の先頭に「▲」を表示するには？ ················ 69

067 電話番号の「-」を「()」にかんたんに変更するには？ ······ 70

068 電話番号の「-」をかんたんに表示するには？ ············ 70

069 「(1)」と入力すると、「-1」と変換される場合は？ ········ 71

日付の入力

Question 070 現在の日付や時刻をかんたんに入力するには？ ·········· 71

071 日付の表示形式を設定するには？ ······················ 71

072 同じセルに日付と時刻を入力するには？ ················ 72

073 日付に曜日を表示するには？ ·························· 72

074 和暦で表示するには？ ································ 72

075 日付を入力したときに数値で表示される場合は？ ……………………………… 72

076 西暦を下2桁で入力すると1900年代で表示されるときは？ ………………… 73

077 「1-2-3」と入力したいのに「2001/2/3」と表示される場合は？ ……………… 73

078 「2020/1」と入力すると、「Jan-20」と表示される場合は？ …………………… 74

079 時刻を「1:00 PM」のように表示するには？ ……………………………………… 74

080 時刻を「25:10」のように表示するには？ ………………………………………… 74

✎ 入力規則

Question 081 入力するデータの種類を制限するには？ ………………………………………… 75

082 入力できる数値の範囲を制限するには？ ………………………………………… 75

083 指定以外のデータ入力時にメッセージが表示されるようにするには？ ……… 76

084 入力時にメッセージが表示されるようにするには？ …………………………… 76

085 リストから選択して入力できるようにするには？ ……………………………… 77

086 入力モードが自動的に切り替わるようにするには？ …………………………… 77

087 データの入力規則を削除するには？ ……………………………………………… 77

第3章 文書の編集

✎ セルの選択

Question 088 選択範囲を拡大/縮小するには？ …………………………………………………… 78

089 行や列全体を選択するには？ ……………………………………………………… 78

090 離れたセルを選択するには？ ……………………………………………………… 79

091 ワークシート全体を選択するには？ ……………………………………………… 79

092 表全体をすばやく選択するには？ ………………………………………………… 79

093 同じセル範囲を何度も選択する場合は？ ………………………………………… 80

094 空白のセルや数式が入力されたセルを選択するには？ ………………………… 80

✎ データの移動/コピー

Question 095 データを移動するには？ …………………………………………………………… 81

096 データをコピーするには？ ………………………………………………………… 82

097 1つのセルのデータを複数のセルにコピーするには？ ………………………… 83

098 以前コピーしたデータを貼り付けるには？ ……………………………………… 83

099 書式なしでデータだけコピーするには？ ………………………………………… 84

100 罫線なしでデータをコピーするには？ …………………………………………… 85

101 数式はコピーせずに計算結果だけをコピーするには？ ……………………………… 85

102 表の行と列を入れ替えてコピーするには？ ……………………………… 86

103 表の列幅を保持してコピーするには？ ……………………………… 86

🖊 行/列/セルの操作

Question **104** セルを挿入するには？ ……………………………… 87

105 セルを削除するには？ ……………………………… 87

106 「クリア」と「削除」の違いは？ ……………………………… 88

107 行や列を挿入するには？ ……………………………… 88

108 行や列を挿入したときに書式が設定されないようにするには？ …………… 89

109 複数の行の高さや列の幅を揃えるには？ ……………………………… 89

110 文字数に合わせて列幅を調整するには？ ……………………………… 89

111 行の高さや列の幅を数値で指定するには？ ……………………………… 89

112 行や列を隠すには？ ……………………………… 90

113 行や列を移動するには？ ……………………………… 91

114 行や列を削除するには？ ……………………………… 91

🖊 ワークシートの操作

Question **115** 新しいワークシートを追加するには？ ……………………………… 92

116 ワークシートを同じファイルに移動 / コピーするには？ ………………… 92

117 ワークシートをほかのファイルに移動 / コピーするには？ ……………… 93

118 ワークシートを削除するには？ ……………………………… 93

119 ワークシートの名前を変更するには？ ……………………………… 94

120 複数のワークシートをまとめて編集するには？ ………………………… 94

🖊 データの検索/置換

Question **121** 特定のデータを検索するには？ ……………………………… 95

122 ファイル全体から特定のデータを検索するには？ ……………………… 95

123 特定の文字をほかの文字に置き換えるには？ …………………………… 96

124 ワークシート内の特定の書式をまとめて変更するには？ ………………… 97

125 セルに入力されている空白をまとめて削除するには？ ………………… 98

🖊 データの操作

Question **126** 五十音順にデータを並べ替えるには？ ……………………………… 98

127 複数の条件でデータを並べ替えるには？ ……………………………… 99

128 特定の値が入力されたデータだけを表示するには？ …………………… 100

129 特定の文字を含むデータだけを表示するには？ ………………………… 100

130 「○○以上」のデータだけを表示するには？ ……………………………………… 101
131 抽出したデータを並べ替えるには？ ……………………………………………… 101
132 データの抽出を解除するには？ …………………………………………………… 102

✐ 表示設定

Question 133 表の行と列の見出しを常に表示するには？ ……………………………………… 102
134 ワークシートを分割して表示するには？ ………………………………………… 103
135 ワークシートを全画面に表示するには？ ………………………………………… 103
136 同じファイルのワークシートを並べて表示するには？ ………………………… 104
137 画面の表示を拡大 / 縮小するには？ ……………………………………………… 104

第4章 文字やセルの書式

✐ 文字の書式

Question 138 文字の色を変更するには？ ………………………………………………………… 105
139 一部の文字の書式を変更するには？ ……………………………………………… 105
140 上付き文字や下付き文字を入力するには？ ……………………………………… 105
141 文字列の左側に余白を入れるには？ ……………………………………………… 106
142 折り返した文字列の右端を揃えるには？ ………………………………………… 106
143 セル内に文字列を均等に配置するには？ ………………………………………… 107
144 均等割り付けの文字列の両端に余白を入れるには？ …………………………… 107
145 両端揃えや均等割り付けが設定できない？ ……………………………………… 107
146 文字を縦書きにするには？ ………………………………………………………… 108
147 文字を回転させるには？ …………………………………………………………… 108
148 文字が回転できない？ ……………………………………………………………… 109
149 漢字にふりがなを表示させるには？ ……………………………………………… 109
150 ふりがなが表示されない？ ………………………………………………………… 109
151 ふりがなを修正するには？ ………………………………………………………… 109
152 ふりがなをひらがなで表示するには？ …………………………………………… 110
153 ふりがなの書式を変更するには？ ………………………………………………… 110

✐ セルの書式

Question 154 セルの背景に色を付けるには？ …………………………………………………… 111
155 セルにスタイルを設定するには？ ………………………………………………… 111

156 セルに斜線などのパターンを設定するには？ ……………………………………… 112

✎ 条件付き書式

Question 157 「条件付き書式」とは？ ……………………………………………………………… 112

158 条件に一致するセルの色を変更するには？ ……………………………………… 113

159 土日の日付の色を変更するには？ ………………………………………………… 114

160 1行おきにセルの色を設定するには？ …………………………………………… 115

161 表のデータを追加すると自動的に罫線が引かれるようにするには？ ………… 116

162 条件付き書式の条件や書式を変更するには？ …………………………………… 117

163 複数の条件付き書式の優先順位を変更するには？ ……………………………… 117

164 条件付き書式を削除するには？ …………………………………………………… 118

✎ 文書全体の設定

Question 165 文書のテーマを変更するには？ …………………………………………………… 118

166 フォントパターンを変更するには？ ……………………………………………… 119

167 オリジナルのフォントパターンを作成するには？ ……………………………… 119

168 配色パターンを変更するには？ …………………………………………………… 120

169 オリジナルの配色パターンを作成するには？ …………………………………… 120

170 オリジナルのテーマを保存するには？ …………………………………………… 121

171 オリジナルのテーマを削除するには？ …………………………………………… 121

172 ワークシートの背景に画像を設定するには？ …………………………………… 122

173 「社外秘」「コピー厳禁」などの透かしを入れて印刷するには？ …………… 122

174 ページの背景の画像を印刷するには？ …………………………………………… 123

175 伝言メモなどの切り離して使う書類を作るには？ ……………………………… 124

第5章 罫線と表作成

✎ 罫線

Question 176 罫線を引くには？ …………………………………………………………………… 125

177 罫線の種類を設定するには？ ……………………………………………………… 126

178 罫線の種類をあとから変更するには？ …………………………………………… 126

179 罫線の色を設定するには？ ………………………………………………………… 127

180 斜めの罫線を引くには？ …………………………………………………………… 127

181 罫線を削除するには？ ……………………………………………………………… 128

182 切り取り線を作成するには？ ……………………………………………………… 128

✎表

Question 183 作成した表を「テーブル」に変換するには？ ……………………………………… 129

184 表にスタイルを設定するには？ ……………………………………………………… 130

185 表の先頭列や最終列を強調するには？ …………………………………………… 130

186 表に背景色を設定するには？ ………………………………………………………… 131

187 表の背景色を1行おきにするには？ ……………………………………………… 131

188 オリジナルの表の書式を登録するには？ ………………………………………… 132

数式の入力と編集

✎数式の入力

Question 189 数式とは？ …………………………………………………………………………………… 133

190 セル番地とは？ ……………………………………………………………………………… 133

191 セル参照とは？ ……………………………………………………………………………… 133

192 数式を修正するには？ …………………………………………………………………… 133

193 数式を入力したら、自動的に「,」や「¥」が付く場合は？ ………………… 134

194 数式をコピーすると参照先が変わる場合は？ ………………………………… 134

195 数式をコピーしても参照先が変わらないようにするには？ ……………… 134

196 参照先の行または列を固定するには？ …………………………………………… 135

197 参照方式を変更するには？ ……………………………………………………………… 135

198 F4 を押しても参照方式が変わらない場合は？ ……………………………… 135

199 数式が正しいのに緑色のマークが表示される場合は？ …………………… 136

200 数式の参照先を確認するには？ ……………………………………………………… 136

201 数式を使わずに数値を一括して変更するには？ ……………………………… 137

202 数式のセル参照を変更するには？ …………………………………………………… 138

203 表示桁数を変えたら、計算結果も変わるようにするには？ ……………… 139

✎セルやセル範囲の参照

Question 204 ほかのワークシートのセルを参照するには？ ………………………………… 140

205 ほかのファイルのセルを参照するには？ ………………………………………… 140

206 複数のワークシートの同じ位置のセルを計算するには？ ………………… 141

207 計算結果をすばやく確認するには？ ……………………………………………… 142

208	データを変更しても計算結果が更新されない場合は？	142
209	セル範囲に名前を付けるには？	143
210	セル範囲に付けた名前を数式に使用するには？	144
211	名前を付けたセル範囲の範囲を変更する場合は？	145
212	セル範囲に付けた名前を削除するには？	145
213	セル参照に見出し行の項目名を使うには？	146

✎ エラーの対処

Question	214	エラー値の意味は？	146
	215	エラーの原因を調べるには？	147
	216	エラーのセルを見つけるには？	147
	217	無視したエラーを再度確認するには？	147
	218	循環参照のエラーが表示された場合は？	148
	219	数式をかんたんに検証するには？	148
	220	数式の計算過程を調べて検証するには？	149
	221	文字列扱いの数値は計算に利用できる？	150
	222	文字列を「0」とみなして計算するには？	150
	223	小数の計算結果の誤差に対処するには？	150

第7章 関数の利用

✎ 関数の基礎

Question	224	関数とは？	151
	225	関数を入力するときのルールは？	151
	226	関数を入力するには？	152
	227	どの関数を使えばいいのかわからない場合は？	154
	228	関数や引数に何を指定するのかわからない場合は？	154
	229	使用したい関数がコマンドにない場合は？	154
	230	合計を計算するには？	155
	231	合計対象のセル範囲が正しく選択されない場合は？	155
	232	平均を計算するには？	156
	233	消費税額を計算するには？	156
	234	数値を四捨五入するには？	157
	235	数値を切り上げ / 切り捨てするには？	157

🖊 個数や合計の計算

Question			
Question	236	離れたセルの合計を計算するには？	158
	237	小計と総計を同時に計算するには？	158
	238	データを追加したときに合計が更新されるようにするには？	159
	239	列と行の合計をまとめて計算するには？	159
	240	非表示の行を合計に含めないようにするには？	160
	241	「0」を除いて平均値を計算するには？	160
	242	累計を計算するには？	161
	243	データの個数を求めるには？	162
	244	条件に一致するデータの個数を求めるには？	162
	245	「○○以上」の条件を満たすデータの個数を求めるには？	163
	246	「○○」を含む文字列のデータの個数を求めるには？	163
	247	「○以上△未満」の条件を満たすデータの個数を求めるには？	164
	248	条件を満たすデータの合計を計算するには？	164

🖊 条件分岐

Question			
Question	249	条件によって表示する文字を変えるには？	165
	250	IF関数で結果が合わない場合は？	165
	251	IF関数で3段階の評価をするには？	165
	252	複数の条件によって処理を変えるには？	166
	253	「上位○%」に含まれる数値に印をつけるには？	167
	254	エラー値を表示しないようにするには？	167
	255	参照セルが空白のときに「0」を表示しないようにするには？	168
	256	データが入力されている場合のみ合計を表示するには？	168

🖊 日付や時間の計算

Question	257	今日の日付を入力するには？	169
	258	経過日数や経過時間を求めるには？	169
	259	数式に時間を直接入力して計算するには？	169
	260	日付や時間の計算結果が「####…」と表示される場合は？	170
	261	日付から「年」「月」「日」の数値を取り出すには？	170
	262	時刻から「時」「分」「秒」の数値を取り出すには？	170
	263	別のセルの数値から日付や時刻を表すには？	171
	264	生年月日から満60歳になる日を求めるには？	171
	265	「○カ月後」の日付を求めるには？	172
	266	「○カ月後の月末」の日付を求めるには？	172

13

267	「○カ月後の 1 日」の日付を求めるには？	172
268	2 つの日付の期間を求めるには？	173
269	期間を「○年△カ月」と表示するには？	173
270	「○営業日後」の日付を求めるには？	174
271	2 つの日付の間の営業日数を求めるには？	174
272	時間を 30 分単位で切り捨てるには？	175
273	時給を計算するには？	175

データの検索や抽出

Question	274	商品番号を入力して商品名を取り出すには？	176
	275	VLOOKUP 関数で「#N/A」が表示されないようにするには？	177
	276	異なるセル範囲から検索するには？	177
	277	最大値や最小値を求めるには？	178
	278	順位を求めるには？	178

文字やデータの操作

279	ふりがなを取り出すには？	179
280	文字列の文字数を数えるには？	179
281	全角文字を半角文字に変換するには？	179
282	住所から都道府県名だけを取り出すには？	180
283	重複データをチェックするには？	180

第8章 図形や画像の操作

図形の操作

Question	284	図形を描くには？	181
	285	正円や正方形を描くには？	181
	286	図形を移動するには？	181
	287	図形をコピーするには？	182
	288	図形のサイズを変更するには？	182
	289	直線や矢印を引くには？	183
	290	曲線を描くには？	183
	291	図形の塗りつぶしの色を変更するには？	184
	292	図形の枠線の色を変更するには？	184

293 図形に影や反射を設定するには？ ──────────────── 185

294 図形にスタイルを設定するには？ ───────────────── 185

295 図形の既定の書式を変更するには？ ──────────────── 186

296 図形に文字を入力するには？ ────────────────── 186

297 図形の文字の縦の配置を変更するには？ ─────────────── 186

298 図形の種類をあとから変更するには？ ────────────────── 186

299 図形を回転させるには？ ─────────────────────── 187

300 図形を反転させるには？ ─────────────────────── 187

301 図形内にセルと同じ内容を表示させるには？ ────────────── 187

302 セルの幅や高さを変えても図形が変形しないようにするには？ ─────── 188

303 背面に隠れた図形を選択するには？ ──────────────── 188

304 図形の重なり順を変更するには？ ──────────────── 189

305 複数の図形をまとめて選択するには？ ────────────── 189

306 複数の図形の位置を揃えるには？ ──────────────── 190

307 複数の図形の間隔を揃えるには？ ──────────────── 190

308 図形をグループ化してまとめるには？ ────────────── 191

アイコンの利用

Question 309 アイコンを挿入するには？ ──────────────────── 191

310 アイコンの色を変更するには？ ────────────────── 192

311 アイコンのパーツごとに色を変更するには？ ────────────── 192

テキストボックスの利用

Question 312 自由な位置に文字を配置するには？ ──────────────── 193

313 テキストボックスの枠と文字の間隔を変更するには？ ──────────── 194

314 テキストボックスの線を変更するには？ ───────────── 194

315 テキストボックスの文字を2段組みにするには？ ───────────── 195

316 メモ書きを印刷されないようにするには？ ─────────────── 195

SmartArtとワートアート

Question 317 見映えのする図表を作るには？ ────────────────── 196

318 SmartArt に図形を追加するには？ ─────────────── 197

319 SmartArt の色を変更するには？ ──────────────── 197

320 SmartArt のサイズを変更するには？ ───────────── 198

321 タイトルにデザインされた文字を使うには？ ────────────── 198

画像の利用

Question	322	文書に写真やイラストの画像を挿入するには？	199
	323	画像のサイズを変更するには？	199
	324	画像を移動するには？	200
	325	画像の明るさやコントラストを調整するには？	200
	326	画像に効果を設定するには？	201
	327	画像の一部を切り抜くには？	201
	328	画像を好きな形で切り抜くには？	202
	329	画像を変更するには？	202

第9章 グラフの作成

グラフの作成

Question	330	グラフを作成するには？	203
	331	コマンドに目的のグラフがない場合は？	204
	332	文書にグラフだけを挿入するには？	204
	333	ほかのワークシートからグラフを作成するには？	205
	334	グラフの種類を変更するには？	205
	335	グラフのレイアウトを変更するには？	206

グラフ要素の編集

Question	336	グラフの各要素の名称は？	206
	337	グラフ内の文字サイズや線の色などを変更するには？	207
	338	グラフのサイズを変更するには？	207
	339	グラフのスタイルを変更するには？	207
	340	データ系列やデータ要素を選択するには？	208
	341	凡例を移動するには？	208
	342	グラフタイトルに表のタイトルを表示するには？	209
	343	グラフタイトルを非表示にするには？	209

軸の書式設定

Question	344	軸ラベルを追加するには？	210
	345	縦（値）軸の表示単位を千単位にするには？	210
	346	縦（値）軸の範囲を変更するには？	211

	347	縦（値）軸ラベルの文字を縦書きにするには？	211
	348	横（項目）軸に目盛り線を表示するには？	212
	349	抜けている日付データをグラフで非表示にするには？	212

✎ グラフの書式設定

Question	350	棒グラフの棒の幅を変更するには？	213
	351	棒グラフの棒の間隔を変更するには？	213
	352	棒グラフの並び順を変更するには？	214
	353	グラフの色を変更するには？	215
	354	横棒グラフの縦（項目）軸の順序を逆にするには？	216
	355	折れ線グラフとプロットエリアの両端を揃えるには？	216
	356	折れ線グラフのマーカーと項目名を結ぶ線を表示するには？	217
	357	データラベルの表示位置を変更するには？	217
	358	データラベルに表示する内容を変更するには？	218
	359	円グラフにパーセンテージを表示するには？	218
	360	グラフの背景に模様やグラデーションを表示するには？	219
	361	異なる種類のグラフを組み合わせて作成するには？	220

第10章 ファイルの保存と共有

✎ ファイルの保存

Question	362	既定の保存先を変更するには？	222
	363	作成者などの情報を削除して保存するには？	222
	364	ファイルを開かずに内容を確認するには？	223
	365	テンプレートとして保存するには？	224
	366	テンプレートを利用して新規文書を作成するには？	224
	367	PDF ファイルとして保存するには？	225
	368	ファイルを間違って編集しないようにするには？	225
	369	ファイルに「保護ビュー」と表示される場合は？	226
	370	ファイルに「互換モード」と表示される場合は？	226
	371	旧バージョンのファイルを現在のファイル形式に変換するには？	226
	372	旧バージョンでも開けるように保存するには？	227
	373	手動で互換性チェックを実行するには？	227
	374	ファイルを OneDrive に保存するには？	228

375 OneDrive に保存されているファイルを開くには？ ………………………… 229

376 PC と同期する OneDrive のフォルダーを設定するには？ …………………… 230

✎ ファイルの共有

Question 377 ファイルを共有するには？ …………………………………………… 230

378 特定のユーザーとファイルを共有するには？ ……………………… 231

379 共有ファイルの URL を相手に知らせるには？ …………………… 232

380 共有権限を変更するには？ ………………………………………… 233

381 特定のセル以外を編集できないようにするには？ ………………… 234

382 ファイルにパスワードを設定するには？ ………………………… 235

第11章 文書の印刷

✎ 文書の印刷

Question 383 用紙の中央に印刷するには？ ……………………………………… 236

384 特定の範囲だけを印刷するには？ ………………………………… 236

385 印刷範囲を変更するには？ ………………………………………… 237

386 印刷範囲を解除するには？ ………………………………………… 237

387 白紙のページが印刷される場合は？ ……………………………… 237

388 特定の行や列、セルを印刷しないようにするには？ …………… 238

389 拡大して印刷するには？ …………………………………………… 238

390 改ページの位置を変更するには ………………………………… 239

391 任意の位置に改ページを挿入するには？ ………………………… 239

392 改ページ位置を解除するには？ …………………………………… 240

393 ワークシートの一部が印刷されない場合は？ …………………… 240

394 印刷するページを指定するには？ ………………………………… 240

✎ 大きな表の印刷

Question 395 すべてのページに表の見出しを印刷するには？ ………………… 241

396 ワークシートを 1 ページにおさめて印刷するには？ …………… 242

397 すべての列を 1 ページにおさめて印刷するには？ ……………… 242

✎ ヘッダー / フッター

Question 398 ページ番号を挿入するには？ ……………………………………… 243

399 ページ番号の書式を変更するには？ ……………………………………………… 243

400 「ページ番号 / 総ページ数」を挿入するには？ ……………………………… 244

401 先頭のページ番号を「1」以外にするには？ ………………………………… 244

402 ヘッダーに会社のロゴなどの画像を挿入するには？ ……………………… 245

403 ヘッダー / フッターの画像のサイズを変更するには？ …………………… 245

404 ヘッダー / フッターに文字を入力するには？ ……………………………… 246

405 ヘッダー / フッターに日付やファイル名を挿入するには？ ……………… 246

✏ 印刷の応用

Question 406 印刷範囲や改ページ位置を確認しながら作業するには？ ………………… 247

407 改ページ位置の破線が表示されない場合は？ ……………………………… 247

408 行番号と列番号を印刷するには？ …………………………………………… 248

409 セルの枠線を印刷するには？ ………………………………………………… 248

410 数値が「####…」と印刷される場合は？ ………………………………… 248

411 複数のワークシートをまとめて印刷するには？ …………………………… 249

412 印刷プレビューにグラフしか表示されない場合は？ ……………………… 249

413 セルのエラー値を印刷しないようにするには？ …………………………… 249

414 印刷タイトルが設定できない場合は？ ……………………………………… 250

415 印刷の設定を保存するには？ ………………………………………………… 250

416 1 部ずつ仕分けして印刷するには？ ………………………………………… 251

417 白黒で印刷するには？ ………………………………………………………… 251

418 両面印刷を行うには？ ………………………………………………………… 251

索　引 ……………………………………………………………………………… 252

サンプルファイルのダウンロード

● サンプルファイルをダウンロードするには

本書では操作手順の理解に役立つサンプルファイルを用意しています。

サンプルファイルは、Microsoft Edge などのブラウザーを利用して、以下の URL のサポートページからダウンロードすることができます。ダウンロードしたときは圧縮ファイルの状態なので、展開してから使用してください。

https://gihyo.jp/book/2021/978-4-297-12094-8/support/

なお、ダウンロードの際は、下記の ID とパスワードの入力が必要になります。

アクセス ID 　　ikanex

パスワード　　busn210

● サンプルファイルについて

サンプルファイルとサンプルファイルを作成するために必要なおもな操作は、P.30 ～ 39 で紹介しています。

サンプルファイルを解説に使用している場合は、クエスチョンのタイトルの右上に、サンプルファイル名を示しています。なお、解説には、サンプルファイルをそのまま使用している場合と、サンプルファイルを編集したものを使用している場合があります。

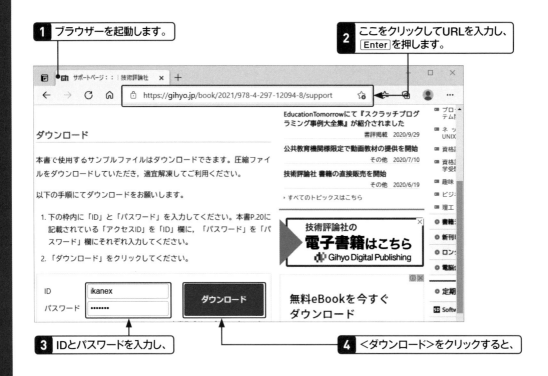

1 ブラウザーを起動します。

2 ここをクリックしてURLを入力し、[Enter]を押します。

3 IDとパスワードを入力し、

4 <ダウンロード>をクリックすると、

5 ファイルがダウンロードされます。

6 「ダウンロード」フォルダーを開き、展開してご利用ください。

序 Excel文書とは?

1 文書作成の基本
2 文書の入力
3 文書の編集
4 文字やセルの書式
5 罫線と表作成
6 数式の入力と編集
7 関数の利用
8 図形や画像の操作
9 グラフの作成
10 ファイルの保存と共有
11 文書の印刷

Excelで文書を作成するメリット

文書を作成するときは、一般的に Word などのワープロソフトを利用しますが、Excel で文書を作成することも可能です。ここでは、Excel で文書を作成するメリットを紹介します。

1 表をかんたんに作成できる

使用例 申請書、予定表、見積書など

セルで区切られているので、列の幅や行の高さを調整して、かんたんに表を作成できます。また、罫線で囲んだり、下線を引いたりすることもできます。

セルで区切られているので、表をかんたんに作成できます。

2 数式や関数を利用できる

使用例 見積書、売上表、勤務管理表など

Excel では、数式やさまざまな関数をかんたんに挿入できます。数式や関数の元になる数値を変更すると、自動的に計算結果が更新され、確認することができます。

数値を入力すると、計算結果が自動的に表示されるように、数式を入力します。

3 入力時のルールを設定できる

使用例　名簿、申請書など

> 入力する項目を、
> リストから選択できます。

入力規則を設定すると、入力する
データの種類を設定したり、リス
トから項目を選択するようにしたり
できます。複数のユーザーで同じ
ファイルを編集するときなど、入
力のルールを統一することができ
ます。

4 入力欄以外を保護できる

使用例　申請書、見積書など

> 保護されている部分を
> 編集しようとすると、
> メッセージが表示されます。

シートの保護を利用すると、入力
欄以外を編集できないようにして、
数式などが編集されるのを防ぐこ
とができます。

5 条件付き書式を利用できる

使用例　予定表、売上表など

> 「土日のセルは文字の色と
> セルの塗りつぶしの色を
> 変える」といったように、
> 指定した条件に一致したセルに、
> 書式を設定することができます。

条件付き書式を利用すると、指定
した条件に一致するセルに色を付
けたり、アイコンを表示したりして、
目立たせることができます。

序 Excel文書とは？

1 文書作成の基本

2 文書の入力

3 文書の編集

4 文字やセルの書式

5 罫線と表作成

6 数式の入力と編集

7 関数の利用

8 図形や画像の操作

9 グラフの作成

10 ファイルの保存と共有

11 文書の印刷

基本的なビジネス文書の構成

ビジネス文書には、社内向けの「社内文書」と、取引先などに送付する「社外文書」があります。社外文書は、特にあいさつや敬語などのマナーを守りつつ、内容を正確かつ簡潔に伝える必要があります。

1 ビジネス文書の基本構成

一般的なビジネス文書は、日付や宛名、差出人など、下図のような要素から構成されています。

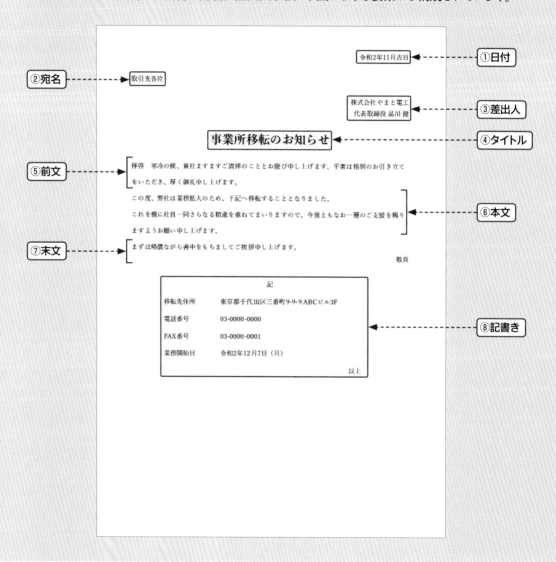

②宛名 → 取引先各位

①日付 ← 令和2年11月吉日

③差出人 ← 株式会社やまと電工 代表取締役 品川 健

④タイトル ← 事業所移転のお知らせ

⑤前文 → 拝啓 寒冷の候、貴社ますますご清祥のこととお慶び申し上げます。平素は格別のお引き立てをいただき、厚く御礼申し上げます。

⑥本文 ← この度、弊社は業務拡大のため、下記へ移転することとなりました。
これを機に社員一同さらなる精進を重ねてまいりますので、今後ともなお一層のご支援を賜りますようお願い申し上げます。

⑦末文 → まずは略儀ながら書中をもちましてご挨拶申し上げます。

敬具

記

移転先住所　　東京都千代田区三番町9-9-9 ABCビル3F

電話番号　　　03-0000-0000

FAX番号　　　03-0000-0001

業務開始日　　令和2年12月7日（月）

⑧記書き

以上

序 Excel文書とは?

1 文書作成の基本
文書の入力

2 文書の編集

3 文字やセルの書式

4 罫線と表作成

5 数式の入力と編集

6 関数の利用

7 図形や画像の操作

8 グラフの作成

9 ファイルの保存と共有

10 文書の印刷

11

項目	概　要
①日付	文書を発信する日付。
②宛名	文書の宛名。 一般的には、個人名には「様」、役職名には「殿」、会社や団体などには「御中」を付けます。また、同じ文書を複数の人宛に送付する場合は、「各位」を付けます。
③差出人	文書の発信者名。
④タイトル	文書のタイトル。
⑤前文	あいさつ部分（社内文書では不要）。 頭語、時候のあいさつ、安否を尋ねるあいさつ、感謝のあいさつの順で記述します。
⑥本文	用件。
⑦末文	結びのあいさつと結語（社内文書では不要）。
⑧記書き	用件を箇条書きにした別記（必要な場合のみ）。 「記」で始め、箇条書きを記述したら、最後に「以上」を付けます。

2 頭語と結語

社外文書では、文書の最初に「頭語」、本文の後に「結語」を書きます。頭語と結語は、文書の内容や相手によって使い分けます。

また、頭語と結語の組み合わせは決まっているので、間違わないように注意しましょう。

ビジネス文書には、「拝啓」「敬具」が多く使われます。

	頭語	結語
一般	拝啓	敬具
丁重	謹啓	敬白
前文を省略する場合	前略	草々

3 ビジネス文書の用紙設定

ビジネス文書は、一般的に、A4サイズの縦向き、横書きで作成します。

文書を作成するときは、最初に用紙のサイズと向きを設定しておきます。

序 Excel文書とは?

1 文書作成の基本
2 文書の入力
3 文書の編集
4 文字やセルの書式
5 罫線と表作成
6 数式の入力と編集
7 関数の利用
8 図形や画像の操作
9 グラフの作成
10 ファイルの保存や共有
11 文書の印刷

Excelで文書を作成する流れ

Excel で文書を作成する場合は、まず用紙の向きとサイズを決め、文字や数式を入力して、書式を設定したあと、必要に応じて、入力規則や条件付き書式などの設定を行います。第1章では、基本的な文書を作成する方法を解説しています。

1 用紙の向きとサイズを設定する

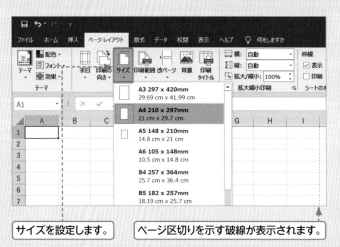

サイズを設定します。

ページ区切りを示す破線が表示されます。

ファイルを作成した直後の状態では、ワークシートにはページの区切りが表示されていません。用紙の向きとサイズを設定すると、ページの区切りを示す破線が表示されるので、最初に1ページの範囲を確認します。なお、ページの区切りから文字がはみ出ても、印刷時に縮小できるので、ページ区切りは目安として考えましょう。

2 文字や数式を入力する

	A	B	C	D	E	F	G	H
1								令和2年11月吉日
2								
3	取引先各位							
4								
5							株式会社やまと電工	
6							代表取締役 品川 健	
7								
8			事業所移転のお知らせ					
9								
10	拝啓 寒冷の候、貴社ますますご清祥のこととお慶び申し上げます。平素は格別のお引き立てをいただき、厚く御礼申し上げます。 この度、弊社は業務拡大のため、下記へ移転することとなりました。 これを機に社員一同さらなる精進を重ねてまいりますので、今後ともなお一層のご支援を賜りますようお願い申し上げます。 まずは略儀ながら書中をもちましてご挨拶申し上げます。							
11							敬具	
12								
13			記					
14	移転先住所	東京都千代田区三番町9-9-9 ABCビル3F						
15	電話番号	03-0000-0000						
16	FAX番号	03-0000-0001						
17	業務開始日	令和2年12月7日（月）						

文字や数式、関数を入力します。日付や差出人など、文字数が少ないものは1つのセルに1行ずつ入力していきます。長い文章は、複数のセルを結合し、行の高さを広げて文字を入力し、セル内で文字が折り返して表示されるようにします。

1つのセルに文字を入力したり、結合したセルにタイトルや長い文章を入力したりします。

3 書式を設定する

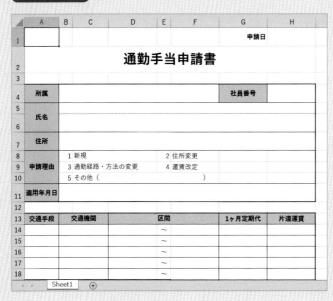

文字や数式を入力したら、文字やセルに書式を設定します。フォントの種類やサイズ、色を変えたり、セル内の文字の配置を変更したりします。

文字の配置や
フォントなどを変更します。

4 必要に応じて行う操作

● 罫線の設定

作成する文書の内容に応じて、さまざまなオブジェクトを挿入したり、設定を行ったりします。使い勝手のよい文書を作成するために工夫しましょう。

セルの枠線に罫線を設定できます。
線のスタイルや色は変更できます。

1 文書作成の基本
文書の入力
2 文書の編集
3 文字やセルの書式
4 罫線と表作成
5 数式の入力と編集
6 関数の利用
7 図形や画像の操作
8 グラフの作成
9 スタイルの保存と共有
10 文書の印刷
11

序

Excel文書とは？

1 文書作成の基本

2 文書の入力

3 文書の編集

4 文字やセルの書式

5 罫線と表作成

6 数式の入力と編集

7 関数の利用

8 図形や画像の操作

9 グラフの作成

10 ファイルの保存と共有

11 文書の印刷

● グラフの挿入

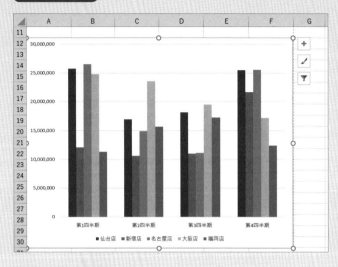

セルに入力したデータから、
さまざまなグラフを作成できます。

● 入力規則の設定

リストから項目を選択して
入力できるようにしたり、
入力できるデータの種類を
制限したりすることができます。

● 条件付き書式の設定

	A	B	C	D	E	F	G
1	2020年店舗別売上						
2							
3	店舗名	第1四半期	第2四半期	第3四半期	第4四半期	合計	
4	仙台店	25,748,689	16,976,673	18,188,236	25,525,296	86,438,894	
5	大宮店	25,600,068	26,651,628	25,096,785	16,230,999	93,579,480	
6	柏店	19,782,635	17,089,025	23,193,225	19,926,330	79,991,215	
7	新宿店	12,113,265	10,619,312	11,023,981	21,704,744	55,461,302	
8	横浜店	10,403,623	28,652,029	10,106,180	26,951,468	76,113,300	
9	名古屋店	26,538,173	14,932,215	11,152,678	25,558,191	78,181,257	
10	大阪店	24,820,139	23,616,403	19,510,305	17,225,018	85,171,865	
11	福岡店	11,320,418	15,700,827	17,253,595	12,412,722	56,687,562	
12	合計	156,327,010	154,238,112	135,524,985	165,534,768	611,624,875	
13							

指定した条件に一致するセルの
色を塗りつぶしたり、
アイコンを表示したりできます。

● 図形の挿入

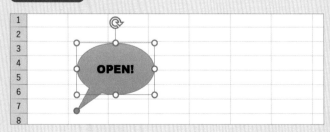

OPEN!

基本的な図形をはじめ、
吹き出しなどの図形も挿入できます。

● 画像の挿入

画像を挿入して、かんたんな
補整や加工を行うことができます。

● シートの保護

入力欄以外のセルを
編集できないように
設定できます。

● 共有の設定

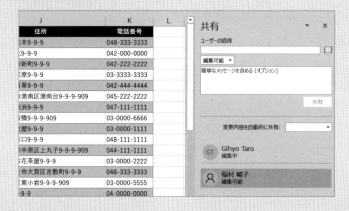

OneDriveにファイルを保存して、
ほかのユーザーと
共有することができます。

● 印刷の設定

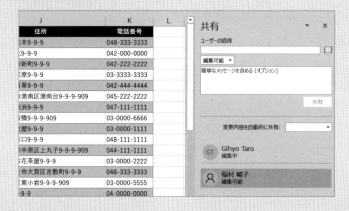

印刷の倍率を変更したり、
ヘッダー/フッターに文字や
ページ番号を印刷したりできます。

序

Excel文書とは?

1 文書作成の基本
2 文書の入力
3 文書の編集
4 文字やセルの書式
5 罫線と表作成
6 数式の入力と編集
7 関数の利用
8 図形や画像の操作
9 グラフの作成
10 ファイルの保存と共有
11 文書の印刷

序

Excel文書とは？

1 文書作成の基本

2 文書の入力

3 文書の編集

4 文字やセルの書式

5 罫線と表作成

6 数式の入力と編集

7 関数の利用

8 図形や画像の操作

9 グラフの作成

10 ファイルの保存と共有

11 文書の印刷

本書で作成しているおもなビジネス文書

本書では、次のビジネス文書を作成し、それに沿って必要な機能を解説しています。ここで紹介するサンプルファイルは、技術評論社からのWebページからダウンロードできます。

● お知らせ.xlsx

あいさつ文や記書きの入った、基本的な社外文書です。
用紙サイズや印刷の向きを設定したあと、文字を入力し、列幅や行の高さを調整したり、書式を設定したりして、文書の体裁を整えます。第1章で、この文書を作成して印刷するために必要な基本的な機能をまとめて解説しています。

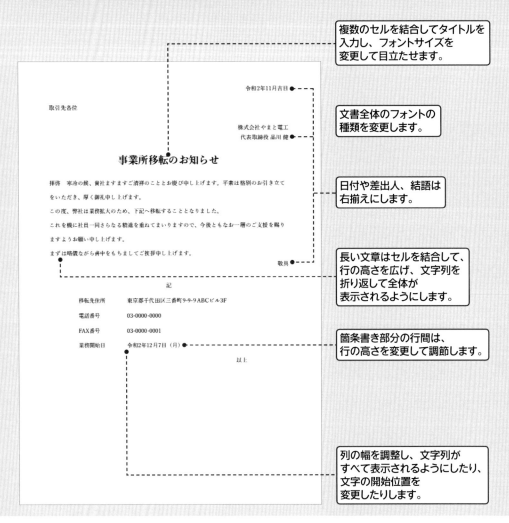

複数のセルを結合してタイトルを
入力し、フォントサイズを
変更して目立たせます。

文書全体のフォントの
種類を変更します。

日付や差出人、結語は
右揃えにします。

長い文章はセルを結合して、
行の高さを広げ、文字列を
折り返して全体が
表示されるようにします。

箇条書き部分の行間は、
行の高さを変更して調節します。

列の幅を調整し、文字列が
すべて表示されるようにしたり、
文字の開始位置を
変更したりします。

● 予定表.xlsx

年と月を変更すると、自動的に曜日が変わる予定表です。

1日のセルは、関数を利用して年、月から日付を作成し、表示形式を設定して日だけを表示しています。2日以降は、数式を利用して、上のセルに1を加算して求めます。

曜日は、左隣の日付のセルを参照し、さらに表示形式を曜日が表示されるように設定します。また、条件付き書式を利用して、土日の文字の色とセルの塗りつぶしの色が変わるようにしています。

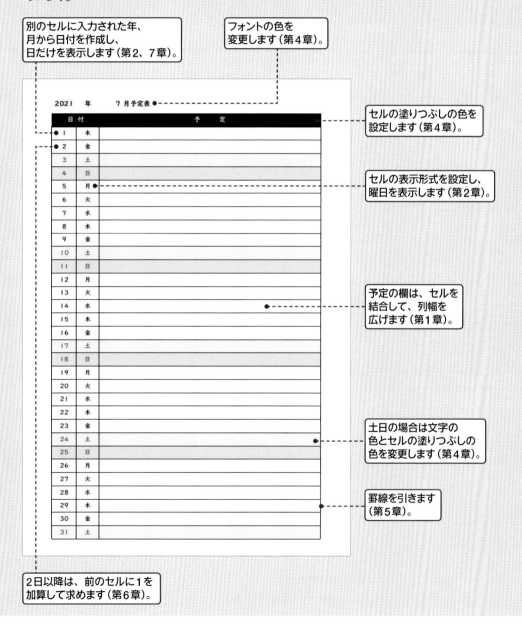

別のセルに入力された年、月から日付を作成し、日だけを表示します（第2、7章）。

フォントの色を変更します（第4章）。

セルの塗りつぶしの色を設定します（第4章）。

セルの表示形式を設定し、曜日を表示します（第2章）。

予定の欄は、セルを結合して、列幅を広げます（第1章）。

土日の場合は文字の色とセルの塗りつぶしの色を変更します（第4章）。

罫線を引きます（第5章）。

2日以降は、前のセルに1を加算して求めます（第6章）。

1 文書作成の基本
2 文書の入力
3 文書の編集
4 文字やセルの書式
5 罫線と表作成
6 数式の入力と編集
7 関数の利用
8 図形や画像の操作
9 グラフの作成
10 ファイルの保存と共有
11 文書の印刷

● 申請書.xlsx

合計金額が自動的に計算される通勤手当申請書です。

日付や金額を入力するセルには、それぞれに適したセルの表示形式を設定し、合計金額の算出には関数を利用しています。また、セルを罫線で囲み、罫線の種類や太さを変更して見やすくしています。

申請書などのひな形として利用する文書は、共通部分を作成してから、テンプレートとして保存します。テンプレートから新規ファイルを作成すると、元のファイルを誤って上書きすることなく、ファイルを編集できます。

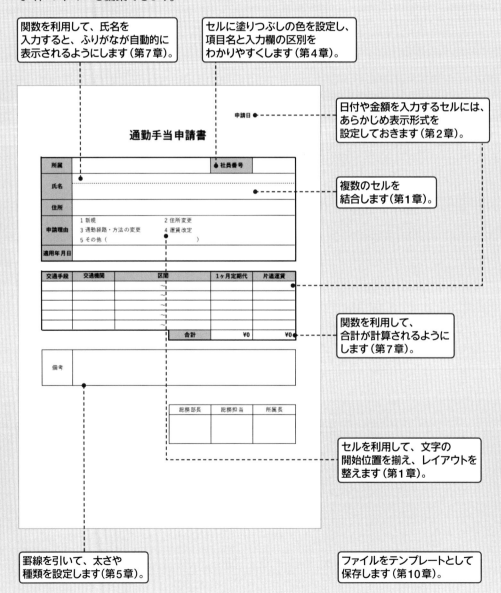

関数を利用して、氏名を入力すると、ふりがなが自動的に表示されるようにします（第7章）。

セルに塗りつぶしの色を設定し、項目名と入力欄の区別をわかりやすくします（第4章）。

日付や金額を入力するセルには、あらかじめ表示形式を設定しておきます（第2章）。

複数のセルを結合します（第1章）。

関数を利用して、合計が計算されるようにします（第7章）。

セルを利用して、文字の開始位置を揃え、レイアウトを整えます（第1章）。

罫線を引いて、太さや種類を設定します（第5章）。

ファイルをテンプレートとして保存します（第10章）。

Excel文書とは？ 序
文章作成の基本 1
文書の入力 2
文書の編集 3
文字やセルの書式 4
罫線と表作成 5
数式の入力と編集 6
関数の利用 7
図形や画像の操作 8
グラフの作成 9
ファイルの保存と共有 10
文書の印刷 11

● 会員名簿.xlsx

表記を統一し、効率的に入力できるように工夫した名簿です。
関数を利用して、氏名を入力すると、自動的にふりがなが表示されるようにしています。また、データの入力規則を利用して、ドロップダウンリストから性別を選択できるようにしたり、項目によって入力モードが自動的に切り替わるようにしたりしています。

氏名を入力すると、自動的にふりがなが
表示されるようにします（第7章）。

性別は、ドロップダウンリストから
選択して入力できるようにします（第2章）。

会員番号	氏	名	シ	メイ	生年月日	年齢	性別	郵便番号	住所	電話番号
0001	村上	遥	ムラカミ	ハルカ	1994/10/22	26	女性	332-0015	埼玉県川口市並木9-9-9	048-333-3333
0002	佐藤	明美	サトウ	アケミ	1965/6/10	55	女性	186-0001	東京都国立市北9-9-9	042-000-0000
0003	加藤	大輔	カトウ	ダイスケ	1975/5/31	45	男性	185-0004	東京都国分寺市新町9-9-9	042-222-2222
0004	山田	健太郎	ヤマダ	ケンタロウ	1977/3/19	43	男性	142-0063	東京都品川区荏原9-9-9	03-3333-3333
0005	阿部	彩	アベ	アヤ	1987/7/18	33	女性	206-0004	東京都多摩市百草9-9-9	042-444-4444
0006	三浦	美香	ミウラ	ミカ	1977/9/23	43	女性	234-0054	神奈川県横浜市港南区港南台9-9-9-909	045-222-2222
0007	佐々木	直樹	ササキ	ナオキ	1972/7/7	48	男性	279-0011	千葉県浦安市美浜9-9-9	047-111-1111
0008	西村	陸	ニシムラ	リク	1997/10/16	23	男性	173-0004	東京都板橋区板橋9-9-9-909	03-0000-6666
0009	小川	美咲	オガワ	ミサキ	1991/5/23	29	女性	116-0011	東京都荒川区町屋9-9-9	03-0000-1111
0010	佐々木	学	ササキ	マナブ	1980/10/31	40	男性	332-0015	埼玉県川口市川口9-9-9	048-111-1111
0011	森	達哉	モリ	タツヤ	1986/10/27	34	男性	211-0003	神奈川県川崎市中原区上丸子9-9-9-909	044-111-1111
0012	長谷川	茜	ハセガワ	アカネ	1992/6/3	28	女性	124-0003	東京都葛飾区お花茶屋9-9-9	03-0000-2222
0013	石川	沙織	イシカワ	サオリ	1988/10/6	32	女性	330-0843	埼玉県さいたま市大宮区吉敷町9-9-9	048-333-3333
0014	福田	拓海	フクダ	タクミ	1996/11/3	24	男性	133-0052	東京都江戸川区東小岩9-9-9-909	03-0000-5555
0015	林	香織	ハヤシ	カオリ	1983/12/24	37	女性	277-0005	千葉県柏市柏9-9-9	04-0000-0000
0016	金子	淳	カネコ	ジュン	1979/10/14	41	男性	351-0113	埼玉県和光市中央9-9-9	048-555-5555
0017	坂本	明日香	サカモト	アスカ	1996/10/10	24	女性	238-0048	神奈川県横須賀市安針台9-9-9	046-000-0000
0018	藤田	理奈	フジタ	リナ	1993/9/30	27	女性	251-0032	神奈川県藤沢市片瀬9-9-9	0466-00-0000
0019	中島	亮	ナカジマ	リョウ	1989/12/12	31	男性	231-0868	神奈川県横浜市中区石川町9-9-9-909	045-000-0000
0020	青木	亮太	アオキ	リョウタ	1995/8/13	25	男性	335-0024	埼玉県戸田市戸田公園9-9-9	048-444-4444
0021	山崎	麻衣	ヤマザキ	マイ	1985/1/8	36	女性	110-0001	東京都台東区谷中9-9-9-909	03-8888-8888
0022	山口	絵美	ヤマグチ	エミ	1980/10/2	40	女性	151-0073	東京都渋谷区笹塚9-9-9-909	03-4444-4444
0023	池田	美穂	イケダ	ミホ	1987/5/14	33	女性	190-0012	東京都立川市曙町9-9-9	042-333-3333
0024	遠藤	佳奈	エンドウ	カナ	1995/6/7	25	女性	114-0014	東京都北区田端9-9-9-909	03-0000-4444
0025	田中	直美	タナカ	ナオミ	1968/6/19	52	女性	206-0804	東京都稲城市百村9-9-9	042-111-1111
0026	前田	千尋	マエダ	チヒロ	1990/11/1	30	女性	247-0056	神奈川県鎌倉市大船9-9-9	0467-11-1111
0027	山下	愛美	ヤマシタ	マナミ	1988/6/15	32	女性	182-0036	東京都調布市飛田給9-9-9	042-555-5555
0028										

会員番号	氏	名	シ	メイ	生年月日	年齢	性別	郵便番号	住所	電話番号
0029	伊藤	健一	イトウ	ケンイチ	1968/7/24	52	男性	243-0007	神奈川県厚木市厚木9-9-9	046-000-0000
0030	藤原	秀樹	フジワラ	ヒデキ	1972/8/17	48	男性	401-0013	山梨県大月市大月9-9-9	0554-00-0000
0031	渡辺	陽子	ワタナベ	ヨウコ	1971/1/14	50	女性	134-0083	東京都江戸川区中葛西9-9-9	03-1111-1111
0032	近藤	祥	コンドウ	ショウ	1994/4/21	26	男性	270-0014	千葉県松戸市小金9-9-9	047-333-3333
0033	吉田	智子	ヨシダ	トモコ	1977/5/9	43	女性	248-0022	神奈川県鎌倉市常盤9-9-9	0467-00-0000
0034	髙橋	由美子	タカハシ	ユミコ	1966/6/14	54	女性	302-0014	茨城県取手市中央9-9-9	0297-00-0000
0035	後藤	翼	ゴトウ	ツバサ	1993/11/16	27	男性	164-0013	東京都中野区弥生町9-9-9	03-0000-3333
0036	石井	大樹	イシイ	タイキ	1990/8/2	30	男性	171-0044	東京都豊島区千早9-9-9-909	03-9999-9999
0037	小林	久美子	コバヤシ	クミコ	1975/1/20	46	女性	351-0007	埼玉県朝霞市岡9-9-9	048-000-0000
0038	斉藤	麻美	サイトウ	マミ	1984/12/6	36	女性	157-0073	東京都世田谷区砧9-9-9-909	03-7777-7777
0039	太田	七海	オオタ	ナナミ	1997/8/31	23	女性	270-0139	千葉県流山市おおたかの森南9-9-9	04-000-0000
0040	木村	健太	キムラ	ケンタ	1982/11/28	38	男性	130-0002	東京都墨田区業平9-9-9	03-6666-6666
0041	山本	哲也	ヤマモト	テツヤ	1972/2/2	49	男性	272-0021	千葉県市川市八幡9-9-9	047-000-0000
0042	岡本	聡	オカモト	サトシ	1974/7/7	46	男性	305-0817	茨城県つくば市研究学園9-9-9	029-000-0000
0043	松本	恵	マツモト	メグミ	1981/3/31	39	女性	167-0023	東京都杉並区上井草9-9-9	03-5555-5555
0044	清水	拓也	シミズ	タクヤ	1984/2/12	36	男性	330-0062	埼玉県さいたま市浦和区仲町9-9-9	048-222-2222
0045	中村	裕子	ナカムラ	ユウコ	1974/3/9	46	女性	135-0062	東京都江東区東雲9-9-9	03-2222-2222
0046	井上	愛	イノウエ	アイ	1982/4/3	38	女性	210-0831	神奈川県川崎市川崎区観音9-9-9	044-000-0000
0047	藤井	淳子	フジイ	ジュンコ	1973/12/20	47	女性	235-0022	神奈川県横浜市磯子区汐見台9-9-9	045-111-1111
0048	鈴木	誠	スズキ	マコト	1965/9/12	55	男性	143-0027	東京都大田区中馬込9-9-9-909	03-0000-0000
0049	橋本	翔太	ハシモト	ショウタ	1987/6/14	33	男性	260-0013	千葉県千葉市中央区中央9-9-9	043-000-0000

すべてのページに表の見出しが
印刷されるようにします（第11章）。

郵便番号や電話番号などは、
自動的に入力モードが半角英数字に
切り替わるように設定します（第2章）。

33

● **伝言メモ.xlsx**

印刷してから切り離し、手書きで記入する伝言メモです。

タイトルに電話の記号と、チェックボックスとして四角の記号を入力します。タイトルと記入欄の罫線は、罫線を引く位置や、罫線の種類、太さを変更することで、見やすくなります。1枚分のメモを完成させたら、コピーして4枚分作成します。

印刷時には、用紙の上下左右中央に配置して印刷すると、上下左右の余白のバランスがよくなります。

特殊な記号や一般的な
記号を入力します（第2章）。

コピーして元の列幅を
保持して貼り付け、
複数作成します（第4章）。

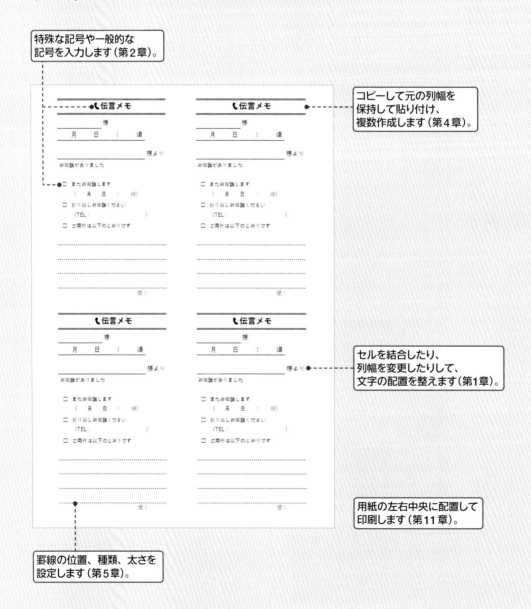

セルを結合したり、
列幅を変更したりして、
文字の配置を整えます（第1章）。

用紙の左右中央に配置して
印刷します（第11章）。

罫線の位置、種類、太さを
設定します（第5章）。

on

● **店舗別売上.xlsx**

店舗別・四半期別の売上表と、そのデータを元に作成した集合縦棒グラフです。
表は、行タイトルと列タイトルのセルに塗りつぶしの色を設定して見やすくし、関数を利用して合計を求めます。
グラフは、用途に応じてグラフの種類を選択して作成し、表や用紙サイズに合わせて、グラフの位置とサイズを調整します。また、不要なグラフ要素を非表示にしたり、グラフ要素を追加したりして、見やすく編集します。

セルの塗りつぶしの色を
設定します（第4章）。

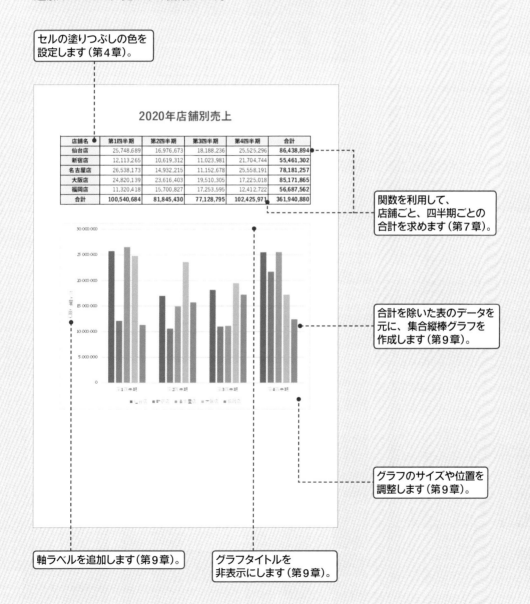

店舗名	第1四半期	第2四半期	第3四半期	第4四半期	合計
仙台店	25,748,689	16,976,673	18,188,236	25,525,296	86,438,894
新宿店	12,113,265	10,619,312	11,023,981	21,704,744	55,461,302
名古屋店	26,538,173	14,932,215	11,152,678	25,558,191	78,181,257
大阪店	24,820,139	23,616,403	19,510,305	17,225,018	85,171,865
福岡店	11,320,418	15,700,827	17,253,595	12,412,722	56,687,562
合計	100,540,684	81,845,430	77,128,795	102,425,971	361,940,880

関数を利用して、
店舗ごと、四半期ごとの
合計を求めます（第7章）。

合計を除いた表のデータを
元に、集合縦棒グラフを
作成します（第9章）。

グラフのサイズや位置を
調整します（第9章）。

軸ラベルを追加します（第9章）。

グラフタイトルを
非表示にします（第9章）。

序

Excel文書とは？

1 文書作成の基本

2 文書の入力

3 文書の編集

4 文字やセルの書式

5 罫線と表作成

6 数式の入力と編集

7 関数の利用

8 図形や画像の操作

9 グラフの作成

10 ファイルの保存と共有

11 文書の印刷

● 見積書.xlsx

商品番号を入力すると、自動的に商品名と単価が入力される見積書です。

別表で商品番号と商品名、単価の表を作成しておき、関数を利用して商品番号から商品名と単価が表示されるようにします。金額は乗算、合計は関数で求め、消費税は関数を使って切り捨てます。また、数式が入力されているセルは、編集されないように保護します。

表のデザインは、1行おきに色をつけて見やすくし、罫線の色もセルの色に合わせて変更します。

商品番号を入力すると、
対応する商品名と単価が
表示されるようにします（第7章）。

数値に桁区切りの「,（カンマ）」と
「円」を付けて表示します（第2章）。

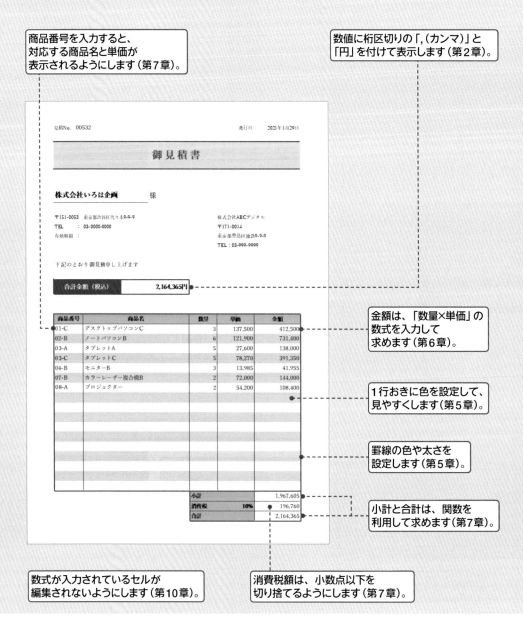

金額は、「数量×単価」の
数式を入力して
求めます（第6章）。

1行おきに色を設定して、
見やすくします（第5章）。

罫線の色や太さを
設定します（第5章）。

小計と合計は、関数を
利用して求めます（第7章）。

数式が入力されているセルが
編集されないようにします（第10章）。

消費税額は、小数点以下を
切り捨てるようにします（第7章）。

● **出勤管理表 .xlsx**

出勤時刻、退勤時刻、休憩時間を入力すると、勤務時間が計算される出勤管理表です。
年と月を入力すると曜日が自動的に変更されるようにしたり、土日のセルの色を指定したりす
る方法は、「予定表 .xlsx」と同様です（P.31 参照）。
勤務時間は、「退勤時刻－出勤時刻－休憩時間」の数式で求めます。関数を利用して勤務
時間の合計を求め、24 時間以上も正しく表示されるように、セルの表示形式を設定します。
また、給与は時給と勤務時間から求め、さらに関数を利用して、小数点以下を四捨五入します。

別のセルに入力された年、
月から日付を作成し、
日だけを表示します（第2、7章）。

数式を入力して給与を求め、
関数で小数点以下を
四捨五入します（第6、7章）。

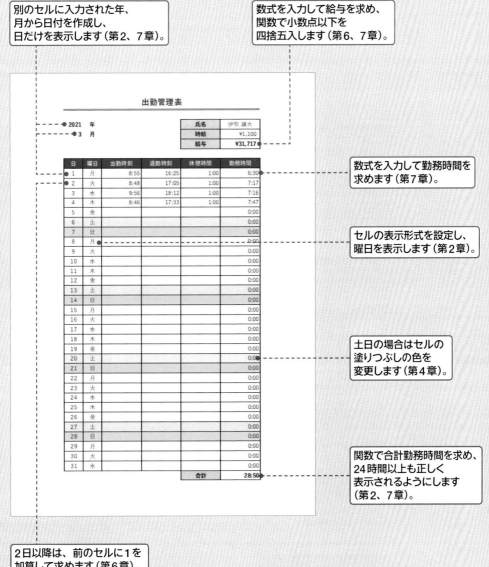

数式を入力して勤務時間を
求めます（第7章）。

セルの表示形式を設定し、
曜日を表示します（第2章）。

土日の場合はセルの
塗りつぶしの色を
変更します（第4章）。

関数で合計勤務時間を求め、
24 時間以上も正しく
表示されるようにします
（第2、7章）。

2日以降は、前のセルに1を
加算して求めます（第6章）。

序 Excel文書とは？

1 文書作成の基本
2 文書の入力
3 文書の編集
4 文字やセルの書式
5 罫線と表作成
6 数式の入力と編集
7 関数の利用
8 図形や画像の操作
9 グラフの作成
10 ファイルの保存と共有
11 文書の印刷

● **チラシ.xlsx**

イラストと画像の入ったチラシです。

タイトルは、ワードアートを利用して、デザインされた文字で目立たせます。文字は自由な位置に配置できるよう、テキストボックスを利用しています。ほかに画像、アイコン、図形を組み合わせて作成します。

同じデザインのパーツを複数作成する場合は、1つのパーツを完成させてから、コピーして編集すると、効率よく作成できます。また、複数のオブジェクトを配置するときは、グループ化したり、オブジェクトの位置や間隔を揃えてレイアウトを整えたりします。

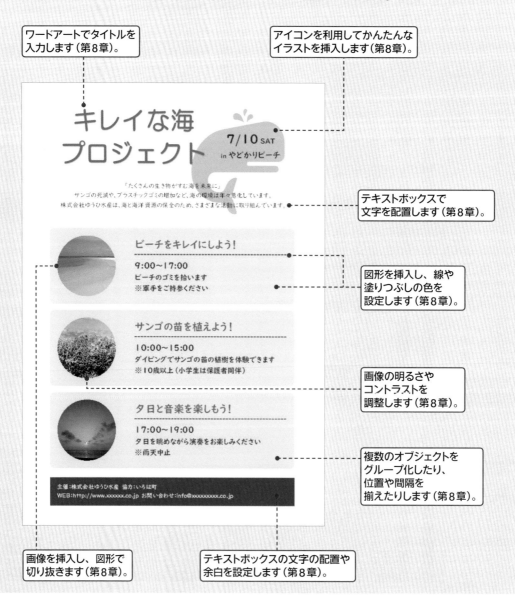

ワードアートでタイトルを入力します（第8章）。

アイコンを利用してかんたんなイラストを挿入します（第8章）。

テキストボックスで文字を配置します（第8章）。

図形を挿入し、線や塗りつぶしの色を設定します（第8章）。

画像の明るさやコントラストを調整します（第8章）。

複数のオブジェクトをグループ化したり、位置や間隔を揃えたりします（第8章）。

画像を挿入し、図形で切り抜きます（第8章）。

テキストボックスの文字の配置や余白を設定します（第8章）。

● 組織図.xlsx

SmartArtを利用した会社組織図です。

図表をかんたんに作成できるSmartArtを利用して階層構造の図を挿入し、各図形に文字を入力します。必要に応じて、階層を追加したり、同じ階層の図形を追加したりします。そのあと、SmartArt全体の色を変更したり、用紙サイズに合わせて位置とサイズを調整したりして、レイアウトを整えます。

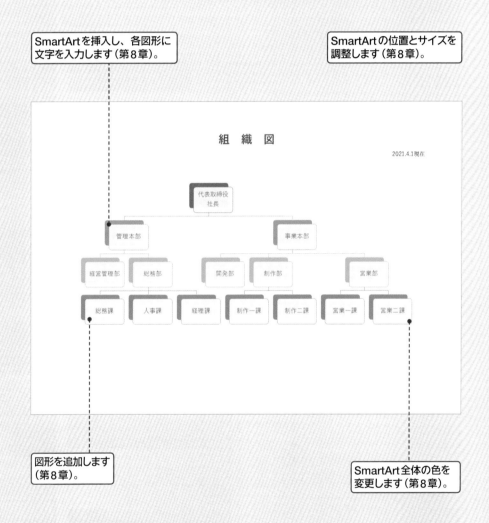

SmartArtを挿入し、各図形に文字を入力します（第8章）。

SmartArtの位置とサイズを調整します（第8章）。

図形を追加します（第8章）。

SmartArt全体の色を変更します（第8章）。

序 Excel文書とは？
1 文書作成の基本
2 文書の入力
3 文書の編集
4 文字やセルの書式
5 罫線と表作成
6 数式の入力と編集
7 関数の利用
8 図形や画像の挿入
9 グラフの作成
10 ブック保存・共有
11 文書の印刷

序

Excelの文書とは？

1 文書作成の基本

2 文書の入力

3 文書の編集

4 文字やセルの書式

5 罫線と表作成

6 数式の入力と編集

7 関数の利用

8 図形や画像の操作

9 グラフの作成

10 ファイルの保存や共有

11 文書の印刷

✎ 用紙設定

Q 001 用紙のサイズを 設定するには？

A ＜ページレイアウト＞タブの ＜サイズ＞で設定します。

＜ページレイアウト＞タブの＜サイズ＞をクリックすると表示されるリストから、目的の用紙サイズを選択します。用紙サイズを設定すると、ワークシート上にページの区切りを示す破線が表示されるので、その破線を目安に文書を作成します。

1 ＜ページレイアウト＞ タブをクリックして、

2 ＜サイズ＞を クリックし、

3 目的の用紙サイズを クリックすると、

4 用紙サイズが設定され、 ページの区切りを示す 破線が表示されます。

◆Hint

破線が表示されない？

文書を保存して閉じると、再度開いたときに破線は表示されなくなります。

✎ 用紙設定

Q 002 印刷の向きを 設定するには？

A ＜ページレイアウト＞タブの ＜印刷の向き＞で設定します。

印刷する用紙の向きは、既定では縦向きに設定されています。用紙の向きを変更するには、＜ページレイアウト＞タブの＜印刷の向き＞を利用します。また、＜印刷＞画面でも設定することができます。

参照 ▶ Q016

● ＜ページレイアウト＞タブの利用

1 ＜ページレイアウト＞ タブをクリックして、

2 ＜印刷の向き＞を クリックし、

3 目的の印刷の向きを クリックします。

● ＜印刷＞画面の利用

1 ＜ファイル＞タブの ＜印刷＞をクリックして、

2 ここを クリックし、

3 目的の印刷の向きを クリックします。

印刷

部数： 1

印刷

プリンター

OKI C310
準備完了
プリンターのプロパティ

設定

作業中のシートを印刷
作業中のシートのみを印刷します

ページ指定：　　から

片面印刷
ページの片面のみを印刷します

部単位で印刷
1,2,3　1,2,3　1,2,3

縦方向

縦方向
横方向

拡大縮小なし
シートを実際のサイズで印刷します

Q 003 用紙の余白サイズを設定するには？

A <ページ設定>ダイアログボックスで設定します。

ページの余白の大きさは、<ページレイアウト>タブの<余白>をクリックすると、<標準>、<広い>、<狭い>の3種類から選択できます。また、数値を指定したい場合は、<ユーザー設定の余白>をクリックすると、<ページ設定>ダイアログボックスの<余白>タブが表示されるので、<上><下><左><右>に数値を入力します。

1 <ページレイアウト>タブをクリックして、

2 <余白>をクリックし、

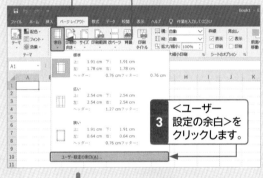

3 <ユーザー設定の余白>をクリックします。

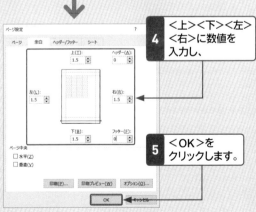

4 <上><下><左><右>に数値を入力し、

5 <OK>をクリックします。

> **◎ Memo**
>
> **ヘッダーとフッターの位置を指定する**
>
> <ヘッダー>と<フッター>では、用紙の端からヘッダー、フッターまでのサイズを指定することができます。

Q 004 セルに文字を入力するには？

A セルを選択して文字を入力し、Enterを押して確定します。

セルに文字を入力するには、セルをクリックして選択し、文字を入力します。必要に応じて変換し、Enterを押すと確定します。さらにEnterを押すと、アクティブセルが下のセルに移動します。

1 セルをクリックして選択し、

2 文字を入力して、必要に応じて変換します。

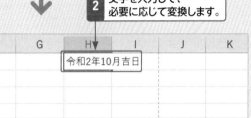

令和2年10月吉日

3 Enterを押すと変換が確定し、再度Enterを押すと、

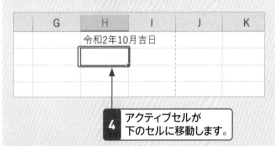

令和2年10月吉日

4 アクティブセルが下のセルに移動します。

> **◎ Memo**
>
> **半角英数字の入力**
>
> 入力モードが<半角英数>の場合は、入力後Enterを押すと、入力が確定してアクティブセルが下のセルに移動します。

Q 005 入力した文字の一部を修正するには？

A セルをダブルクリックして、編集可能な状態にします。

入力した文字の一部を修正するには、、セルをダブルクリックするか F2 を押して編集可能な状態にします。セル内にカーソルが表示されるので、文字を修正し、Enter を押して確定します。なお、セルをクリックして文字を入力すると、すべての文字が書き換えられます。

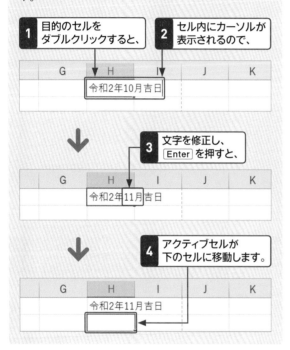

1 目的のセルをダブルクリックすると、
2 セル内にカーソルが表示されるので、

	G	H	I	J	K
		令和2年10月吉日			

3 文字を修正し、Enter を押すと、

	G	H	I	J	K
		令和2年11月吉日			

4 アクティブセルが下のセルに移動します。

	G	H	I	J	K
		令和2年11月吉日			

Q 006 セル内の文字を改行するには？

A カーソルを移動して、Alt を押しながら Enter を押します。

1つのセル内で文字を改行するには、改行したい位置にカーソルを移動して、Alt を押しながら Enter を押します。

Q 007 行の高さや列の幅を変更するには？

A 行番号や列番号の境界線をドラッグします。

セル内の文字数が多くてすべての文字が表示されない場合は、行の高さや列の幅を調整します。行の高さを変更するには、目的の行の行番号の下の境界線にマウスポインターを合わせ、形が ╪ に変わった状態で目的の位置までドラッグします。列の幅を変更するには、目的の列の列番号の右側の境界線にマウスポインターを合わせ、形が ╋ に変わった状態で目的の位置までドラッグします。

参照 ▶ Q110, Q111

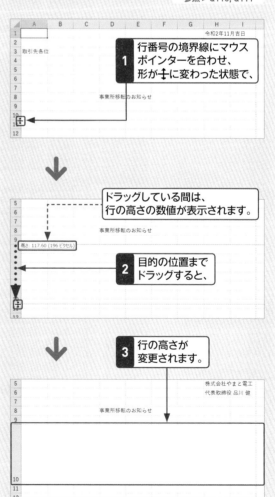

1 行番号の境界線にマウスポインターを合わせ、形が ╪ に変わった状態で、

ドラッグしている間は、行の高さの数値が表示されます。

高さ: 117.60 (196 ピクセル)

2 目的の位置までドラッグすると、

3 行の高さが変更されます。

株式会社やまと電工
代表取締役 品川 健

事業所移転のお知らせ

Q 008 文書のタイトルを 左右中央に入力するには？

A 複数のセルを結合して 中央揃えに設定します。

文書のタイトルを左右中央に配置するには、ページの幅に該当する複数のセルを結合し、左右中央に配置します。また、文字を左右中央に設定せず、セルの結合のみを行う場合は、目的のセルをドラッグして選択し、＜ホーム＞タブの＜セルを結合して中央揃え＞の・をクリックして、＜セルの結合＞をクリックします。

1 目的のセルを ドラッグして選択し、

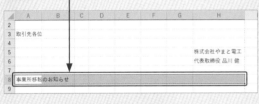

2 ＜ホーム＞タブを クリックして、

3 ＜セルを結合して 中央揃え＞を クリックすると、

4 セルが結合され、 文字が左右中央に 配置されます。

セルの結合を解除するには？

セルの結合を解除するには、目的のセルをクリックして選択し、＜ホーム＞タブの＜セルを結合して中央揃え＞をクリックします。

Q 009 セル内のすべての文字を 表示するには？

A 文字を折り返して、 全体を表示します。

セル内の文字数が多くて、一部が表示されない場合は、文字を折り返して、全体が表示されるようにします。

1 セルをクリックして 選択し、

2 ＜ホーム＞タブを クリックして、

3 ＜折り返して全体を 表示する＞をクリックすると、

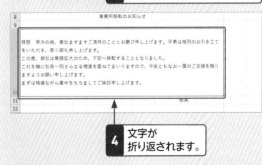

4 文字が 折り返されます。

縮小して全体を表示する

文字を縮小して、全体を表示させることもできます。その場合は、セルをクリックして選択し、Ctrlを押しながら1を押して、＜セルの書式設定＞ダイアログボックスを表示します。＜配置＞タブをクリックして、＜縮小して全体を表示する＞をオンにし、＜OK＞をクリックします。

序

Excel で表とは？

1 文書作成の基本

2 文書の入力

3 文書の編集

4 文字やセルの表示

5 罫線と装作成

6 数式の入力と編集

7 関数の利用

8 図形や画像の操作

9 グラフの作成

10 ファイルの保存と共有

11 文書の印刷

Q 010 セル内の文字の横の配置を設定するには？

A 中央揃え、右揃えなど、<ホーム>タブで設定します。

セル内の文字の横の配置は、左揃え、中央揃え、右揃え、両端揃えなどを設定できます。設定は、<ホーム>タブの<配置>グループまたは<セルの書式設定>ダイアログボックスの<配置>タブから行います。

参照▶ Q141, Q143

● <ホーム>タブの利用

1 目的のセルをクリックして選択し、
2 <ホーム>タブをクリックして、

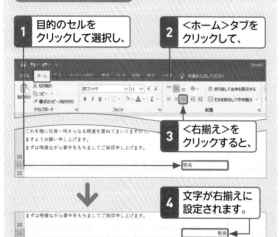

3 <右揃え>をクリックすると、
4 文字が右揃えに設定されます。

● <セルの書式設定>ダイアログボックスの利用

1 目的のセルをクリックして選択し、
2 Ctrl を押しながら 1 を押します。
3 <配置>をクリックして、

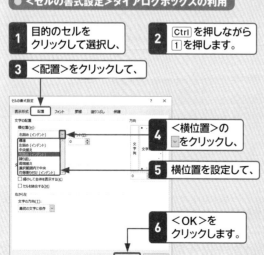

4 <横位置>の をクリックし、
5 横位置を設定して、
6 <OK>をクリックします。

Q 011 セル内の文字の縦の配置を設定するには？

A 上下中央揃え、下揃えなど、<ホーム>タブで設定します。

セル内の文字の縦の配置は、上揃え、上下中央揃え、下揃え、均等割り付けなどを設定できます。設定は、<ホーム>タブの<配置>グループまたは<セルの書式設定>ダイアログボックスの<配置>タブから行います。

● <ホーム>タブの利用

1 目的のセルをクリックして選択し、
2 <ホーム>タブをクリックして、

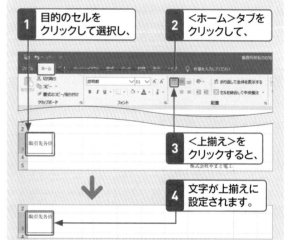

3 <上揃え>をクリックすると、
4 文字が上揃えに設定されます。

● <セルの書式設定>ダイアログボックスの利用

1 目的のセルをクリックして選択し、
2 Ctrl を押しながら 1 を押します。
3 <配置>をクリックして、

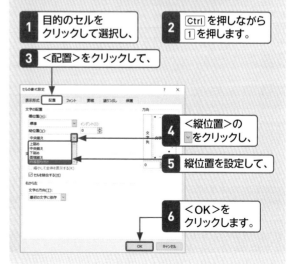

4 <縦位置>の をクリックし、
5 縦位置を設定して、
6 <OK>をクリックします。

Q 012 フォントのサイズを変更するには？

A ＜ホーム＞タブの＜フォントサイズ＞で設定します。

フォントのサイズは、＜ホーム＞タブの＜フォントサイズ＞で目的のフォントサイズを指定するか、数値を入力して Enter を押します。

1 目的のセルをクリックして選択し、

2 ＜ホーム＞タブをクリックして、

3 ＜フォントサイズ＞の∨をクリックし、

4 フォントサイズを指定すると、

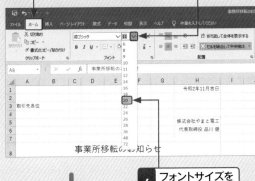

5 フォントサイズが変更されます。

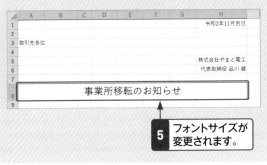

Q 013 フォントの種類を変更するには？

A ＜ホーム＞タブの＜フォント＞で設定します。

フォントの種類は、＜ホーム＞タブの＜フォント＞で目的のフォントの種類を指定します。

1 目的のセルをクリックして選択し、

2 ＜ホーム＞タブをクリックして、

3 ＜フォント＞の∨をクリックし、

4 目的のフォントをクリックすると、

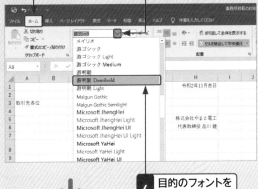

5 フォントが変更されます。

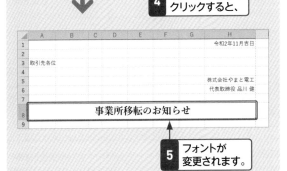

序

1 文書作成の基本

2 文書の入力

3 文書の編集

4 文字やセルの書式

5 罫線と表作成

6 数式の入力と編集

7 関数の利用

8 図形や画像の操作

9 グラフの作成

10 ファイルの保存と共有

11 文書の印刷

✎ ファイルの保存

案内文書.xlsx

Q 014 文書を保存するには？

A 名前を付けて保存するか、上書き保存します。

文書を作成したら、ファイルに名前を付けて保存します。保存した文書を編集した場合は、上書き保存します。保存は、<ファイル>タブから行います。

● 名前を付けて保存

1 <ファイル>タブをクリックして、

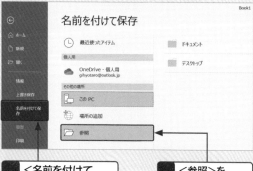

2 <名前を付けて保存>をクリックし、

3 <参照>をクリックします。

4 保存場所を指定して、

5 ファイル名を入力し、

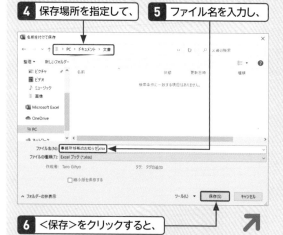

6 <保存>をクリックすると、

7 ファイルが保存されます。

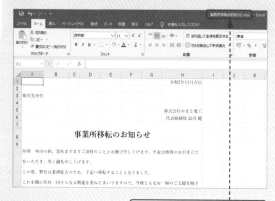

タイトルバーにファイル名が表示されます。

● 上書き保存

1 <ファイル>タブをクリックして、

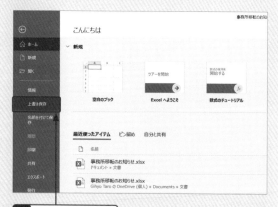

2 <上書き保存>をクリックします。

> **Memo**
>
> クイックアクセスツールバーの利用
>
> 上書き保存は、クイックアクセスツールバーの<上書き保存>🖫をクリックしても行えます。

> **Memo**
>
> ファイル名拡張子の表示
>
> 本書では、ファイル名拡張子を表示しています。ファイル名拡張子を表示するには、エクスプローラーの<表示>タブをクリックして、<ファイル名拡張子>をオンにします。

Q 015 印刷イメージを確認するには？

A ＜ファイル＞タブの＜印刷＞に印刷イメージが表示されます。

文書を印刷する前に、印刷イメージを確認します。印刷イメージは、＜ファイル＞タブの＜印刷＞をクリックすると、画面右側に表示されます。

1 ＜ファイル＞タブをクリックして、

2 ＜印刷＞をクリックすると、

3 画面右側に印刷イメージが表示されます。

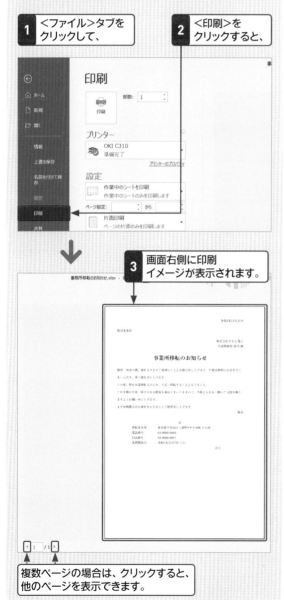

複数ページの場合は、クリックすると、他のページを表示できます。

Q 016 文書を印刷するには？

A ＜ファイル＞タブの＜印刷＞で＜印刷＞をクリックします。

文書を印刷するには、＜ファイル＞タブの＜印刷＞をクリックして、印刷に関する設定を行い、＜印刷＞クリックします。

1 ＜ファイル＞タブをクリックして、

2 ＜印刷＞をクリックし、

3 印刷部数を入力して、

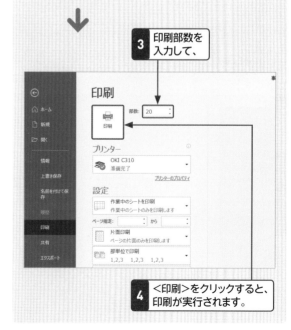

4 ＜印刷＞をクリックすると、印刷が実行されます。

セルの移動

Q 017 セル[A1]に すばやく移動するには？

A Ctrlを押しながら Homeを押します。

アクティブセルをセル[A1]に移動するには、Ctrlを押しながらHomeを押します。

1 Ctrl + Homeを押すと、

	A	B	C	D	E	F	G
1	店舗別売上						
2	店舗名	第1四半期	第2四半期	第3四半期	第4四半期	合計	
3	仙台店	25,748,689	16,976,673	18,188,236	25,525,296	86,438,894	
4	大宮店	25,600,068	26,651,628	25,096,785	16,230,999	93,579,480	
5	柏店	19,782,635	17,089,025	23,193,225	19,926,330	79,991,215	
6	新宿店	12,113,265	10,619,312	11,023,981	21,704,744	55,461,302	
7	横浜店	10,403,623	28,652,029	10,106,180	26,951,468	76,113,300	
8	名古屋店	26,538,173	14,932,215	11,152,678	25,558,191	78,181,257	
9	大阪店	24,820,139	23,616,403	19,510,305	17,225,018	85,171,865	
10	福岡店	11,320,418	15,700,827	17,253,595	12,412,722	56,687,562	
11	合計	156,327,010	154,238,112	135,524,985	165,534,768	611,624,875	
12							
13							
14							

2 アクティブセルがセル[A1]に移動します。

セルの移動

Q 018 行の先頭に すばやく移動するには？

A Homeを押します。

アクティブセルを、現在のアクティブセルのある行の先頭に移動するには、Homeを押します。

1 Homeを押すと、

	A	B	C	D	E	F	G
1	店舗別売上						
2	店舗名	第1四半期	第2四半期	第3四半期	第4四半期	合計	
3	仙台店	25,748,689	16,976,673	18,188,236	25,525,296	86,438,894	
4	大宮店	25,600,068	26,651,628	25,096,785	16,230,999	93,579,480	
5	柏店	19,782,635	17,089,025	23,193,225	19,926,330	79,991,215	
6	新宿店	12,113,265	10,619,312	11,023,981	21,704,744	55,461,302	
7	横浜店	10,403,623	28,652,029	10,106,180	26,951,468	76,113,300	
8	名古屋店	26,538,173	14,932,215	11,152,678	25,558,191	78,181,257	
9	大阪店	24,820,139	23,616,403	19,510,305	17,225,018	85,171,865	
10	福岡店	11,320,418	15,700,827	17,253,595	12,412,722	56,687,562	
11	合計	156,327,010	154,238,112	135,524,985	165,534,768	611,624,875	
12							

2 アクティブセルが行の先頭に移動します。

セルの移動

Q 019 表の右下のセルに すばやく移動するには？

A Ctrlを押しながら Endを押します。

空白だけの行と列で囲まれた、アクティブセルを含む矩形のセル範囲を、「アクティブセル領域」といいます。アクティブセル領域の右下のセルに移動するには、Ctrlを押しながらEndを押します。

1 Ctrl + Endを押すと、

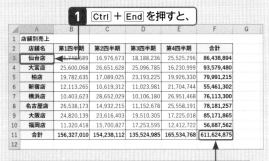

	A	B	C	D	E	F	G
1	店舗別売上						
2	店舗名	第1四半期	第2四半期	第3四半期	第4四半期	合計	
3	仙台店	25,748,689	16,976,673	18,188,236	25,525,296	86,438,894	
4	大宮店	25,600,068	26,651,628	25,096,785	16,230,999	93,579,480	
5	柏店	19,782,635	17,089,025	23,193,225	19,926,330	79,991,215	
6	新宿店	12,113,265	10,619,312	11,023,981	21,704,744	55,461,302	
7	横浜店	10,403,623	28,652,029	10,106,180	26,951,468	76,113,300	
8	名古屋店	26,538,173	14,932,215	11,152,678	25,558,191	78,181,257	
9	大阪店	24,820,139	23,616,403	19,510,305	17,225,018	85,171,865	
10	福岡店	11,320,418	15,700,827	17,253,595	12,412,722	56,687,562	
11	合計	156,327,010	154,238,112	135,524,985	165,534,768	611,624,875	
12							

2 アクティブセルが表の右下のセルに移動します。

セルの移動

Q 020 データが入力されている 範囲の端に移動するには？

A Ctrlを押しながら ↑↓←→を押します。

アクティブセルを、データが入力されている範囲の上下左右の端に移動するには、Ctrlを押しながら↑↓←→を押します。

アクティブセル　Ctrl + ↑　Ctrl + →

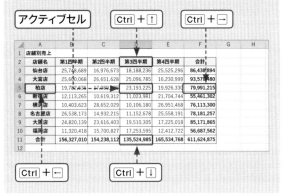

	A	B	C	D	E	F	G	H
1	店舗別売上							
2	店舗名	第1四半期	第2四半期	第3四半期	第4四半期	合計		
3	仙台店	25,748,689	16,976,673	18,188,236	25,525,296	86,438,894		
4	大宮店	25,600,068	26,651,628	25,096,785	16,230,999	93,579,480		
5	柏店	19,782,635	17,089,025	23,193,225	19,926,330	79,991,215		
6	新宿店	12,113,265	10,619,312	11,023,981	21,704,744	55,461,302		
7	横浜店	10,403,623	28,652,029	10,106,180	26,951,468	76,113,300		
8	名古屋店	26,538,173	14,932,215	11,152,678	25,558,191	78,181,257		
9	大阪店	24,820,139	23,616,403	19,510,305	17,225,018	85,171,865		
10	福岡店	11,320,418	15,700,827	17,253,595	12,412,722	56,687,562		
11	合計	156,327,010	154,238,112	135,524,985	165,534,768	611,624,875		
12								

Ctrl + ←　Ctrl + ↓

✍ セルの移動

Q 021

任意のセルに
すばやく移動するには？

任意のセルにすばやく移動するには、＜名前ボックス＞にセル番地を入力します。

A ＜名前ボックス＞に
セル番地を入力します。

1 ＜名前ボックス＞にセル番地（ここでは「E6」）を入力して、[Enter] を押すと、

E6		× ✓	fx	店舗別売上		
	A	B	C	D	E	F	G
1	店舗別売上						
2	店舗名	第1四半期	第2四半期	第3四半期	第4四半期	合計	
3	仙台店	25,748,689	16,976,673	18,188,236	25,525,296	86,438,894	
4	大宮店	25,600,068	26,651,628	25,096,785	16,230,999	93,579,480	

2 アクティブセルが指定したセルに移動します。

E6		× ✓	fx	21704744		
	A	B	C	D	E	F	G
1	店舗別売上						
2	店舗名	第1四半期	第2四半期	第3四半期	第4四半期	合計	
3	仙台店	25,748,689	16,976,673	18,188,236	25,525,296	86,438,894	
4	大宮店	25,600,068	26,651,628	25,096,785	16,230,999	93,579,480	
5	柏店	19,782,635	17,089,025	23,193,225	19,926,330	79,991,215	
6	新宿店	12,113,265	10,619,312	11,023,981	21,704,744	55,461,302	
7	横浜店	10,403,623	28,652,029	10,106,180	26,951,468	76,113,300	
8	名古屋店	26,538,173	14,932,215	11,152,678	25,558,191	78,181,257	
9	大阪店	24,820,139	23,616,403	19,510,305	17,225,018	85,171,865	
10	福岡店	11,320,418	15,700,827	17,253,595	12,412,722	56,687,562	
11	合計	156,327,010	154,238,112	135,524,985	165,534,768	611,624,875	
12							

✍ セルの移動

Q 022

画面単位で表示範囲を
切り替えるには？

現在表示されている範囲の下側を表示するには、[Page Down] を押します。画面単位で切り替わるので、スクロールするよりもすばやく移動できます。
また、表示されている範囲の上側は [Page Up]、右側は [Alt] を押しながら [Page Down]、左側は [Alt] を押しながら [Page Up] を押すと表示できます。

A [Page Down] を押します。

1 [Page Down] を押すと、

	A	B	C	D	E	F
1	会員番号	氏	名	シ	メイ	生年月日
2	0001	村上	遥	ムラカミ	ハルカ	1994/10/2
3	0002	佐藤	明美	サトウ	アケミ	1965/6/1
4	0003	加藤	大輔	カトウ	ダイスケ	1975/5/3
5	0004	山田	健太郎	ヤマダ	ケンタロウ	1977/3/1
6	0005	阿部	彩	アベ	アヤ	1987/7/1
7	0006	三浦	美香	ミウラ	ミカ	1977/9/2
8	0007	佐々木	直樹	ササキ	ナオキ	1972/7/
9	0008	西村	陸	ニシムラ	リク	1997/10/1
10	0009	小川	美咲	オガワ	ミサキ	1991/5/2
11	0010	佐々木	学	ササキ	マナブ	1980/10/3
12	0011	森	達哉	モリ	タツヤ	1986/10/2
13	0012	長谷川	茜	ハセガワ	アカネ	1992/1/
14	0013	石川	沙織	イシカワ	サオリ	1988/10/
15	0014	福田	拓海	フクダ	タクミ	1996/11/
16	0015	林	香織	ハヤシ	カオリ	1983/12/2
17	0016	金子	淳	カネコ	ジュン	1979/10/1
18	0017	坂本	明日香	サカモト	アスカ	1996/10/1
19	0018	藤田	理奈	フジタ	リナ	1993/9/3
20	0019	中島	亮	ナカジマ	リョウ	1989/12/1
21	0020	青木	亮太	アオキ	リョウタ	1995/8/1
22	0021	山崎	麻衣	ヤマザキ	マイ	1985/1/
23	0022	山口	絵美	ヤマグチ	エミ	1980/10/2
	Sheet1 部署 (+)					

2 表示範囲が切り替わり、下側が表示されます。

	A	B	C	D	E	F
23	0022	山口	絵美	ヤマグチ	エミ	1980/10/2
24	0023	池田	美穂	イケダ	ミホ	1987/5/1
25	0024	遠藤	佳奈	エンドウ	カナ	1995/6/
26	0025	田中	直美	タナカ	ナオミ	1968/6/1
27	0026	前田	千尋	マエダ	チヒロ	1990/11/
28	0027	山下	愛美	ヤマシタ	マナミ	1988/6/1
29	0028	岡田	昇平	オカダ	ショウヘイ	1991/9/2
30	0029	伊藤	健一	イトウ	ケンイチ	1968/7/2
31	0030	藤原	秀樹	フジワラ	ヒデキ	1972/8/1
32	0031	渡辺	陽子	ワタナベ	ヨウコ	1971/1/1
33	0032	近藤	祥	コンドウ	ショウ	1994/4/2
34	0033	吉田	智子	ヨシダ	トモコ	1977/5/
35	0034	高橋	由美子	タカハシ	ユミコ	1966/6/1
36	0035	後藤	翼	ゴトウ	ツバサ	1993/11/
37	0036	石井	大樹	イシイ	タイキ	1990/8/
38	0037	小林	久美子	コバヤシ	クミコ	1975/1/2
39	0038	斉藤	麻美	サイトウ	マミ	1984/12/
40	0039	太田	七海	オオタ	ナナミ	1997/8/3
41	0040	木村	健太	キムラ	ケンタ	1982/11/2
42	0041	山本	哲也	ヤマモト	テツヤ	1972/2/
43	0042	岡本	聡	オカモト	サトシ	1974/7/
44	0043	松本	恵	マツモト	メグミ	1981/3/3
45	0044	清水	拓也	シミズ	タクヤ	1984/2/1
	Sheet1 部署 (+)					

序
1
文書作成の基本
2 文書の入力
3 文書の編集
4 文字やセルの書式
5 罫線と表作成
6 数式の入力と編集
7 関数の利用
8 図形や画像の操作
9 グラフの作成
10 ファイルの保存と共有
11 文書の印刷

✏ セルの移動

Q 023

アクティブセルに
すばやく移動するには？

A **Ctrl** を押しながら **Back Space** を押します。

画面をスクロールしていて、アクティブセルがどこにあるのかわからなくなってしまったときは、**Ctrl** を押しながら **Back Space** を押すと、アクティブセルが表示されます。

✏ セルの移動

Q 024

データ入力で効率よく
セルを移動するには？

A **Tab** を押して右のセルに移動し、
Enter を押して改行します。

データを行ごとに入力するときは、**Enter** ではなく **Tab** を押すと右隣のセルに移動できます。行末までデータを入力したあと、**Enter** を押すと、セルの移動を開始した下のセルに移動します。

1 データを入力して、**Tab** を押すと、

	A	B	C	D	E	F	G
1	店舗別売上						
2	店舗名	第1四半期	第2四半期	第3四半期	第4四半期	合計	
3	仙台店	25748689					
4	大宮店						

↓

2 右隣のセルに移動します。

	A	B	C	D	E	F	G
1	店舗別売上						
2	店舗名	第1四半期	第2四半期	第3四半期	第4四半期	合計	
3	仙台店	25,748,689					
4	大宮店						

↓

3 **Tab** で移動し、行末で **Enter** を押すと、

	A	B	C	D	E	F	G
1	店舗別売上						
2	店舗名	第1四半期	第2四半期	第3四半期	第4四半期	合計	
3	仙台店	25,748,689	16,976,673	18,188,236	25525296		
4	大宮店						

↓

4 移動を開始したセルの下に移動します。

	A	B	C	D	E	F	G
1	店舗別売上						
2	店舗名	第1四半期	第2四半期	第3四半期	第4四半期	合計	
3	仙台店	25,748,689	16,976,673	18,188,236	25,525,296		
4	大宮店						

✏ セルの移動

Q 025

Enter を押したあとに
右のセルに移動するには？

A ＜Excelのオプション＞で
設定を変更します。

データを入力して **Enter** を押すと、既定では下のセルにアクティブセルが移動します。**Enter** を押したときに右隣のセルに移動させたい場合は、＜Excelのオプション＞の＜詳細設定＞で、設定を変更します。

1 ＜ファイル＞タブをクリックして、　**2** ＜オプション＞をクリックします。

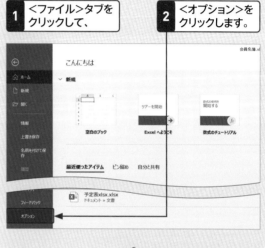

↓

3 ＜詳細設定＞をクリックして、　**4** ＜編集オプション＞の＜方向＞の▼をクリックし、

5 ＜右＞をクリックして、　**6** ＜OK＞をクリックします。

Q 026

入力したデータを下の
セルにコピーするには？

A セル範囲を選択して、Ctrl を押しながら D を押します。

入力したデータと同じデータを下方向に隣接する複数のセルに入力するには、データが入力されているセルと、同じデータを入力するセル範囲を選択し、Ctrl を押しながら D を押します。

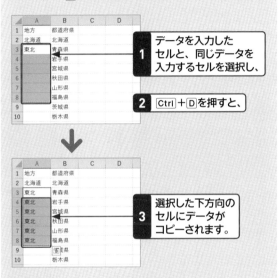

1 データを入力したセルと、同じデータを入力するセルを選択し、

2 Ctrl + D を押すと、

3 選択した下方向のセルにデータがコピーされます。

⚙ **Hint**

右方向のセルにデータをコピーするには？

右方向の隣接するセルに、入力したデータをコピーするには、同様にセルを選択し、Ctrl を押しながら R を押します。

Q 027

セルのデータを
すばやく削除するには？

A セル範囲を選択して Delete を押します。

セルのデータをまとめてすばやく削除するには、削除するデータが入力されているセル範囲を選択し、Delete を押します。

Q 028

姓と名を別々のセルに
分けるには？

A フラッシュフィルを利用します。

同じセルに入力されている姓と名を別々のセルに分けるには、フラッシュフィルを利用します。フラッシュフィルは、法則性を検知してデータを自動的に入力する機能で、＜データ＞タブの＜フラッシュフィル＞から実行します。この場合、姓名を区切るスペースや「,（カンマ）」が入力されている必要があります。

参照 ▶ Q029

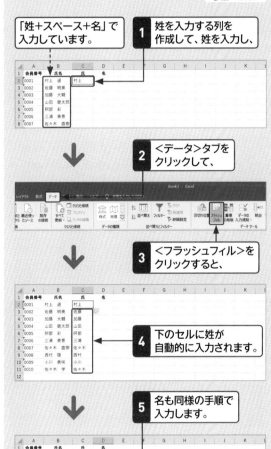

「姓＋スペース＋名」で入力しています。

1 姓を入力する列を作成して、姓を入力し、

2 ＜データ＞タブをクリックして、

3 ＜フラッシュフィル＞をクリックすると、

4 下のセルに姓が自動的に入力されます。

5 名も同様の手順で入力します。

Excel文書とは？
文書作成の基本
文書の入力
文書の編集
文字やセルの書式
罫線と表作成
数式の入力と編集
関数の利用
図形や画像の操作
グラフの作成
ファイルの保存と共有
文書の印刷

序 1 2 3 4 5 6 7 8 9 10 11

Q 029 姓名に「様」を一括でつけるには？

A フラッシュフィルを利用します。

セルに入力されている姓名に、一括して「様」をつけるには、フラッシュフィルを利用します。フラッシュフィルは、法則性を検知してデータを自動的に入力する機能で、<データ>タブの<フラッシュフィル>から実行します。

参照 ▶ Q028

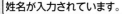
姓名が入力されています。

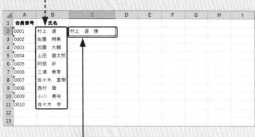

1 「様」を付けて入力する列を作成し、姓名に「様」を付けて入力し、

2 <データ>タブをクリックして、

3 <フラッシュフィル>をクリックすると、

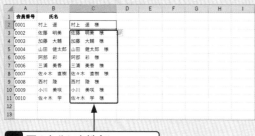

4 下のセルにも姓名に「様」がついて入力されます。

Q 030 特定のセル範囲にデータを入力するには？

A 入力する範囲を選択して Tab や Enter を押してセルを移動します。

特定のセル範囲にデータを入力するときは、あらかじめセル範囲を選択してから、データを入力すると、アクティブセルが選択範囲内で移動します。データを入力して Tab を押すとアクティブセルが右に移動し、行末で Tab を押すと下の行の左端のセルに移動します。また、Enter を押すとアクティブセルが下に移動します。

1 データを入力するセル範囲を選択し、

2 データを入力して Tab を押すと、

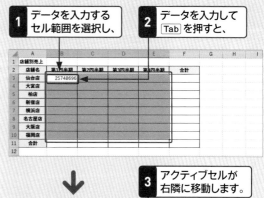

3 アクティブセルが右隣に移動します。

4 同様にデータを入力して、

5 行末で Tab を押すと、

6 下の行の左端のセルに移動します。

Q 031 隣接するセルに同じデータを かんたんに入力するには？

A オートフィルで データをコピーします。

同じデータを、隣接する複数のセルにすばやく入力するには、オートフィルを利用します。データを入力したセルを選択し、右下に表示されるフィルハンドルをコピーしたいセルまでドラッグします。

参照 ▶ Q026

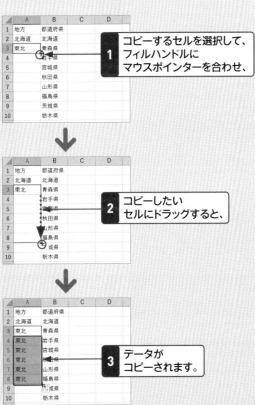

1 コピーするセルを選択して、フィルハンドルにマウスポインターを合わせ、

2 コピーしたいセルにドラッグすると、

3 データがコピーされます。

● Memo

横のセルにもコピーできる

フィルハンドルを右にドラッグすると、右に隣接するセルにコピーできます。

● Hint

連続データが入力される？

日付や数値が入ったデータの場合は、連続データが入力されることがあります。

Q 032 連続した数値や日付を 入力するには？

A オートフィルで 連続データを入力します。

数値や日付、曜日などを連続して入力したい場合は、オートフィルを利用します。オートフィルハンドルをドラッグすると、日付や曜日は連続データが入力されますが、数値の場合はデータがコピーされるので、＜オートフィルオプション＞で連続データに切り替えます。

参照 ▶ Q035

1 最初のデータを入力したセルを選択して、フィルハンドルにマウスポインターを合わせ、

2 入力したいセルまでドラッグします。

3 データがコピーされた場合は、＜オートフィルオプション＞をクリックして、

4 ＜連続データ＞をクリックすると、

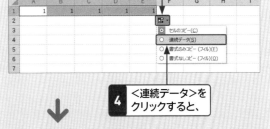

5 連続データが入力されます。

Q 033 数値を規則にしたがって入力するには？

A オートフィルまたは＜連続データ＞ダイアログボックスを利用します。

奇数や10ずつ増える数のような規則性のある連続データを入力する場合は、元となる2つの数値のデータを入力したセルを選択し、オートフィルハンドルをドラッグします。また、＜連続データ＞ダイアログボックスを利用しても入力できます。

参照 ▶ Q032, Q035

● オートフィルの利用

1 元となる2つの数値を入力して、両方のセルを選択し、

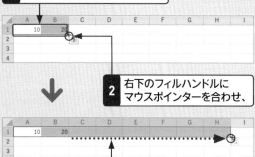

2 右下のフィルハンドルにマウスポインターを合わせ、

3 入力したいセルまでドラッグすると、

4 連続データが入力されます。

● ＜連続データ＞ダイアログボックスの利用

1 最初のデータを入力して、セルを選択し、

2 ＜ホーム＞タブをクリックして、

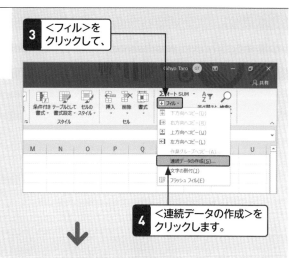

3 ＜フィル＞をクリックして、

4 ＜連続データの作成＞をクリックします。

5 データを入力する方向を選択して、

6 ＜加算＞をクリックし、

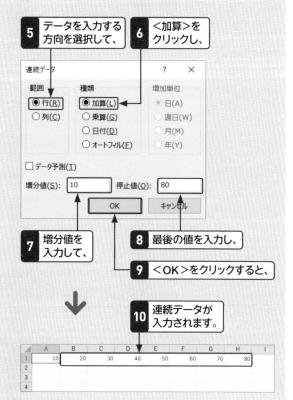

7 増分値を入力して、

8 最後の値を入力し、

9 ＜OK＞をクリックすると、

10 連続データが入力されます。

○ Memo

乗算の連続データも入力できる

＜連続データ＞ダイアログボックスを利用すると、「2、4、8、16、32…」のように、乗算で増える連続データを入力することもできます。その場合は、＜連続データ＞ダイアログボックスの＜種類＞で、＜乗算＞を選択します。

Q 034 連続データの入力をコピーに切り替えるには？

A ＜オートフィルオプション＞で＜セルのコピー＞を選択します。

セルをコピーしようとフィルハンドルをドラッグしたときに、連続データが入力されてしまった場合は、＜オートフィルオプション＞をクリックして、＜セルのコピー＞をクリックします。

参照 ▶ Q032

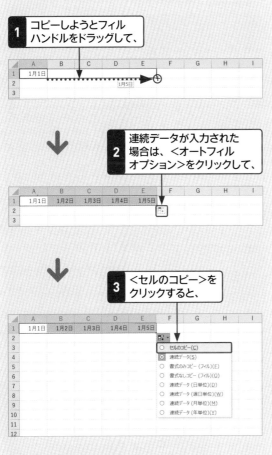

1 コピーしようとフィルハンドルをドラッグして、

2 連続データが入力された場合は、＜オートフィルオプション＞をクリックして、

3 ＜セルのコピー＞をクリックすると、

4 セルがコピーされます。

Q 035 月や年単位で増える連続データを入力するには？

A ＜オートフィルオプション＞で連続データの単位を切り替えます。

オートフィルを利用して日付の連続データを入力しようとすると、既定では1日ずつ増加しますが、月単位や年単位での連続データを入力することも可能です。その場合は、＜オートフィルオプション＞をクリックして、＜連続データ（月単位）＞や＜連続データ（年単位）＞をクリックします。

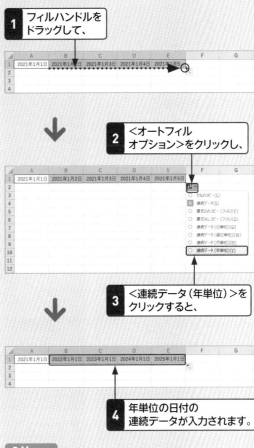

1 フィルハンドルをドラッグして、

2 ＜オートフィルオプション＞をクリックし、

3 ＜連続データ（年単位）＞をクリックすると、

4 年単位の日付の連続データが入力されます。

◎ Memo

＜連続データ＞ダイアログボックスの利用

＜連続データ＞ダイアログボックスでも、月単位や年単位の日付の連続データを入力できます。その場合は、＜種類＞で＜日付＞を選択し、＜増加単位＞で＜月＞や＜年＞を指定します。

Q 036 曜日をかんたんに入力するには？

A オートフィルを利用します。

曜日も連続データとして扱われるので、オートフィルを利用して入力できます。表記は「日曜日、月曜日、火曜日…」、「日、月、火…」、「Sunday、Monday、Tuesday…」、「Sun、Mon、Tue…」のいずれにも対応しています。

1 曜日を入力したセルを選択して、フィルハンドルにマウスポインターを合わせ、

	A	B	C	D	E
1	2021	年		1 月予定表	
2	1	金			
3	2				
4	3				
5	4				

2 ドラッグすると、

	A	B	C	D	E
1	2021	年		1 月予定表	
2	1	金			
3	2				
4	3				
5	4				
6	5				
7	6				
8	7				
9	8				
10	9				
11	10				

3 曜日の連続データが入力されます。

	A	B	C	D	E
1	2021	年		1 月予定表	
2	1	金			
3	2	土			
4	3	日			
5	4	月			
6	5	火			
7	6	水			
8	7	木			
9	8	金			
10	9	土			
11	10				

Q 037 オートフィルを実行できない場合は？

A ＜Excelのオプション＞で設定を変更します。

フィルハンドルをドラッグしてもオートフィルが実行できない場合は、機能が無効になっています。設定を変更するには、＜Excelのオプション＞を表示し、＜詳細設定＞で、＜フィルハンドルおよびセルのドラッグアンドドロップを使用する＞をオンにします。

1 ＜ファイル＞タブをクリックして、

2 ＜オプション＞をクリックします。

3 ＜詳細設定＞をクリックして、

4 ＜フィルハンドルおよびセルのドラッグアンドドロップを使用する＞をオンにし、

5 ＜OK＞をクリックします。

Q 038 オリジナルの連続データを入力するには？

A ユーザー設定リストを作成します。

都道府県名や店舗名など、オリジナルの連続データをオートフィル機能で利用したい場合は、<ユーザー設定リスト>ダイアログボックスで新しいリストを作成します。

1 <ファイル>タブの<オプション>をクリックして、<Excelのオプション>を表示し、

2 <詳細設定>をクリックして、

3 <ユーザー設定リストの編集>をクリックします。

4 <新しいリスト>をクリックして、

5 連続データの項目を、改行しながら入力し、

6 <OK>をクリックして、

7 <Excelのオプション>の<OK>をクリックします。

8 最初のデータを入力して、

	A	B	C	D	E	F	G
1	店舗別売上						
2	店舗名	第1四半期	第2四半期	第3四半期	第4四半期	合計	
3	仙台店						
4							
5							
6							
7							
8							
9							
10							
11	合計						
12							
13							

9 フィルハンドルにマウスポインターを合わせ、

10 ドラッグすると、

	A	B	C	D	E	F	G
1	店舗別売上						
2	店舗名	第1四半期	第2四半期	第3四半期	第4四半期	合計	
3	仙台店						
4							
5							
6							
7							
8							
9							
10	福岡店						
11	合計						
12							
13							

11 作成したリストの連続データが入力されます。

	A	B	C	D	E	F	G
1	店舗別売上						
2	店舗名	第1四半期	第2四半期	第3四半期	第4四半期	合計	
3	仙台店						
4	大宮店						
5	柏店						
6	新宿店						
7	横浜店						
8	名古屋店						
9	大阪店						
10	福岡店						
11	合計						
12							
13							

✿ Memo

入力してあるデータをリストとして設定する

連続データを入力してあるセル範囲を、ユーザー設定リストとして設定することもできます。その場合は、あらかじめセル範囲を選択してから<ユーザー設定リスト>ダイアログボックスの<インポート>をクリックするか、<ユーザー設定リスト>ダイアログボックスの<リストの取り込み元範囲>ボックスをクリックしてからセル範囲をドラッグして指定します。

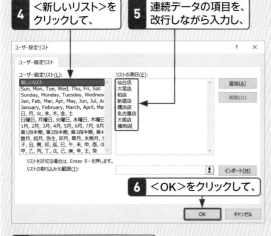

Q039 データをコピー&貼り付けで入力するには？

A セルをコピーし、貼り付け先のセルを選択して貼り付けます。

同じデータを複数のセルに入力したい場合は、コピー&貼り付けを利用すると、効率的に入力できます。オートフィルの場合は隣接するセルにしかコピーできませんが、この場合は離れたセルにもコピーできます。

 1 コピーするセルをクリックして、

2 Ctrl+C を押し、

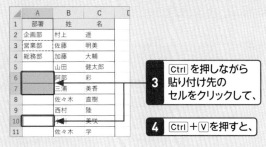

 3 Ctrl を押しながら貼り付け先のセルをクリックして、

4 Ctrl+V を押すと、

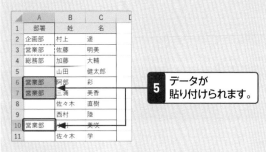

5 データが貼り付けられます。

● Memo
コマンドの利用

セルをクリックして、<ホーム>タブの<コピー>をクリックし、貼り付け先のセルをクリックして、<ホーム>タブの<貼り付け>の をクリックしても、コピー&貼り付けができます。

Q040 同じデータを複数のセルにまとめて入力するには？

A 複数のセルを選択してから入力し、Ctrl+Enter を押して確定します。

同じデータを複数のセルに効率的に入力する方法は、コピー&貼り付け以外にもあります。データを入力する複数のセルをあらかじめ選択してから、データを入力し、確定するときに Enter ではなく Ctrl+Enter を押します。

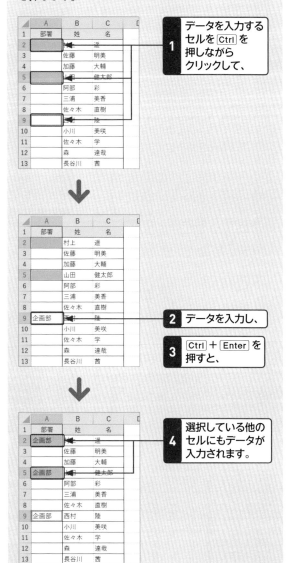

1 データを入力するセルを Ctrl を押しながらクリックして、

2 データを入力し、

3 Ctrl+Enter を押すと、

4 選択している他のセルにもデータが入力されます。

Q 041 データの入力を キャンセルするには？

A Escを押します。

セルにデータを入力しているときに、キャンセルしたい場合は、Escを押すと、入力したデータが削除されます。なお、一度入力が確定されたデータの場合は、Escを押しても削除されないので、その場合はDeleteを押します。

Q 042 入力候補を使って データを入力するには？

A 入力候補が表示されたら、Enterを押すと自動で入力できます。

入力した最初の数文字が、同じ列に既に入力されているデータと一致する場合は、残りの文字が自動で表示されます。この機能を「オートコンプリート」といいます。入力候補が表示されたらEnterを押すと、残りの文字が自動的に入力されます。

なお、入力候補が表示されているときにEscを押すと、入力候補が削除されます。

参照 ▶ Q043

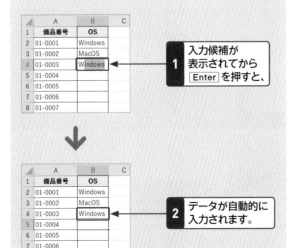

1 入力候補が表示されてからEnterを押すと、

2 データが自動的に入力されます。

Q 043 入力候補が表示 されないようにするには？

A ＜Excelのオプション＞でオートコンプリートをオフにします。

オートコンプリートで入力候補が表示されるのがわずらわしい場合は、機能を無効にします。＜ファイル＞タブの＜オプション＞をクリックして、＜Excelのオプション＞を表示します。＜詳細設定＞をクリックし、＜編集オプション＞の＜オートコンプリートを使用する＞をオフにして、＜OK＞をクリックします。

1 ＜ファイル＞タブをクリックして、

2 ＜オプション＞をクリックします。

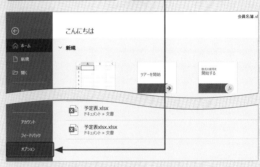

3 ＜詳細設定＞をクリックして、

4 ＜オートコンプリートを使用する＞をオフにし、

5 ＜OK＞をクリックします。

データの入力

Q 044 確定した漢字を再度変換するには？

A 漢字の左側にカーソルを移動して[変換]を押します。

一度確定した漢字を再度変換するには、セルをダブルクリックして、目的の漢字の左にカーソルを移動するか、漢字をドラッグして選択します。[変換]を押すと変換候補が表示されるので、目的の漢字を選択します。

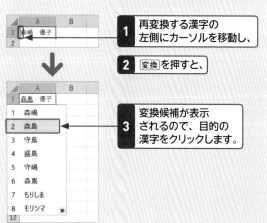

1 再変換する漢字の左側にカーソルを移動し、

2 [変換]を押すと、

3 変換候補が表示されるので、目的の漢字をクリックします。

データの入力

Q 045 箇条書きの行頭記号を入力するには？

A 「まる」などと入力して変換すると、記号を入力できます。

箇条書きの「●」や「□」などの行頭記号を入力するには、「まる」や「しかく」といった記号の読みを入力して変換すると、変換候補に記号が表示されます。

参照 ▶ Q046

1 記号の読みを入力して、[Enter]を押すと、

2 変換候補に記号が表示されます。

データの入力

Q 046 「〒」などの特殊な記号を入力するには？

A ＜記号と特殊文字＞ダイアログボックスを利用します。

「〒」などの記号は「ゆうびん」と読みを入力して変換できます。読みがわからないときには、＜記号と特殊文字＞ダイアログボックスを利用します。

参照 ▶ Q047

1 ＜挿入＞タブの＜記号と特殊文字＞をクリックして、

2 目的の記号をクリックし、

3 ＜挿入＞をクリックします。

Q 047 「㊞」などの囲い文字を入力するには？

1 <挿入>タブの<記号と特殊文字>をクリックして、<記号と特殊文字>ダイアログボックスを表示します。

A <記号と特殊文字>ダイアログボックスを利用します。

「㊞」や「㊙」などの囲い文字を入力するには、<記号と特殊文字>ダイアログボックスを利用します。囲い文字は、<種類>で<(株)/(有)>に分類されています。

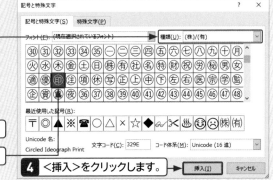

2 <種類>で<(株)/(有)>を選択して、

3 目的の記号をクリックし、

4 <挿入>をクリックします。

Q 048 数学記号を入力するには？

1 <挿入>タブの<数式>をクリックすると、

A <数式ツール>の<デザイン>タブを利用します。

「√」や「∫」などの数学記号を利用して数式を入力するには、<数式ツール>の<デザイン>タブを利用します。なお、数式ツールを利用して入力した数式は、テキストボックスとして配置されるため、計算はできません。

↓

2 <数式ツール>の<デザイン>タブが表示され、

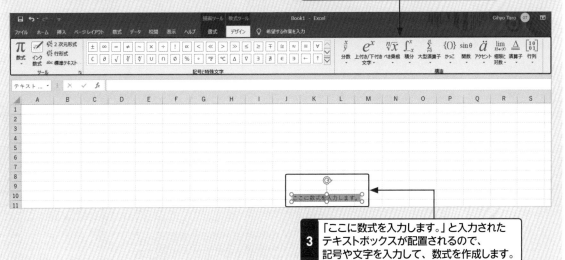

3 「ここに数式を入力します。」と入力されたテキストボックスが配置されるので、記号や文字を入力して、数式を作成します。

序

Excel文書とは？

1 文書作成の基本

2 文書の入力

3 文書の編集

4 文字やセルの書式

5 罫線と表作成

6 数式の入力と編集

7 関数の利用

8 図形や画像の操作

9 グラフの作成

10 ファイルの保存と共有

11 文書の印刷

Q 049 郵便番号から住所を入力するには？

A 日本語入力で郵便番号を入力して変換します。

IMEの機能を利用すると、郵便番号を住所に変換することができます。日本語入力に切り替えて全角で郵便番号を入力し、Enterを2回押すと、変換候補に該当する住所が表示されます。住所録などを作成するときに利用すると、効率的に入力できます。

1 全角で郵便番号を「－（ハイフン）」付きで入力し、

F	G	H	I	J	
生年月日	年齢	性別	郵便番号	住所	電話
1994/10/22	25	女性	332-0015	3 3 2 － 0 0 1 5	048-333
1965/6/10	55	女性	186-0001	332-0015　　　× 🔍	042-006
1975/5/31	45	男性	185-0004	Tab キーで予測候補を選択	042-222
1977/3/19	43	男性	142-0063		03-333
1987/7/18	33	女性	206-0004		042-444
1977/9/23	42	女性	234-0054		045-222

2 Enterを2回押すと、

F	G	H	I	J	
生年月日	年齢	性別	郵便番号	住所	電話
1994/10/22	25	女性	332-0015	埼玉県川口市川口	048-333
1965/6/10	55	女性	186-000	1　3 3 2 － 0 0 1 5	042-006
1975/5/31	45	男性	185-00	2　埼玉県川口市川口	042-222
1977/3/19	43	男性	142-00	3　332-0015　　　　»	03-333
1987/7/18	33	女性	206-00		042-444
1977/9/23	42	女性	234-0054		045-222

3 変換候補に該当する住所が表示されます。

🖊 データの入力

Q 050 日本語が入力できない場合は？

A 入力モードを切り替えます。

Excelを起動した直後は、入力モードが半角英数入力になっています。日本語のひらがな入力に切り替えるには、［半角/全角］を押します。再度［半角/全角］を押すと、半角英数入力に切り替わります。なお、現在の入力モードは、タスクバーの通知領域のアイコンで確認できます。

Q 051 英字の先頭が自動的に大文字になった場合は？

A <オートコレクト>ダイアログボックスで設定を変更します。

英字を入力していて、先頭の文字が自動的に大文字に変換されることがあります。これは、Excelの「オートコレクト」機能によるものです。自動的に変換されないようにするには、<オートコレクト>ダイアログボックスの<オートコレクト>タブで<文の先頭文字を大文字にする>をオフにします。

1 <ファイル>タブの<オプション>をクリックして、<Excelのオプション>を表示し、

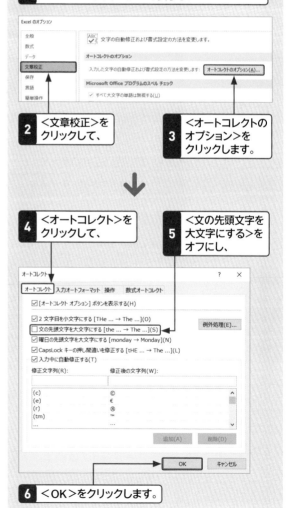

2 <文章校正>をクリックして、

3 <オートコレクトのオプション>をクリックします。

4 <オートコレクト>をクリックして、

5 <文の先頭文字を大文字にする>をオフにし、

6 <OK>をクリックします。

Q 052
URLやメールアドレスの下線を消すには？

A <オートコレクト>ダイアログボックスで設定を変更します。

URLやメールアドレスを入力すると、自動的にフォントの色が変更されて、下線が引かれ、ハイパーリンクが設定されます。これは、Excelの「オートコレクト」機能によるものです。変更されないようにするには、<オートコレクト>ダイアログボックスの<入力オートフォーマット>タブで<インターネットとネットワークのアドレスをハイパーリンクに変更する>をオフにします。

1 <ファイル>タブの<オプション>をクリックして、<Excelのオプション>を表示し、

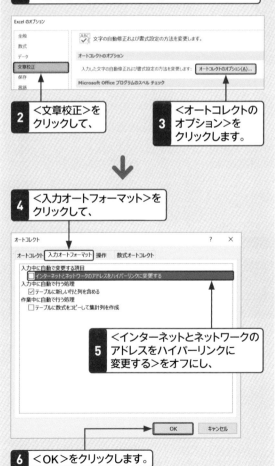

2 <文章校正>をクリックして、

3 <オートコレクトのオプション>をクリックします。

4 <入力オートフォーマット>をクリックして、

5 <インターネットとネットワークのアドレスをハイパーリンクに変更する>をオフにし、

6 <OK>をクリックします。

Q 053
スペルミスをチェックするには？

A <校閲>タブの<スペルチェック>を実行します。

英語のスペルチェックを行うには、<校閲>タブの<スペルチェック>をクリックします。辞書にない単語と修正候補が表示されるので、正しい単語を選択して修正します。

参照 ▶ Q054

1 <校閲>タブをクリックして、

2 <スペルチェック>をクリックします。

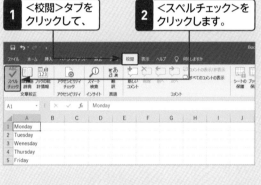

3 辞書にない単語が表示されるので、

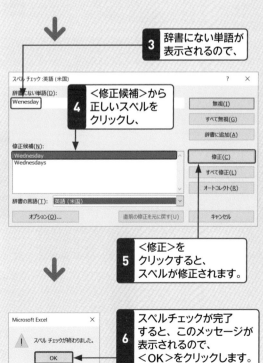

4 <修正候補>から正しいスペルをクリックし、

5 <修正>をクリックすると、スペルが修正されます。

6 スペルチェックが完了すると、このメッセージが表示されるので、<OK>をクリックします。

Excel文書とは？　序
文書作成の基本　1
文書の入力　2
文書の編集　3
文字やセルの書式　4
罫線と表作成　5
数式の入力と編集　6
関数の利用　7
図形や画像の操作　8
グラフの作成　9
ファイルの保存と共有　10
文書の印刷　11

Q 054 入力中にスペルミスが修正されるようにするには？

A よく間違う単語をあらかじめ登録しておきます。

入力中に自動でスペルミスが修正されるようにするには、オートコレクト機能を利用して、あらかじめ間違いやすいスペルと正しいスペルを登録しておきます。

参照 ▶ Q053

1 <ファイル>タブの<オプション>をクリックして、<Excelのオプション>を表示し、

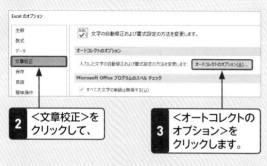

2 <文章校正>をクリックして、

3 <オートコレクトのオプション>をクリックします。

4 <オートコレクト>をクリックして、

5 間違いやすい単語のスペルを入力し、

6 正しいスペルを入力して、

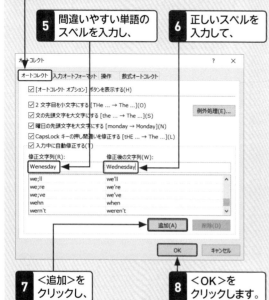

7 <追加>をクリックし、

8 <OK>をクリックします。

Q 055 数値に「,(カンマ)」を入れて表示するには？

A <桁区切りスタイル>を設定します。

数値に3桁ごとの「,(カンマ)」を表示するには、<ホーム>タブまたは<セルの書式設定>ダイアログボックスで、<桁区切りスタイル>を設定します。

● <ホーム>タブの利用

1 目的のセルを選択して、

2 <ホーム>タブをクリックし、

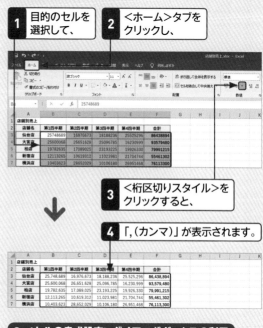

3 <桁区切りスタイル>をクリックすると、

4 「,(カンマ)」が表示されます。

● <セルの書式設定>ダイアログボックスの利用

1 <セルの書式設定>ダイアログボックスを表示し、

2 <表示形式>をクリックして、

3 <数値>をクリックし、

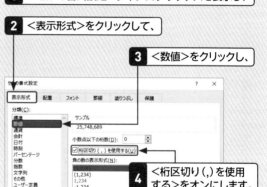

4 <桁区切り(,)を使用する>をオンにします。

Q056 通貨記号の位置を揃えるには？

A 表示形式を＜会計＞に設定します。

数値に通貨記号を付けて表示したとき、数値の桁数が異なると、通貨記号の位置も異なります。通貨記号の位置を揃えて、数値を右揃えにするには、セルの表示形式を＜会計＞に設定します。

●＜ホーム＞タブの利用

1 目的のセルを選択して、

2 ＜ホーム＞タブをクリックし、

3 ＜数値の書式＞の▾をクリックして、

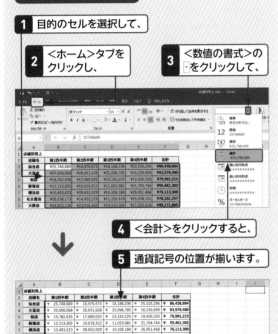

4 ＜会計＞をクリックすると、

5 通貨記号の位置が揃います。

●＜セルの書式設定＞ダイアログボックスの利用

1 ＜セルの書式設定＞ダイアログボックスを表示し、

2 ＜表示形式＞をクリックして、

3 ＜会計＞をクリックします。

Q057 数値に「円」を付けて表示するには？

A 表示形式の＜ユーザー定義＞で設定します。

数値の末尾に「円」を付けて表示するには、セルの表示形式を＜ユーザー設定＞にし、「#,##0円」と指定します。なお、桁区切りの「,(カンマ)」が不要な場合は、「,」を入力する必要はありません。

1 ＜セルの書式設定＞ダイアログボックスを表示し、

2 ＜表示形式＞をクリックして、

3 ＜ユーザー定義＞をクリックし、

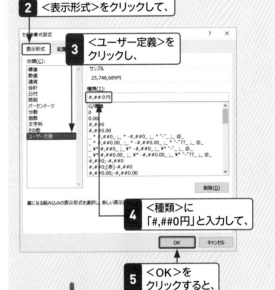

4 ＜種類＞に「#,##0円」と入力して、

5 ＜OK＞をクリックすると、

6 「,」と「円」が表示されます。

◆ Memo

「#」と「0」の違い

数値の桁は「#」または「0」で指定します。どちらも数字の1桁を表しています。たとえばセルの値が「0」の場合、表示形式が「#」だと「0」は表示されませんが、表示形式を「0」にすると「0」が表示されます。

Q 058 小数点を自動的に入力するには？

A <Excelのオプション>で設定します。

小数点以下の桁数が同じ数値を多く入力する場合は、小数点以下の桁数をあらかじめ指定しておくと、小数点の入力を省くことができます。その場合は、<Excelのオプション>の<詳細設定>で、<小数点位置を自動的に挿入する>をオンにし、<入力単位>に小数点以下の桁数を入力します。なお、小数点を手動で入力した場合は、その小数点の位置で表示されます。

1 <ファイル>タブの<オプション>をクリックして、<Excelのオプション>を表示します。

2 <詳細設定>をクリックして、

3 <小数点位置を自動的に挿入する>をオンにし、

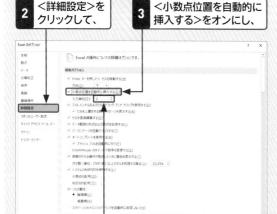

4 <入力単位>に小数点以下の桁数を入力して、

5 <OK>をクリックします。

6 「123」と入力してEnterを押すと、

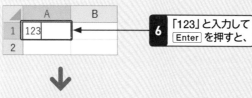

7 「1.23」と表示されます。

Q 059 数値が「####」と表示される場合は？

A セル内に表示されるように列幅やフォントサイズを調整します。

数値が「####」と表示されるのは、数値の桁数に対して、列の幅が狭くて表示しきれないことが原因です。この場合は、列の幅を広げる、フォントサイズを小さくする、縮小して表示するのいずれかの方法で、数値がすべて表示されるようにします。

参照▶ Q007, Q012, Q110

「####」と表示されています。

	A	B	C	D	E	F	G	H	I	J	K
1	店舗別売上										
2	店舗名	第1四半期	第2四半期	第3四半期	第4四半期	合計					
3	仙台店	25,748,689	16,976,673	18,188,236	25,525,296	86,438,894					
4	大宮店	25,600,068	26,651,628	25,096,785	16,230,999	93,579,480					
5	柏店	19,782,635	17,089,025	23,193,225	19,926,330	79,991,215					
6	新宿店	12,113,265	10,619,312	11,023,981	21,704,744	55,461,302					
7	横浜店	10,403,623	28,652,029	10,106,180	26,951,468	76,113,300					
8	名古屋店	26,538,173	14,932,215	11,152,678	25,558,191	78,181,257					
9	大阪店	24,820,139	23,616,403	19,510,305	17,225,018	85,171,865					
10	福岡店	11,320,418	15,700,827	17,253,595	12,412,722	56,687,562					
11	合計	########	########	########	########	########					
12											

● 列の幅を広げる

	A	B	C	D	E	F	G	H	I	J
1	店舗別売上									
2	店舗名	第1四半期	第2四半期	第3四半期	第4四半期	合計				
3	仙台店	25,748,689	16,976,673	18,188,236	25,525,296	86,438,894				
4	大宮店	25,600,068	26,651,628	25,096,785	16,230,999	93,579,480				
5	柏店	19,782,635	17,089,025	23,193,225	19,926,330	79,991,215				
6	新宿店	12,113,265	10,619,312	11,023,981	21,704,744	55,461,302				
7	横浜店	10,403,623	28,652,029	10,106,180	26,951,468	76,113,300				
8	名古屋店	26,538,173	14,932,215	11,152,678	25,558,191	78,181,257				
9	大阪店	24,820,139	23,616,403	19,510,305	17,225,018	85,171,865				
10	福岡店	11,320,418	15,700,827	17,253,595	12,412,722	56,687,562				
11	合計	156,327,010	154,238,112	135,524,985	165,534,768	611,624,875				
12										

● フォントサイズを小さくする

	A	B	C	D	E	F	G	H	I	J	K
1	店舗別売上										
2	店舗名	第1四半期	第2四半期	第3四半期	第4四半期	合計					
3	仙台店	25,748,689	16,976,673	18,188,236	25,525,296	86,438,894					
4	大宮店	25,600,068	26,651,628	25,096,785	16,230,999	93,579,480					
5	柏店	19,782,635	17,089,025	23,193,225	19,926,330	79,991,215					
6	新宿店	12,113,265	10,619,312	11,023,981	21,704,744	55,461,302					
7	横浜店	10,403,623	28,652,029	10,106,180	26,951,468	76,113,300					
8	名古屋店	26,538,173	14,932,215	11,152,678	25,558,191	78,181,257					
9	大阪店	24,820,139	23,616,403	19,510,305	17,225,018	85,171,865					
10	福岡店	11,320,418	15,700,827	17,253,595	12,412,722	56,687,562					
11	合計	156,327,010	154,238,112	135,524,985	165,534,768	611,624,875					
12											

● 縮小して表示する

	A	B	C	D	E	F	G	H	I	J	K
1	店舗別売上										
2	店舗名	第1四半期	第2四半期	第3四半期	第4四半期	合計					
3	仙台店	25,748,689	16,976,673	18,188,236	25,525,296	86,438,894					
4	大宮店	25,600,068	26,651,628	25,096,785	16,230,999	93,579,480					
5	柏店	19,782,635	17,089,025	23,193,225	19,926,330	79,991,215					
6	新宿店	12,113,265	10,619,312	11,023,981	21,704,744	55,461,302					
7	横浜店	10,403,623	28,652,029	10,106,180	26,951,468	76,113,300					
8	名古屋店	26,538,173	14,932,215	11,152,678	25,558,191	78,181,257					
9	大阪店	24,820,139	23,616,403	19,510,305	17,225,018	85,171,865					
10	福岡店	11,320,418	15,700,827	17,253,595	12,412,722	56,687,562					
11	合計	156,327,010	154,238,112	135,524,985	165,534,768	611,624,875					
12											

Q 060 数値が「1.23E+11」のように表示される場合は？

A セルの表示形式を＜数値＞や＜通貨＞などに設定します。

セルの表示形式が＜標準＞の場合に12桁以上の数値を入力すると、「1.23E+11」のような指数表示になります。これは、「1.23×10^{11}」という意味です。また、表示形式が＜指数＞の場合は、桁数にかかわらず指数表示になります。指数表示ではなく、数値を入力したとおりに表示したい場合は、セルの表示形式を＜数値＞や＜通貨＞などに設定します。

Q 061 小数点以下の数字が表示されない場合は？

A ＜小数点以下の表示桁数を増やす＞を利用します。

「3.14」と入力したのに「3」と表示される場合は、セルの表示形式で、小数点以下の桁数が＜0＞に設定されていることが原因です。この場合は、＜ホーム＞タブの＜小数点以下の表示桁数を増やす＞を1回クリックするごとに、表示桁数を1ずつ増やすことができます。また、＜小数点以下の表示桁数を減らす＞をクリックすると、表示桁数を減らすことができます。

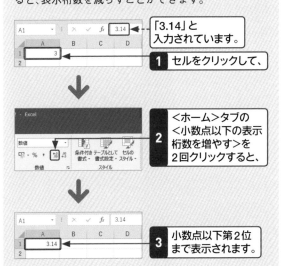

「3.14」と入力されています。

1 セルをクリックして、

2 ＜ホーム＞タブの＜小数点以下の表示桁数を増やす＞を2回クリックすると、

3 小数点以下第2位まで表示されます。

Q 062 小数点以下の数値が四捨五入される場合は？

A 列幅を広げるか、小数点以下の表示桁数を増やします。

小数を入力したときに、小数点以下の数値が四捨五入されて表示されることがあります。これは、表示形式が＜標準＞のときに列幅に対して桁数が大きすぎるときに、列幅に合わせて自動的に四捨五入されて表示されるためです。数値がすべて表示されるようにするには、列幅を広げます。

また、表示形式が＜数値＞や＜通貨＞などで、小数点以下の表示桁数が指定されている場合も四捨五入されます。たとえば、小数点以下の表示桁数が＜1＞の場合に「1.56」と入力すると、小数点以下第2位が四捨五入されて「1.6」と表示されます。この場合、数値がすべて表示されるようにするには、小数点以下の表示桁数を増やします。

参照 ▶ Q007, Q061

● 列の幅を広げる

数値が四捨五入されて表示されます。

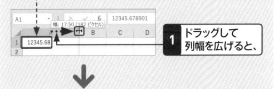

1 ドラッグして列幅を広げると、

2 数値がすべて表示されます。

● 小数点以下の表示桁数を増やす

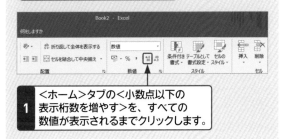

1 ＜ホーム＞タブの＜小数点以下の表示桁数を増やす＞を、すべての数値が表示されるまでクリックします。

✔ 数値の入力 　　　　　　　　**会員名簿.xlsx**　　　　✔ 数値の入力

Q 063 「0001」と入力すると「1」と表示される場合は?

A 表示形式を<文字列>にするか、<ユーザー定義>で桁数を指定します。

社員番号や商品番号など、「0001」のように桁数が決まっていて、数値の先頭に「0」を付けたい場合は、「0001」と入力しても、確定すると、自動的に「1」となってしまいます。このようなときは、セルの表示形式を<文字列>に指定するか、<ユーザー定義>に指定して、<種類>に桁数分の「0」を入力します。なお、表示形式を<文字列>にした場合は、数値を計算に利用できないことがあります。

参照 ▶ Q221

● <表示形式>を<文字列>にする

1 <ホーム>タブの<数値の書式>の ・ をクリックして、

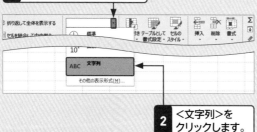

2 <文字列>をクリックします。

● <表示形式>を<ユーザー定義>にする

1 <セルの書式設定>ダイアログボックスを表示し、

2 <表示形式>をクリックして、

3 <ユーザー定義>をクリックし、

4 <種類>に桁数分の「0」を入力します。

Q 064 「123千」のように数値を千単位で表示するには?

A 表示形式を<ユーザー定義>で「#,##0,千」と設定します。

桁数の大きい数値を、「123千円」や「123百万円」のように千単位や百万単位で表示することができます。表示形式を<ユーザー定義>に設定し、千単位の場合は<種類>に「#,##0,千」、百万単位の場合は「#,##0,,百万」と入力します。なお、末尾に円を付ける場合は、「#,##0,千円」とします。

	A	B	C
1	123000		
2			

1 セルをクリックして、

2 <セルの書式設定>ダイアログボックスを表示します。

3 <表示形式>をクリックして、

4 <ユーザー定義>をクリックし、

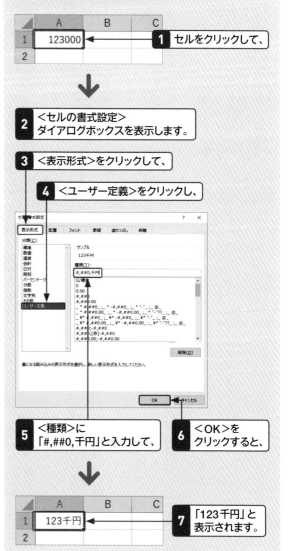

5 <種類>に「#,##0,千円」と入力して、

6 <OK>をクリックすると、

	A	B	C
1	123千円		
2			

7 「123千円」と表示されます。

Q 065 「○○○万○千円」のように表示するには？

A 表示形式を＜ユーザー定義＞に設定して条件を指定します。

数値を「○○○万○千円」のように表示するには、表示形式を＜ユーザー定義＞に設定して、＜種類＞に「[>=10000]#万#,千円;#円」と条件を入力します。「;(セミコロン)」は複数の条件を区切る意味があり、「数値が10000以上の場合は『万』を付けて下4桁の数値に『円』を付けて表示する」という条件と、「それ以外の場合は数値に『円』を付けて表示する」という条件を指定しています。なお、この場合は千単位で四捨五入されます。

1 ＜セルの書式設定＞ダイアログボックスを表示します。

2 ＜表示形式＞をクリックして、

3 ＜ユーザー定義＞をクリックし、

4 ＜種類＞に「[>=10000]#万#,千円;#円」と入力して、

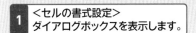

5 ＜OK＞をクリックすると、

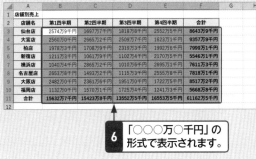

6 「○○○万○千円」の形式で表示されます。

Q 066 負の値の先頭に「▲」を表示するには？

A 表示形式の＜数値＞で＜負の数の表示形式＞を設定します。

負の数値を表す場合、「-」を付ける以外にも、数値の先頭に「▲」や「△」を付けたり、フォントの色を赤くしたり、数値を「( )」で囲んだりすることができます。負の数の表示形式を変更するには、セルの表示形式を＜数値＞に設定し、＜負の数の表示形式＞で表示形式を指定します。なお、表示形式を＜通貨＞にした場合も負の数の表示形式を指定できますが、その場合「▲」や「△」は設定できません。

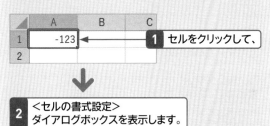

1 セルをクリックして、

2 ＜セルの書式設定＞ダイアログボックスを表示します。

3 ＜表示形式＞をクリックして、

4 ＜数値＞をクリックし、

5 ＜▲1234＞をクリックして、

6 ＜OK＞をクリックすると、

7 先頭に「▲」が表示されます。

Q 067 電話番号の「-」を「()」にかんたんに変更するには？

A フラッシュフィルを利用します。

電話番号の局番を「03-1111-1111」のように「-（ハイフン）」区切りで入力したあとで、「03(1111)1111」のように「()」区切りに変更したい場合は、フラッシュフィルを利用すると、かんたんにすばやく変換できます。フラッシュフィルは、データの法則性を検知して、自動的に入力する機能です。

参照 ▶ Q028

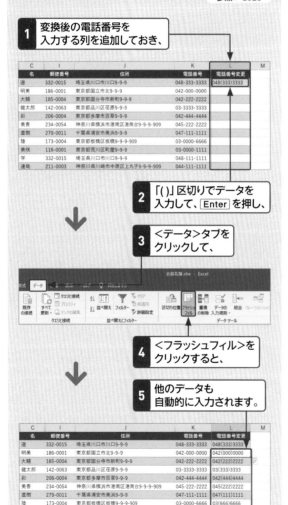

1 変換後の電話番号を入力する列を追加しておき、

2 「()」区切りでデータを入力して、Enter を押し、

3 <データ>タブをクリックして、

4 <フラッシュフィル>をクリックすると、

5 他のデータも自動的に入力されます。

Q 068 郵便番号の「-」をかんたんに表示するには？

A 表示形式を<その他>の<郵便番号>に設定します。

住所録などで郵便番号を「-（ハイフン）」なしで入力したあとに、「-」を追加したい場合は、セルの表示形式を<その他>の<郵便番号>に設定すると、「-」が表示されます。なお、この場合、入力されているデータは、「-」なしのままで、表示形式を変えているだけなので、データ自体に、「-」を追加したい場合は、「フラッシュフィル」機能を利用します。

参照 ▶ Q028

1 目的のセル範囲を選択して、

2 <セルの書式設定>ダイアログボックスを表示し、

3 <表示形式>をクリックして、

4 <その他>をクリックし、

5 <郵便番号>をクリックして、

6 <OK>をクリックすると、

7 「-」が表示されます。

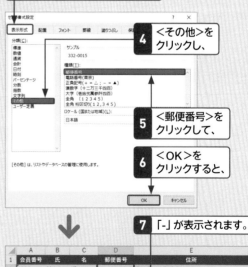

Q 069 「(1)」と入力すると、「-1」と変換される場合は?

A 「'(シングルクォーテーション)」を付けて入力します。

Excelでは、「(1)」のようなカッコ付きの数字を入力すると、「-1」と表示されます。これは、負の数と認識されることが原因です。入力したとおり「(1)」と表示されるようにするには、セルの表示形式を<文字列>に設定するか、先頭に「'(シングルクォーテーション)」を付けて入力します。

● <表示形式>を<文字列>にする

1 <ホーム>タブの<数値の書式>の-をクリックして、

2 <文字列>をクリックします。

● 「'(シングルクォーテーション)」を付けて入力する

1 「'」に続けて「(1)」と入力し、Enterを押すと、

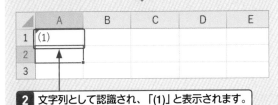

2 文字列として認識され、「(1)」と表示されます。

Q 070 現在の日付や時刻をかんたんに入力するには?

A 日付はCtrl+;、時刻はCtrl+:を押します。

今日の日付を入力するにはCtrlを押しながら;(セミコロン)を、現在の時刻を入力するにはCtrlを押しながら:(コロン)を押します。
なお、日付や時刻が自動的に更新されるようにするには、TODAY関数やNOW関数を利用します。

参照 ▶ Q257

Q 071 日付の表示形式を設定するには?

A セルの表示形式を<日付>にして、種類を指定します。

日付は初期設定では、「2020/9/1」や「9月1日」のように表示されます。表示形式は、<セルの書式設定>の<表示形式>タブで<日付>を選択し、<種類>から表示形式を選択します。

1 <セルの書式設定>ダイアログボックスを表示し、

2 <表示形式>をクリックして、

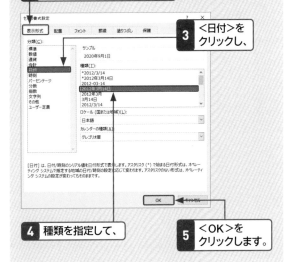

3 <日付>をクリックし、

4 種類を指定して、

5 <OK>をクリックします。

✎ 日付の入力

Q 072
同じセルに日付と時刻を入力するには？

A 日付と時刻の間に半角スペースを入れます。

日付と時刻を同じセルに入力するには、日付と時刻の間に半角スペースを入れます。

✎ 日付の入力　　予定表.xlsx

Q 073
日付に曜日を表示するには？

A 表示形式を＜ユーザー定義＞にし、種類を指定します。

「2020年9月1日（火）」のように日付に曜日を付けて表示するには、セルの表示形式で＜ユーザー定義＞を選択し、＜種類＞に曜日を表す「aaa」を使って形式を指定します。また、「月曜日」のように「曜日」も表示させる場合は、「aaaa」を使用します。

1 ＜セルの書式設定＞ダイアログボックスを表示します。

2 ＜表示形式＞をクリックして、

3 ＜ユーザー定義＞をクリックし、

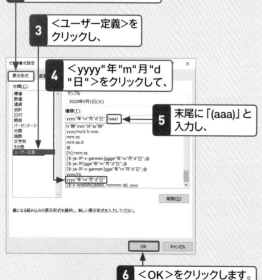

4 ＜yyyy"年"m"月"d"日"＞をクリックして、

5 末尾に「(aaa)」と入力し、

6 ＜OK＞をクリックします。

✎ 日付の入力　　案内文書.xlsx

Q 074
和暦で表示するには？

A ＜カレンダーの種類＞を＜和暦＞にします。

和暦で表示するつもりで「2/1/1」と入力しても、Enter を押して確定すると、「2002/1/1」と表示されてしまいます。和暦で表示するには、セルの表示形式を＜日付＞に設定し、＜カレンダーの種類＞で＜和暦＞を指定します。

また、年の前に元号を示す「R」（令和）、「H」（平成）などのアルファベットを入力しても、和暦で表示できます。

1 ＜セルの書式設定＞ダイアログボックスを表示します。

2 ＜表示形式＞をクリックして、

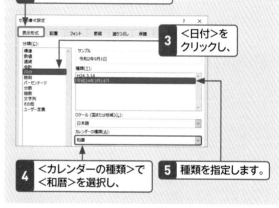

3 ＜日付＞をクリックし、

4 ＜カレンダーの種類＞で＜和暦＞を選択し、

5 種類を指定します。

✎ 日付の入力

Q 075
日付を入力したときに数値で表示される場合は？

A 表示形式を＜日付＞に設定します。

表示形式が＜数値＞や＜文字列＞などに設定されているセルに、「2021/1/1」と日付を入力すると、「44197」のように数値で表示されます。これは、日付を管理するための「シリアル値」がそのまま表示されていることが原因です。日付の形式で表示するには、セルの表示形式を＜日付＞に設定します。

✐ 日付の入力

Q 076 西暦を下2桁で入力すると 1900年代で表示されるときは?

A 「30」～「99」は1900年代で 表示されます。

西暦の下2桁を使用して日付を入力したときに、2000年代ではなく1900年代で表示されることがあります。これは、Windows 10の初期設定で、「30」～「99」は1900年代として解釈されるためです。この設定は、コントロールパネルで変更できます。

1 検索ボックスに「コントロールパネル」と入力し、検索結果から<コントロールパネル>をクリックします。

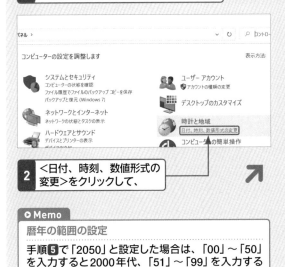

2 <日付、時刻、数値形式の変更>をクリックして、

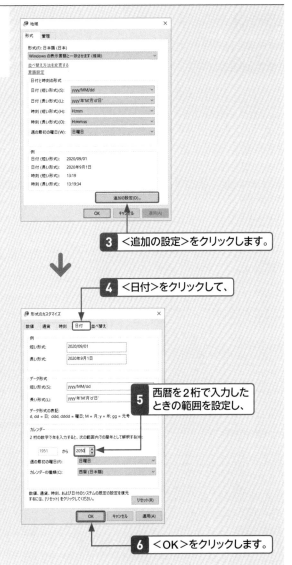

3 <追加の設定>をクリックします。

4 <日付>をクリックして、

5 西暦を2桁で入力したときの範囲を設定し、

6 <OK>をクリックします。

○ Memo
暦年の範囲の設定
手順**5**で「2050」と設定した場合は、「00」～「50」を入力すると2000年代、「51」～「99」を入力すると1900年代と解釈されます。

✐ 日付の入力

Q 077 「1-2-3」と入力したいのに 「2001/2/3」と表示される場合は?

A 表示形式を<文字列>に 設定します。

数値を「-(ハイフン)」で区切って入力すると、日付として認識され、「2001/2/3」と表示されます。
入力したとおりに「1-2-3」と表示されるようにするには、先頭に「'(シングルクォーテーション)」を付けて入力するか、セルの表示形式を<文字列>に設定します。

参照 ▶ Q063

1 先頭に「'(シングルクォーテーション)」を付けて入力すると、

2 入力したとおりに表示されます。

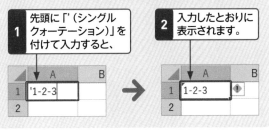

✎ 日付の入力

Q078 「2020/1」と入力すると「Jan-20」と表示される場合は？

A 表示形式を＜ユーザー定義＞にし、種類を「yyyy/m」と指定します。

「2020/1」のように西暦と月だけを入力すると、既定では「Jan-20」と、「月の英語表記-西暦下2桁」の形式で表示されます。「西暦4桁/月」の形式で表示させたい場合は、セルの表示形式で＜ユーザー定義＞を指定し、＜種類＞に「yyyy/m」と入力します。「yyyy」は西暦4桁を、「m」は月を表します。

1 ＜セルの書式設定＞ダイアログボックスを表示します。

2 ＜表示形式＞をクリックして、

3 ＜ユーザー定義＞をクリックし、

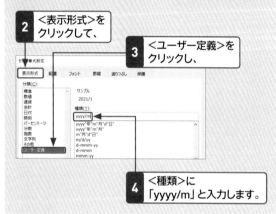

4 ＜種類＞に「yyyy/m」と入力します。

✎ 日付の入力

Q079 時刻を「1:00 PM」のように表示するには？

A 表示形式を＜時刻＞にして、種類を指定します。

既定では、時刻は24時間制で表示されます。「1:00 PM」のように末尾に「AM」または「PM」を付けた12時間制で表示させるには、セルの表示形式を＜時刻＞にし、種類を指定します。
また、入力するときに「1:00 PM」と、時刻のあとに半角スペースと「AM」または「PM」を入力しても、12時間制と認識されます。

1 ＜セルの書式設定＞ダイアログボックスを表示します。

2 ＜表示形式＞をクリックして、

3 ＜時刻＞をクリックし、

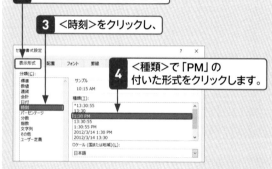

4 ＜種類＞で「PM」の付いた形式をクリックします。

✎ 日付の入力

Q080 時刻を「25:10」のように表示するには？

出勤管理表.xlsx

A 表示形式を＜ユーザー定義＞にし、種類を「[h]:mm」と指定します。

24時を超える時刻を、「25:10」のように表示するには、セルの表示形式で＜ユーザー定義＞を指定し、＜種類＞に「[h]:mm」と入力します。

1 ＜セルの書式設定＞ダイアログボックスを表示します。

2 ＜表示形式＞をクリックして、

3 ＜ユーザー定義＞をクリックし、

4 ＜種類＞に「[h]:mm」と入力します。

Q 081 入力するデータの種類を制限するには？

A <データの入力規則>の<入力値の種類>を設定します。

日付や整数、文字列など、特定の種類のデータしか入力できないようにするには、目的のセルを選択し、<データ>タブの<データの入力規則>をクリックします。<データの入力規則>ダイアログボックスが表示されるので、<設定>タブをクリックし、<入力値の種類>を設定して、データの条件を指定し、<OK>をクリックします。　**参照▶ Q082, Q085**

4 <設定>をクリックして、

5 <入力値の種類>の⌄をクリックし、

6 データの種類を選択して、

1 目的のセルをクリックして選択し、

2 <データ>タブをクリックして、

3 <データの入力規則>の上部をクリックします。

7 条件を設定し、

8 <OK>をクリックします。

Q 082 入力できる数値の範囲を制限するには？

A <データの入力規則>の<設定>タブで設定します。

「2以上の整数」や「0から100までの整数」のように、入力できる数値の範囲を制限するには、セルを選択し、<データ>タブの<データの入力規則>をクリックします。<設定>の<入力値の種類>で<整数>または<小数点数>を選択し、<データ>で数値の範囲を設定します。<データ>で選択する項目によって、その下に表示される項目が異なります。　**参照▶ Q081, Q085**

1 <データの入力規則>ダイアログボックスを表示します。

2 <設定>をクリックし、

3 <整数>または<小数点数>を選択して、

4 ⌄をクリックし、

5 数値の範囲を指定します。

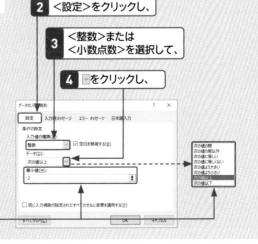

次の値の間
次の値の間以外
次の値に等しい
次の値に等しくない
次の値より大きい
次の値より小さい
次の値以上
次の値以下

序　1　2　3　4　5　6　7　8　9　10　11

Excel文書とは？　文書作成の基本　**文書の入力**　文書の編集　文字やセルの書式　罫線と表作成　数式の入力と編集　関数の利用　図形や画像の操作　グラフの作成　ファイルの保存と共有　文書の印刷

序

印Excel2文書とは？

1 文書作成の基本

2 文書の入力

3 文書の編集

4 文字やセルの書式

5 罫線と表作成

6 数式の入力と編集

7 関数の利用

8 図形や画像の操作

9 グラフの作成

10 ファイルの保存と共有

11 文書の印刷

✎ 入力規則　　　　　　　　　　　　見積書.xlsx

Q 083 指定以外のデータ入力時にメッセージが表示されるようにするには？

A ＜データの入力規則＞の＜エラーメッセージ＞を設定します。

入力できるデータの種類や範囲を指定しているセルに、指定以外のデータを入力したときにエラーメッセージを表示させるには、目的のセルを選択し、＜データ＞タブの＜データの入力規則＞をクリックします。＜データの入力規則＞ダイアログボックスが表示されるので、＜エラーメッセージ＞タブをクリックし、＜無効なデータが入力されたらエラーメッセージを表示する＞をオンにして、＜タイトル＞と＜エラーメッセージ＞を入力し、＜スタイル＞を設定して、＜OK＞をクリックします。 参照 ▶ Q081

1 ＜データの入力規則＞
ダイアログボックスを表示します。

2 ＜エラーメッセージ＞をクリックし、

3 ＜無効なデータが入力されたらエラーメッセージを表示する＞をオンにし、

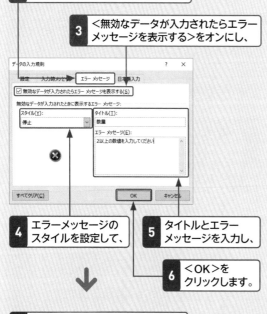

4 エラーメッセージの
スタイルを設定して、

5 タイトルとエラー
メッセージを入力し、

6 ＜OK＞を
クリックします。

7 指定以外のデータを入力すると、
エラーメッセージが表示されます。

✎ 入力規則　　　　　　　　　　　　見積書.xlsx

Q 084 入力時にメッセージが表示されるようにするには？

A ＜データの入力規則＞の＜入力時メッセージ＞を設定します。

データを入力するときに注意事項などのメッセージを表示させるには、目的のセルを選択し、＜データ＞タブの＜データの入力規則＞をクリックします。＜データの入力規則＞ダイアログボックスが表示されるので、＜入力時メッセージ＞タブをクリックし、＜セルを選択したときに入力時メッセージを表示する＞をオンにして、＜タイトル＞と＜入力時メッセージ＞を入力し、＜OK＞をクリックします。 参照 ▶ Q081

1 ＜データの入力規則＞
ダイアログボックスを表示します。

2 ＜入力時メッセージ＞をクリックし、

3 ＜セルを選択したときに入力時
メッセージを表示する＞をオンにし、

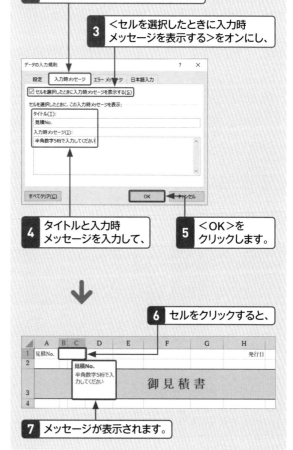

4 タイトルと入力時
メッセージを入力して、

5 ＜OK＞を
クリックします。

6 セルをクリックすると、

7 メッセージが表示されます。

Q 085 リストから選択して入力できるようにするには？

A ＜データの入力規則＞で＜リスト＞を設定します。

データをリストから選択して入力できるようにするには、＜データの入力規則＞でドロップダウンリストを作成します。目的のセルを選択し、＜データ＞タブの＜データの入力規則＞をクリックします。＜データの入力規則＞ダイアログボックスが表示されるので、＜設定＞タブをクリックして、＜入力値の種類＞で＜リスト＞を指定し、＜元の値＞にドロップダウンリストに表示する項目を半角の「,（カンマ）」で区切って入力します。また、あらかじめデータを入力してあるセル範囲を、＜元の値＞に指定することもできます。

1 ＜データの入力規則＞ダイアログボックスを表示します。

2 ＜設定＞をクリックし、

3 ＜リスト＞を指定して、

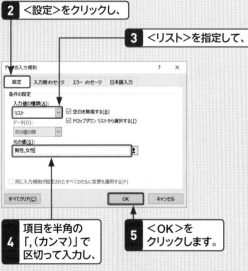

4 項目を半角の「,（カンマ）」で区切って入力し、

5 ＜OK＞をクリックします。

6 ▼をクリックすると、

7 リストが表示されます。

Q 086 入力モードが自動的に切り替わるようにするには？

A ＜データの入力規則＞の＜日本語入力＞を利用します。

住所録を入力するときなど、氏名は日本語、郵便番号は半角英数字といった具合に、入力モードを切り替えるのは手間がかかります。自動的に入力モードが切り替わるようにするには、セルを選択して、＜データ＞タブの＜データの入力規則＞をクリックします。＜データの入力規則＞ダイアログボックスが表示されるので、＜日本語入力＞タブをクリックして、＜日本語入力＞で入力モードを指定します。

なお、この方法で入力モードを設定しておいても、入力時に手動で切り替えることは可能です。

1 ＜データの入力規則＞ダイアログボックスを表示します。

2 ＜日本語入力＞をクリックし、

3 ▼をクリックして、

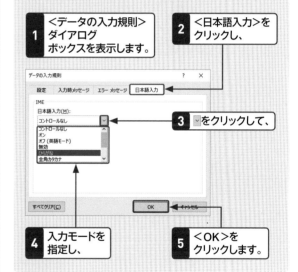

4 入力モードを指定し、

5 ＜OK＞をクリックします。

Q 087 データの入力規則を削除するには？

A ＜データの入力規則＞ダイアログボックスを利用します。

データの入力規則を削除するには、セルを選択して、＜データの入力規則＞ダイアログボックスを表示し、＜すべてクリア＞をクリックします。

Excel文書とは？　文書作成の基本　**文書の入力**　文書の編集　文字やセルの書式　罫線と表作成　数式の入力と編集　関数の利用　図形や画像の操作　グラフの作成　ファイルの保存と共有　文書の印刷

序　1　2　3　4　5　6　7　8　9　10　11

Q 088 選択範囲を拡大/縮小するには？

A Shift を押しながら ← → ↑ ↓ を押して、範囲を拡大/縮小します。

セルの選択範囲を拡大/縮小する場合は、Shift を押しながら ← → ↑ ↓ を押します。1回押すごとに、セル1つ分、セル範囲を選択している場合は1列または1行分、拡大/縮小します。

1 セルを選択して、

2 Shift + ↓ を押すと、

3 選択範囲がセル1個分、下に拡大されます。

4 Shift + → を押すと、

5 選択範囲が1列分右に拡大されます。

Q 089 行や列全体を選択するには？

A 行番号や列番号をクリックまたはドラッグします。

行全体を選択するには、行番号をクリックします。また、列全体を選択するには、列番号をクリックします。また、複数の行や列を選択するには、行番号や列番号をドラッグします。

● **行を選択する**

1 行番号にマウスポインターを合わせると、形が ➡ になるので、クリックすると、

2 行全体が選択されます。

● **複数の列を選択する**

1 列番号にマウスポインターを合わせると、形が ↓ になるので、ドラッグすると、

2 複数の列が選択されます。

序　Excel文書とは？　1　文書作成の基本　2　文書の入力　3　文書の編集　4　文字やセルの書式　5　罫線と表作成　6　数式の入力と編集　7　関数の利用　8　図形や画像の操作　9　グラフの作成　10　ファイルの保存と共有　11　文書の印刷

Q 090 離れたセルを選択するには？

A Ctrl を押しながら、セルをクリックするか、セル範囲をドラッグします。

同じ書式を設定したいセルが離れている場合は、離れたセルを同時に選択すると、効率的に設定できます。セルを選択して、Ctrl を押しながら追加するセルをクリックしたり、セル範囲をドラッグしたりします。

1 セル範囲を選択して、

2 Ctrl を押しながら、追加のセル範囲を選択します。

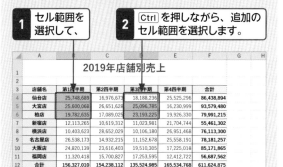

Q 091 ワークシート全体を選択するには？

A ワークシートの左上隅の ◢ をクリックします。

ワークシート全体の書式を変更したいときなどは、ワークシート左上隅の ◢ をクリックして、ワークシート全体を選択すると、効率的に作業できます。

1 ワークシート左上隅の ◢ をクリックすると、ワークシート全体が選択されます。

	A	B	C	D	E	F	G	H
1				2019年店舗別売上				
2								
3	店舗名	第1四半期	第2四半期	第3四半期	第4四半期	合計		
4	仙台店	25,748,689	16,976,673	18,188,236	25,525,296	86,438,894		
5	大宮店	25,600,068	26,651,628	25,096,785	16,230,999	93,579,480		
6	柏店	19,782,635	17,089,025	23,193,225	19,926,330	79,991,215		
7	新宿店	12,113,265	10,619,312	11,023,981	21,704,744	55,461,302		
8	横浜店	10,403,623	28,652,029	10,106,180	26,951,468	76,113,300		
9	名古屋店	26,538,173	14,932,215	11,152,678	25,558,191	78,181,257		
10	大阪店	24,820,139	23,616,403	19,510,305	17,225,018	85,171,865		
11	福岡店	11,320,418	15,700,827	17,253,595	12,412,722	56,687,562		
12	合計	156,327,010	154,238,112	135,524,985	165,534,768	611,624,875		
13								
14								
15								

Q 092 表全体をすばやく選択するには？

A Ctrl + Shift + : を押します。

大きな表の場合は、全体を選択するときにドラッグすると時間がかかるので、表内のセルを選択してから、Ctrl + Shift + : を押すと、表全体をすばやく選択できます。

Excel では、アクティブセルを含む、空白行と空白列で囲まれた矩形のセル範囲を「アクティブセル領域」といいます。Ctrl + Shift + : を押すと、アクティブセル領域が選択されるので、表と表タイトルが隣接している場合は、表タイトルも含めて選択されます。

1 表内のセルを選択し、Ctrl + Shift + : を押すと、

2 表全体が選択されます。

✎ セルの選択

Q 093 同じセル範囲を 何度も選択する場合は？

A セル範囲に名前を付けて、 <名前ボックス>から選択します。

同じセル範囲を何度も選択するときは、セル範囲に名前を付けておくと、<名前ボックス>からかんたんに選択することができるようになります。

また、名前を付けたセル範囲を、数式に使用することも可能になります。　　参照 ▶ Q209, Q210

3 <名前ボックス>の▼をクリックすると、名前の一覧が表示されるので、目的のセル範囲の名前をクリックして選択します。

1 セル範囲を選択し、

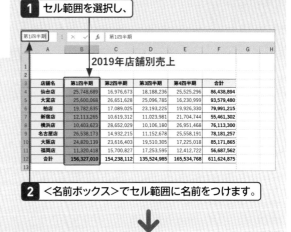

2 <名前ボックス>でセル範囲に名前をつけます。

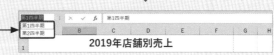

✎ セルの選択

Q 094 空白のセルや数式が入力された セルを選択するには？

A <条件を選択してジャンプ>を 利用します。

空白のセルや数式が入力されたセルなど、特定のセルを選択する場合は、<条件を選択してジャンプ>を利用します。空白のセルを選択する場合は、<選択オプション>ダイアログボックスで<空白セル>を、数式が入力されたセルを選択する場合は<数式>を選択します。<数式>の下の項目で、数式の種類を指定することもできます。

1 対象となる セル範囲を選択し、

2 <ホーム>タブの <検索と選択>を クリックして、

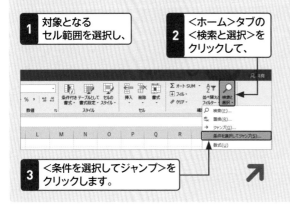

3 <条件を選択してジャンプ>を クリックします。

4 <空白セル>をクリックして、

5 <OK>をクリックすると、

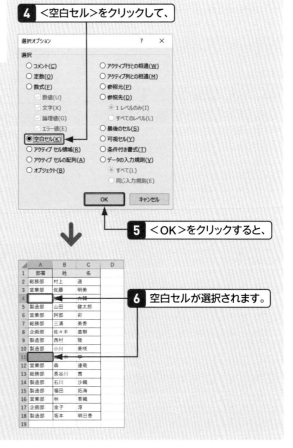

6 空白セルが選択されます。

Q 095 データを移動するには？

A <ホーム>タブの<切り取り>と<貼り付け>を利用します。

セルのデータを移動するには、<ホーム>タブの<切り取り>で選択範囲のデータを切り取り、移動先のセルをクリックして、<貼り付け>で切り取ったデータを貼り付けます。
また、ドラッグしてデータを移動する方法もあります。

●<切り取り>の利用

1 移動するセルまたはセル範囲を選択して、

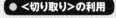

2 <ホーム>タブの<切り取り>をクリックし、

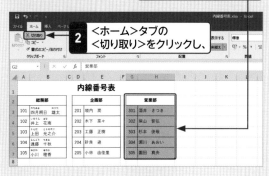

3 移動先の左上のセルをクリックして、

4 <ホーム>タブの<貼り付け>の上部をクリックすると、

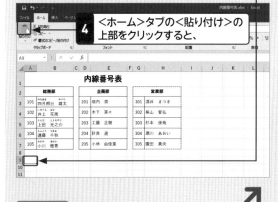

> **○ Memo**
> **データの切り取り&貼り付け**
> データの切り取りは Ctrl + X、貼り付けは Ctrl + V を押しても行えます。

5 データが移動します。

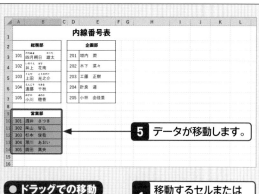

●ドラッグでの移動

1 移動するセルまたはセル範囲を選択して、

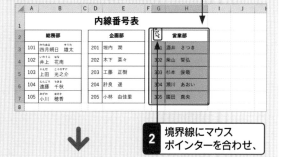

2 境界線にマウスポインターを合わせ、

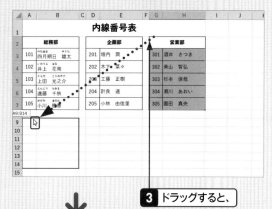

3 ドラッグすると、

4 データが移動します。

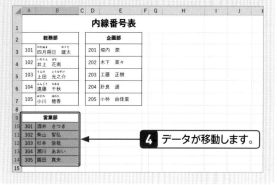

Excel文書とは？　文書作成の基本　文書の入力　文書の編集　文字やセルの書式　罫線と表作成　数式の入力と編集　関数の利用　図形や画像の操作　グラフの作成　ファイルの保存と共有　文書の印刷

序　1　2　3　4　5　6　7　8　9　10　11

Q 096 データをコピーするには？

A ＜ホーム＞タブの＜コピー＞と＜貼り付け＞を利用します。

セルのデータをコピーするには、＜ホーム＞タブの＜コピー＞で選択範囲のデータをコピーし、貼り付け先のセルをクリックして、＜貼り付け＞でコピーしたデータを貼り付けます。
また、ドラッグしてデータをコピーする方法もあります。

● ＜コピー＞の利用

1 コピーするセルまたはセル範囲を選択して、

2 ＜ホーム＞タブの＜コピー＞をクリックし、

3 貼り付け先のセルをクリックして、

4 ＜ホーム＞タブの＜貼り付け＞の上部をクリックすると、

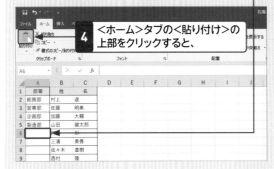

◆ Memo
データのコピー&貼り付け

データのコピーは Ctrl + C 、貼り付けは Ctrl + V を押しても行えます。

5 データがコピーされます。

● ドラッグでのコピー

1 コピーするセルまたはセル範囲を選択して、

2 境界線にマウスポインターを合わせ、

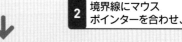

3 Ctrl を押しながらドラッグすると、

4 データがコピーされます。

◆ Memo
コピーした範囲が破線で囲まれる

＜ホーム＞タブの＜コピー＞をクリックすると、コピーした範囲が破線で囲まれます。破線が表示されている間は、何度でも貼り付けることができます。また、Esc を押すと、破線が消えます。

Q 097 1つのセルのデータを複数のセルにコピーするには？

A 貼り付け先の複数のセルやセル範囲を選択してから貼り付けます。

1つのセルのデータを、複数のセルにコピーするには、コピーするセルを選択し、＜ホーム＞タブの＜コピー＞をクリックしてコピーします。次に貼り付け先の複数のセルやセル範囲を選択し、＜ホーム＞タブの＜貼り付け＞をクリックします。

なお、隣接するセルにコピーする場合は、オートフィルを利用すると便利です。

参照 ▶ Q026, Q031

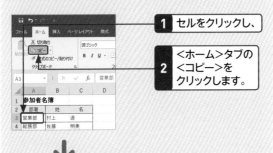

1 セルをクリックし、

2 ＜ホーム＞タブの＜コピー＞をクリックします。

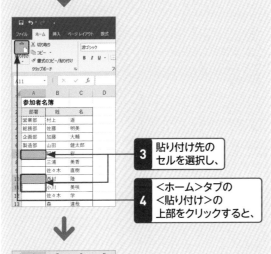

3 貼り付け先のセルを選択し、

4 ＜ホーム＞タブの＜貼り付け＞の上部をクリックすると、

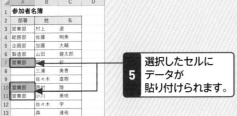

5 選択したセルにデータが貼り付けられます。

Q 098 以前コピーしたデータを貼り付けるには？

A クリップボードを利用します。

コピーまたは切り取ったデータを一時的に保管しておく場所を「クリップボード」といいます。Office クリップボードでは24個までデータを保管して貼り付けることができます。また、WordなどのほかのOfficeアプリや、メモ帳やwebブラウザーなどのアプリでコピーしたデータも保管されます。

1 ＜ホーム＞タブの＜クリップボード＞グループの 🔲 をクリックすると、

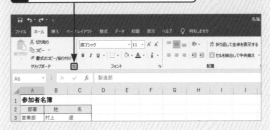

2 ＜クリップボード＞作業ウィンドウが表示され、コピーまたは切り取ったデータが表示されます。

3 セルをクリックし、

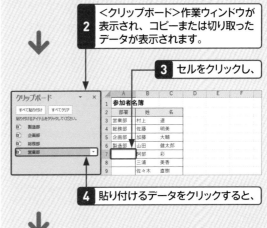

4 貼り付けるデータをクリックすると、

5 データが貼り付けられます。

Q 099 書式なしでデータだけコピーするには？

A 貼り付けのオプションで＜値と数値の書式＞を指定します。

セルをコピーして貼り付けると、セルの背景や罫線なども貼り付けられます。書式はコピーせずに値と数値の書式だけを貼り付けるには、貼り付けのオプションで＜値と数値の書式＞を指定します。

貼り付けのオプションは、＜ホーム＞タブの＜貼り付け＞か、貼り付け後にセルの右下に表示される＜貼り付けのオプション＞で指定します。

● ＜貼り付け＞の利用

1 コピーするセルをクリックして、

2 ＜ホーム＞タブの＜コピー＞をクリックし、

	第2四半期	第3四半期	第4四半期	合計
仙台店	25,748,689	16,976,673	18,188,236	25,525,296	86,438,894
大宮店	25,600,068	26,651,628	25,096,785	16,230,999	93,579,480

3 貼り付け先のセルをクリックして、

| 合計 | 156,327,010 | 154,238,112 | 135,524,985 | 165,534,768 | 611,624,875 |

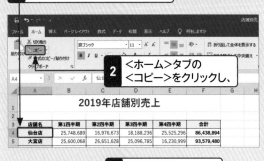

4 ＜貼り付け＞の下部をクリックし、

5 ＜値と数値の書式＞をクリックすると、

● ＜貼り付けのオプション＞の利用

6 値と数値の書式だけが貼り付けられます。

| 合計 | 156,327,010 | 154,238,112 | 135,524,985 | 165,534,768 | 611,624,875 |

仙台店

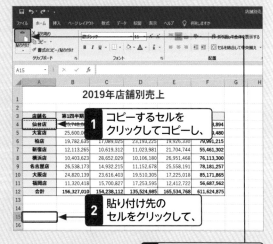

2019年店舗別売上

1 コピーするセルをクリックしてコピーし、

店舗名	第1四半期				
仙台店	25,748,...				...8,894
大宮店	25,600,0...				...9,480
柏店	19,782,635	17,089,025	11,023,981	21,704,744	79,991,215
新宿店	12,113,265	10,619,312	11,023,981	21,704,744	55,461,302
横浜店	10,403,623	28,652,029	10,106,180	26,951,468	76,113,300
名古屋店	26,538,173	14,932,215	11,152,678	25,558,191	78,181,257
大阪店	24,820,139	23,616,403	19,510,305	17,225,018	85,171,865
福岡店	11,320,418	15,700,827	17,253,595	12,412,722	56,687,562
合計	156,327,010	154,238,112	135,524,985	165,534,768	611,624,875

2 貼り付け先のセルをクリックして、

3 ＜貼り付け＞の上部をクリックすると、

4 データが貼り付けられるので、＜貼り付けのオプション＞をクリックし、

柏店	19,782,635	17,089,025	23,193,225	19,926,330	79,991,215
新宿店	12,113,265	10,619,312	11,023,981	21,704,744	55,461,302
横浜店		52,029	10,106,180	26,951,468	76,113,300
名古屋店		32,215	11,152,678	25,558,191	78,181,257
大阪店		16,403	19,510,305	17,225,018	85,171,865
福岡店		00,827	17,253,595	12,412,722	56,687,562
合計		38,112	135,524,985	165,534,768	611,624,875

仙台店

5 ＜値と数値の書式＞をクリックすると、

柏店	19,782,635	17,089,025	23,193,225	19,926,330	79,991,215
新宿店	12,113,265	10,619,312	11,023,981	21,704,744	55,461,302
横浜店	10,403,623	28,652,029	10,106,180	26,951,468	76,113,300
名古屋店	26,538,173	14,932,215	11,152,678	25,558,191	78,181,257
大阪店	24,820,139	23,616,403	19,510,305	17,225,018	85,171,865
福岡店	11,320,418	15,700,827	17,253,595	12,412,722	56,687,562
合計	156,327,010	154,238,112	135,524,985	165,534,768	611,624,875

仙台店

6 値と数値の書式だけが貼り付けられます。

Q 100 罫線なしでデータをコピーするには？

A 貼り付けのオプションで<罫線なし>を指定します。

セルをコピーして貼り付けると、罫線を含めた書式も貼り付けられます。罫線をコピーしたくない場合は、貼り付けのオプションで<罫線なし>を指定します。貼り付けのオプションは、<ホーム>タブの<貼り付け>か、貼り付け後にセルの右下に表示される<貼り付けのオプション>で指定します。

参照 ▶ Q099

1 データをコピーして、

2 <ホーム>タブの<貼り付け>の下部をクリックし、

3 <罫線なし>をクリックします。

Q 101 数式はコピーせずに計算結果だけをコピーするには？

A 貼り付けのオプションで<値>を指定します。

数式が入力されているセルをコピーすると、数式ごとコピーされます。数式はコピーせずに計算結果だけをコピーしたい場合は、貼り付けのオプションで<値>を指定します。

貼り付けのオプションは、<ホーム>タブの<貼り付け>か、貼り付け後にセルの右下に表示される<貼り付けのオプション>で指定します。

1 コピーするセル範囲を選択して、

2 <ホーム>タブの<コピー>をクリックし、

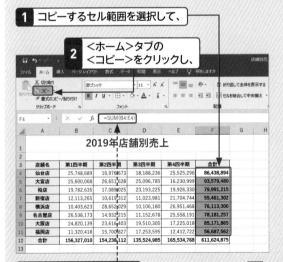

関数が入力されています。

3 貼り付け先のセルをクリックして、

4 <貼り付け>の下部をクリックし、

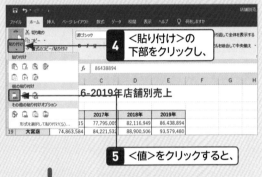

5 <値>をクリックすると、

関数はコピーされていません。

6 値だけが貼り付けられます。

● Hint

貼り付け後に変更するには？

データを貼り付けた後に、セルの右下に表示される<貼り付けのオプション>をクリックして、<値>をクリックしても、数式はコピーせずに値だけを貼り付けることができます。

Q 102 表の行と列を入れ替えてコピーするには？

A 貼り付けのオプションで＜行列の入れ替え＞を指定します。

表の行と列を入れ替えてコピーするには、貼り付けのオプションで＜行列を入れ替える＞を指定します。貼り付けのオプションは、＜ホーム＞タブの＜貼り付け＞か、貼り付け後にセルの右下に表示される＜貼り付けのオプション＞で指定します。

1 コピーする表を選択して、

2 ＜ホーム＞タブの＜コピー＞をクリックし、

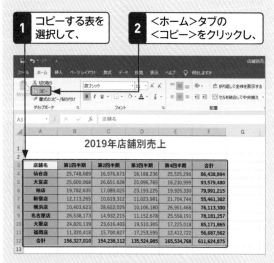

3 貼り付け先のセルをクリックして、

4 ＜貼り付け＞の下部をクリックし、

5 ＜行列の入れ替え＞をクリックすると、

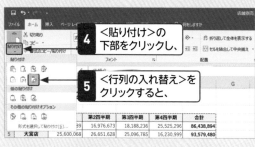

6 行と列が入れ替わって貼り付けられます。

Q 103 表の列幅を保持してコピーするには？

A 貼り付けのオプションで＜元の列幅を保持＞を指定します。

表をコピーすると、貼り付け先の列幅にそろえられて、データがすべて表示されなかったり、書式がくずれたりすることがあります。このような場合は、貼り付けのオプションで＜元の列幅を保持＞を指定すると、列幅を再度調整する必要がありません。貼り付けのオプションは、＜ホーム＞タブの＜貼り付け＞か、貼り付け後にセルの右下に表示される＜貼り付けのオプション＞で指定します。

1 コピーする表を選択して、

2 ＜ホーム＞タブの＜コピー＞をクリックし、

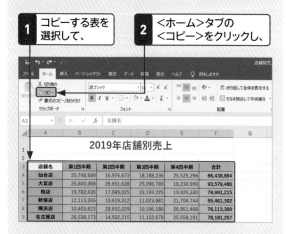

3 貼り付け先のセルをクリックして、

4 ＜貼り付け＞の下部をクリックし、

5 ＜元の列幅を保持＞をクリックすると、

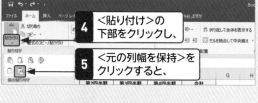

6 列幅が保持されて貼り付けられます。

序　Excel文書とは？

1　文書作成の基本

2　文書の入力

3　文書の編集

4　文字やセルの書式

5　罫線と表作成

6　数式の入力と編集

7　関数の利用

8　図形や画像の操作

9　グラフの作成

10　ファイルの保存や共有

11　文書の印刷

Q 104 セルを挿入するには？

A ＜ホーム＞タブの＜挿入＞から＜セルの挿入＞をクリックします。

セルを挿入する場合は、挿入したい位置の下または右のセルを選択し、＜ホーム＞タブの＜挿入＞から、＜セルの挿入＞をクリックします。＜セルの挿入＞ダイアログボックスが表示されるので、選択したセル以降の移動方向を指定します。また、セルを右クリックして＜挿入＞をクリックしても、＜セルの挿入＞ダイアログボックスが表示されます。

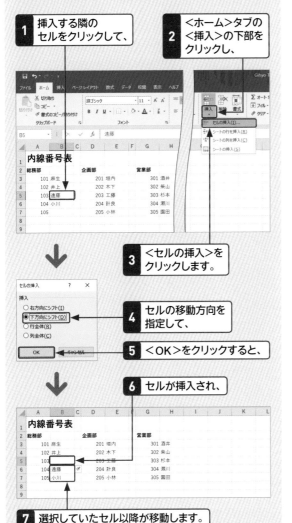

1 挿入する隣のセルをクリックして、

2 ＜ホーム＞タブの＜挿入＞の下部をクリックし、

3 ＜セルの挿入＞をクリックします。

4 セルの移動方向を指定して、

5 ＜OK＞をクリックすると、

6 セルが挿入され、

7 選択していたセル以降が移動します。

Q 105 セルを削除するには？

A ＜ホーム＞タブの＜削除＞から＜セルの削除＞をクリックします。

セルを削除する場合は、セルを選択し、＜ホーム＞タブの＜削除＞から、＜セルの削除＞をクリックします。＜削除＞ダイアログボックスが表示されるので、削除後の、隣接したセル以降の移動方向を指定します。また、セルを右クリックして＜削除＞をクリックしても、＜削除＞ダイアログボックスが表示されます。

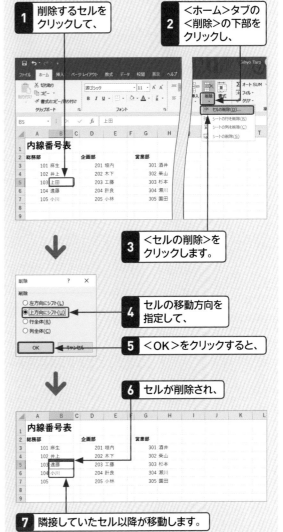

1 削除するセルをクリックして、

2 ＜ホーム＞タブの＜削除＞の下部をクリックし、

3 ＜セルの削除＞をクリックします。

4 セルの移動方向を指定して、

5 ＜OK＞をクリックすると、

6 セルが削除され、

7 隣接していたセル以降が移動します。

✎ 行/列/セルの操作

Q 106 「クリア」と「削除」の違いは？

A クリアはセルが残りますが、削除はセルが削除されます。

データを消去する方法として、「クリア」と「削除」があります。「クリア」は、セルのデータや書式などを消去しますが、セルや行、列は残ります。「削除」は、セルや行、列ごと消去されます。セル範囲を選択し、Delete を押すと、データだけがクリアされます。また、＜ホーム＞タブの＜クリア＞をクリックすると、＜すべてクリア＞や＜書式のクリア＞、＜数式と値のクリア＞など、クリアする項目を指定できます。

✎ 行/列/セルの操作

Q 107 行や列を挿入するには？

A 行（列）番号をクリックし、＜ホーム＞タブの＜挿入＞をクリックします

挿入したい位置の下の行番号（右の列番号）をクリックして、＜ホーム＞タブの＜挿入＞をクリックすると、行（列）が挿入されます。また、列番号または行番号を右クリックして、ショートカットメニューで＜挿入＞をクリックしても、挿入できます。

● ＜ホーム＞タブを利用した行の挿入

1 挿入する下の行の行番号をクリックして行を選択し、

	店舗名	第1四半期	第2四半期	第3四半期	第4四半期	合計
4	仙台店	25,748,689	16,976,673	18,188,236	25,525,296	86,438,894
5	大宮店	25,600,068	26,651,628	25,096,785	16,230,999	93,579,480
6	柏店	19,782,635	17,089,025	23,193,225	19,926,330	79,991,215
7	新宿店	12,113,265	10,619,312	11,023,981	21,704,744	55,461,302
8	横浜店	10,403,623	28,652,029	10,106,180	26,951,468	76,113,300
9	名古屋店	26,538,173	14,932,215	11,152,678	25,558,191	78,181,257

2 ＜ホーム＞タブの＜挿入＞の上部をクリックすると、

3 行が挿入されます。

	店舗名	第1四半期	第2四半期	第3四半期	第4四半期	合計
4	仙台店	25,748,689	16,976,673	18,188,236	25,525,296	86,438,894
5	大宮店	25,600,068	26,651,628	25,096,785	16,230,999	93,579,480
6	柏店	19,782,635	17,089,025	23,193,225	19,926,330	79,991,215
7						
8	新宿店	12,113,265	10,619,312	11,023,981	21,704,744	55,461,302
9	横浜店	10,403,623	28,652,029	10,106,180	26,951,468	76,113,300
10	名古屋店	26,538,173	14,932,215	11,152,678	25,558,191	78,181,257

● ショートカットメニューを利用した行の挿入

1 挿入する下の行の行番号を右クリックして、

2 ＜挿入＞をクリックすると、

3 行が挿入されます。

2019年店舗別売上

	店舗名	第1四半期	第2四半期	第3四半期	第4四半期	合計
3	店舗名	第1四半期	第2四半期	第3四半期	第4四半期	合計
4	仙台店	25,748,689	16,976,673	18,188,236	25,525,296	86,438,894
5	大宮店	25,600,068	26,651,628	25,096,785	16,230,999	93,579,480
6	柏店	19,782,635	17,089,025	23,193,225	19,926,330	79,991,215
7						
8	新宿店	12,113,265	10,619,312	11,023,981	21,704,744	55,461,302
9	横浜店	10,403,623	28,652,029	10,106,180	26,951,468	76,113,300
10	名古屋店	26,538,173	14,932,215	11,152,678	25,558,191	78,181,257

● Memo
列の挿入

列を挿入するには、挿入したい位置の右隣の列の列番号をクリックして、＜ホーム＞タブの＜挿入＞をクリックするか、列番号を右クリックして＜挿入＞をクリックします。

● Hint
複数の行や列を挿入するには？

複数の行や列をまとめて挿入するには、挿入したい数の行または列を選択してから、挿入を実行します。

Q 108 行や列を挿入したときに書式が設定されないようにするには？

A 挿入したときに表示される<挿入オプション>を利用します。

行を挿入すると上の行の書式が、列を挿入すると左の列の書式が適用されます。挿入した行や列に書式を適用されないようにするには、挿入したときに表示される<挿入オプション>をクリックして、<書式のクリア>をクリックします。また、下の行や右の列と同じ書式を適用したい場合は、<挿入オプション>で<下と同じ書式を適用>または<右側と同じ書式を適用>をクリックします。

> 上の行の書式が適用されています。

1 <挿入オプション>をクリックして、

	A	B	C	D	E	F	G	H
1			2019年店舗別売上					
2								
3	店舗名	第1四半期	第2四半期	第3四半期	第4四半期	合計		
4								
5	仙台店	25,748,689	16,976,673	18,188,236	25,525,296	86,438,894		
6		068	26,651,628	25,096,785	16,230,999	93,579,480		
7		635	17,089,025	23,193,225	19,926,330	79,991,215		
8		265	10,619,312	11,023,981	21,704,744	55,461,302		
9	横浜店	10,403,623	28,652,029	10,106,180	26,951,468	76,113,300		
10	名古屋店	26,538,173	14,932,215	11,152,678	25,558,191	78,181,257		
11	大阪店	24,820,139	23,616,403	19,510,305	17,225,018	85,171,865		
12	福岡店	11,320,418	15,700,827	17,253,595	12,412,722	56,687,562		
13	合計	156,327,010	154,238,112	135,524,985	165,534,768	611,624,875		
14								
15								
16								

（<挿入オプション>内）
○ 上と同じ書式を適用(A)
○ 下と同じ書式を適用(B)
○ 書式のクリア(C)

2 <書式のクリア>をクリックします。

Q 109 複数の行の高さや列の幅を揃えるには？

A 揃えたい行または列をすべて選択して、境界線をドラッグします。

複数の行の高さや列の幅を揃えるには、揃えたいすべての行や列を選択します。行の高さや列幅を調整するときと同様の操作で、いずれかの境界線にマウスポインターを合わせ、ドラッグします。

参照 ▶ Q007

Q 110 文字数に合わせて列幅を調整するには？

A 境界線をダブルクリックします。

セル内の文字数に合わせて列幅を調整するには、目的の列の右側の境界線にマウスポインターを合わせ、ダブルクリックします。文字の一部が表示されていないときはすべての文字が表示され、余白が大きすぎるときは適度な大きさに調整されます。

参照 ▶ Q007

Q 111 行の高さや列幅を数値で指定するには？

A <行の高さ>や<列の幅>ダイアログボックスで指定します。

行の高さや列幅を数値で指定するには、行または列を選択して、<ホーム>タブの<書式>をクリックし、<行の高さ>または<列の幅>をクリックします。ダイアログボックスで数値を入力し、<OK>をクリックします。また、行番号または列番号を右クリックして、<行の高さ>または<列の幅>をクリックしても、ダイアログボックスが表示されます。

1 行を選択して、

2 <ホーム>タブの<書式>をクリックし、

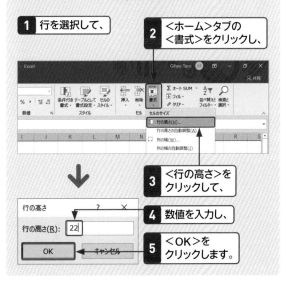

行の高さの自動調整(A)
列の幅(W)...
列の幅の自動調整(I)

3 <行の高さ>をクリックして、

行の高さ　　　? ×
行の高さ(R): 22
OK　キャンセル

4 数値を入力し、

5 <OK>をクリックします。

Q 112 行や列を隠すには？

A <非表示>または<グループ化>を利用します。

一部の行や列を一時的に隠すには、行や列を非表示にするか、グループ化します。

非表示にするには、目的の行や列を選択し、行番号または列番号を右クリックして、<非表示>をクリックします。再度表示するには、非表示にした行や列をはさむように選択して、行番号や列番号を右クリックし、<再表示>をクリックします。

グループ化するには、目的の行や列を選択し、<データ>タブの<グループ化>をクリックします。行番号の左または列番号の上に - が表示されるので、クリックすると、行や列が非表示になり、 - が + に変わります。+ をクリックすると、再度表示されます。

● <非表示>の利用

1 非表示にする行を選択して、行番号を右クリックし、

2 <非表示>をクリックすると、

3 行が非表示になります。

● <グループ化>の利用

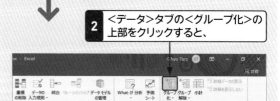

1 目的の行を選択して、

2 <データ>タブの<グループ化>の上部をクリックすると、

3 行番号の左に - が表示されます。

4 クリックすると、

5 行が非表示になります。

クリックすると、再度表示されます。

Q 113 行や列を移動するには？

A 行や列の境界線を Shift を押しながらドラッグします。

行や列を移動するには、行または列を選択して、境界線にマウスポインターを合わせ、Shift を押しながら目的の位置までドラッグします。このとき、Shift を押さずにドラッグすると、データが上書きされます。

また、行（列）を選択して、＜ホーム＞タブの＜切り取り＞をクリックし、移動先の行（列）をクリックして、＜ホーム＞タブの＜挿入＞をクリックしても、行や列を移動できます。

1 目的の行を選択して、

	A	B	C	D	E	F	G	H
			2020年店舗別売上					
3	店舗名	第1四半期	第2四半期	第3四半期	第4四半期	合計		
4	仙台店	25,748,689	16,976,673	18,188,236	25,525,296	86,438,894		
5	柏店	19,782,635	17,089,025	23,193,225	19,926,330	79,991,215		
6	新宿店	12,113,265	10,619,312	11,023,981	21,704,744	55,461,302		
7	横浜店	10,403,623	28,652,029	10,106,180	26,951,468	76,113,300		
8	大宮店	25,600,068	26,651,628	25,096,785	16,230,999	93,579,480		
9	名古屋店	26,538,173	14,932,215	11,152,678	25,558,191	78,181,257		
10	大阪店	24,820,139	23,616,403	19,510,305	17,225,018	85,171,865		
11	福岡店	11,320,418	15,700,827	17,253,595	12,412,722	56,687,562		
12	合計	156,327,010	154,238,112	135,524,985	165,534,768	611,624,875		

2 境界線にマウスポインターを合わせ、

	A	B	C	D	E	F	G	H
			2020年店舗別売上					
3	店舗名	第1四半期	第2四半期	第3四半期	第4四半期	合計		
4	仙台店	25,748,689	16,976,673	18,188,236	25,525,296	86,438,894		
5	柏店	19,782,635	17,089,025	23,193,225	19,926,330	79,991,215		
6	新宿店	12,113,265	10,619,312	11,023,981	21,704,744	55,461,302		
7	横浜店	10,403,623	28,652,029	10,106,180	26,951,468	76,113,300		
8	大宮店	25,600,068	26,651,628	25,096,785	16,230,999	93,579,480		
9	名古屋店	26,538,173	14,932,215	11,152,678	25,558,191	78,181,257		
10	大阪店	24,820,139	23,616,403	19,510,305	17,225,018	85,171,865		

3 Shift を押しながら目的の位置までドラッグすると、

4 行が移動します。

	A	B	C	D	E	F	G	H
			2020年店舗別売上					
3	店舗名	第1四半期	第2四半期	第3四半期	第4四半期	合計		
4	仙台店	25,748,689	16,976,673	18,188,236	25,525,296	86,438,894		
5	大宮店	25,600,068	26,651,628	25,096,785	16,230,999	93,579,480		
6	柏店	19,782,635	17,089,025	23,193,225	19,926,330	79,991,215		
7	新宿店	12,113,265	10,619,312	11,023,981	21,704,744	55,461,302		
8	横浜店	10,403,623	28,652,029	10,106,180	26,951,468	76,113,300		
9	名古屋店	26,538,173	14,932,215	11,152,678	25,558,191	78,181,257		
10	大阪店	24,820,139	23,616,403	19,510,305	17,225,018	85,171,865		
11	福岡店	11,320,418	15,700,827	17,253,595	12,412,722	56,687,562		
12	合計	156,327,010	154,238,112	135,524,985	165,534,768	611,624,875		

Q 114 行や列を削除するには？

A ＜ホーム＞タブの＜削除＞をクリックします。

行や列を削除するには、行または列を選択して、＜ホーム＞タブの＜削除＞をクリックします。また、行番号や列番号を右クリックし、＜削除＞をクリックしても削除できます。

1 削除する行を選択して、

2 ＜ホーム＞タブの＜削除＞の上部をクリックすると、

3 行が削除されます。

	A	B	C	D	E	F	G	H
			2019年店舗別売上					
3	店舗名	第1四半期	第2四半期	第3四半期	第4四半期	合計		
4	大宮店	25,600,068	26,651,628	25,096,785	16,230,999	93,579,480		
5	柏店	19,782,635	17,089,025	23,193,225	19,926,330	79,991,215		
6	新宿店	12,113,265	10,619,312	11,023,981	21,704,744	55,461,302		
7	横浜店	10,403,623	28,652,029	10,106,180	26,951,468	76,113,300		
8	名古屋店	26,538,173	14,932,215	11,152,678	25,558,191	78,181,257		
9	大阪店	24,820,139	23,616,403	19,510,305	17,225,018	85,171,865		
10	福岡店	11,320,418	15,700,827	17,253,595	12,412,722	56,687,562		
11	合計	130,578,321	137,261,439	117,336,749	140,009,472	525,185,981		

◎ Hint

複数の行や列を削除するには？

複数の行や列をまとめて削除するには、削除するすべての行や列を選択してから、削除を実行します。

Q 115 新しいワークシートを追加するには？

A シート見出しの＜新しいシート＞をクリックします。

新しいファイルを作成すると、1枚のワークシートが作成されます。ワークシートを挿入するには、シート見出しの右側の＜新しいシート＞をクリックします。また、＜ホーム＞タブの＜挿入＞からも、ワークシートを追加できます。

● シート見出しの利用

1 ＜新しいシート＞をクリックすると、

2 現在のワークシートの右側に新しいワークシートが追加されます。

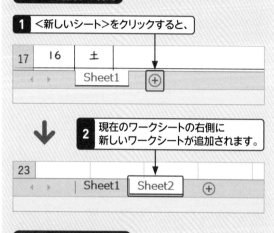

● ＜ホーム＞タブの利用

1 ＜ホーム＞タブの＜挿入＞の下部をクリックして、

2 ＜シートの挿入＞をクリックすると、

3 現在のワークシートの左側に新しいワークシートが追加されます。

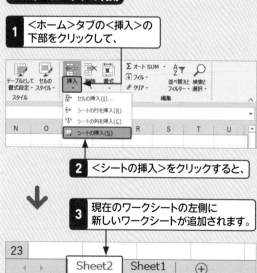

Q 116 ワークシートを同じファイルに移動/コピーするには？

A シート見出しをドラッグします。

ワークシートを同じファイルで移動するには、シート見出しを目的の位置までドラッグします。また、ワークシートを同じファイルでコピーするには、Ctrlを押しながらシート見出しを目的の位置までドラッグします。

● ワークシートの移動

1 シート見出しをドラッグすると、

2 ワークシートが移動します。

● ワークシートのコピー

1 シート見出しをCtrlを押しながらドラッグすると、

2 ワークシートがコピーされます。

ワークシートの名前は、末尾に「（2）」などの数字が付きます。

Q 117 ワークシートをほかのファイルに移動/コピーするには？

A <シートの移動またはコピー>ダイアログボックスを利用します。

ワークシートをほかのファイルに移動／コピーするには、元のファイルと移動（コピー）先のファイルを開き、目的のシート見出しを右クリックして<移動またはコピー>をクリックします。<シートの移動またはコピー>ダイアログボックスの<移動先ブック名>で移動先のファイルを指定します。コピーの場合は<コピーを作成する>をオンにして、<OK>をクリックします。

> **1** 移動またはコピーするワークシートのシート見出しを右クリックして、

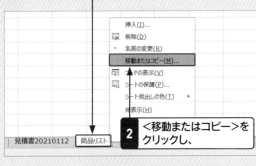

> **2** <移動またはコピー>をクリックし、

> **3** <移動先ブック名>で移動（コピー）先のファイルを指定し、

> **4** ワークシートの挿入先を指定して、

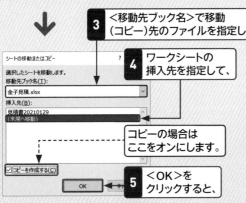

> コピーの場合はここをオンにします。

> **5** <OK>をクリックすると、

> **6** ワークシートが移動またはコピーされます。

Q 118 ワークシートを削除するには？

A シート見出しを右クリックして、<削除>をクリックします。

不要になったワークシートを削除するには、シート見出しを右クリックして<削除>をクリックするか、<ホーム>タブの<削除>をクリックして、<シートの削除>をクリックします。
なお、ワークシートを削除する操作は、元には戻せないので注意が必要です。

> **1** 削除するワークシートのシート見出しを右クリックして、

> **2** <削除>をクリックし、

Microsoft Excel

⚠ このシートは完全に削除されます。続けますか？

削除　キャンセル

> **3** <削除>をクリックすると、

> **4** ワークシートが削除されます。

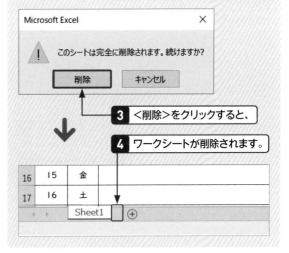

93

Q 119 ワークシートの名前を変更するには？

A シート見出しをダブルクリックし、名前を入力します。

ワークシートの名前を変更するには、シート見出しをダブルクリックします。ワークシートの名前が編集できる状態になるので、入力します。なお、ワークシートの名前は、31文字以内で、「:」「¥」「/」「?」「*」「[」「]」は使用できません。また、空白にすることもできません。

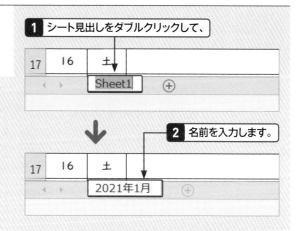

1 シート見出しをダブルクリックして、

| 17 | 16 | 土 | |

Sheet1 ⊕

2 名前を入力します。

| 17 | 16 | 土 | |

2021年1月 ⊕

Q 120 複数のワークシートをまとめて編集するには？

A ワークシートをグループ化して編集します。

複数のワークシートに同じ書式をまとめて設定するなどの場合は、複数のワークシートをグループ化してから編集すると、効率的に作業できます。
編集するワークシートのシート見出しを Ctrl を押しながらクリックすると、ワークシートがグループ化されます。また、連続したワークシートの場合は、最初のワークシートのシート見出しをクリックし、Shift を押しながら最後のシート見出しをクリックします。

1 シート見出しを Ctrl を押しながらクリックすると、

| 17 | 16 | 土 | |

2021年1月　2021年2月 ⊕

2 ワークシートがグループ化され、タイトルバーに「[グループ]」と表示されます。

予定表.xlsx [グループ] - Excel

折り返して全体を表示する　標準 ▾

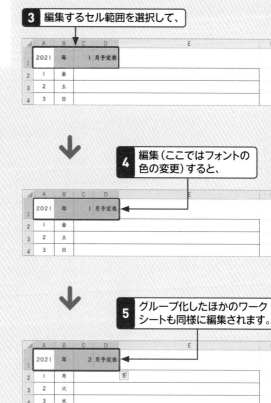

3 編集するセル範囲を選択して、

	A	B	C	D	E	F
1	2021	年	1 月予定表			
2	1	金				
3	2	土				
4	3	日				

4 編集（ここではフォントの色の変更）すると、

	A	B	C	D	E	F
1	2021	年	1 月予定表			
2	1	金				
3	2	土				
4	3	日				

5 グループ化したほかのワークシートも同様に編集されます。

	A	B	C	D	E	F
1	2021	年	2 月予定表			
2	1	月				
3	2	火				
4	3	水				

Hint ワークシートのグループ化を解除するには？

フォントの色が黒になっているシート見出しをクリックすると、ワークシートのグループ化が解除され、ワークシートを個別に編集できます。

Q 121 特定のデータを検索するには？

A 検索機能を利用します。

ワークシートに入力されている特定のデータを検索するには、＜ホーム＞タブの＜検索と選択＞をクリックして、＜検索＞をクリックします。＜検索と置換＞ダイアログボックスの＜検索＞タブが表示されるので、＜検索する文字列＞に目的の文字列を入力し、＜次を検索する＞をクリックすると、該当するセルがアクティブになります。

1 ＜ホーム＞タブの＜検索と選択＞をクリックして、

2 ＜検索＞をクリックします。

3 検索する文字列を入力して、

4 ＜次を検索＞をクリックします。

5 指定した文字列が検索され、該当するセルがアクティブになります。

6 ＜次を検索＞をクリックすると、次の文字列が検索されます。

＜閉じる＞をクリックすると、ダイアログボックスが閉じます。

Q 122 ファイル全体から特定のデータを検索するには？

A 検索機能のオプションを利用します。

現在のワークシートだけでなく、ファイル全体から特定のデータを検索するには、＜検索と置換＞ダイアログボックスの＜オプション＞をクリックします。オプションが表示されるので、＜検索場所＞を＜ブック＞に指定して検索します。

1 ＜オプション＞をクリックして、

2 ＜検索場所＞で＜ブック＞を指定します。

Q 123 特定の文字をほかの文字に置き換えるには？

A 置換機能を利用します。

社名変更や部署名変更など、特定の文字をほかの文字に置き換えたい場合は、置換機能を利用します。＜ホーム＞タブの＜検索と選択＞をクリックして、＜置換＞をクリックすると、＜検索と置換＞ダイアログボックスの＜置換＞タブが表示されるので、検索する文字列と置換後の文字列を指定します。

● 確認しながら置き換える

1 ＜ホーム＞タブの＜検索と選択＞をクリックして、

2 ＜置換＞をクリックします。

3 検索する文字列を入力して、

4 置換後の文字列を入力し、

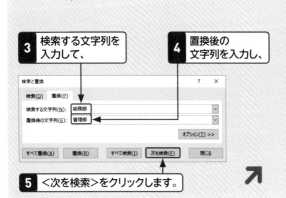

5 ＜次を検索＞をクリックします。

6 該当する文字列が検索されます。

7 ＜置換＞をクリックすると、

8 文字が置き換わり、

9 次の文字が検索されます。

10 すべて置き換えると、メッセージが表示されるので、＜OK＞をクリックします。

Microsoft Excel

⚠ 一致するデータが見つかりません。

OK

● まとめて置き換える

1 検索する文字列と置換後の文字列を入力し、

2 ＜すべて置換＞をクリックすると、

3 すべて置き換えられ、メッセージが表示されるので、＜OK＞をクリックします。

Microsoft Excel

ℹ 3 件を置換しました。

OK

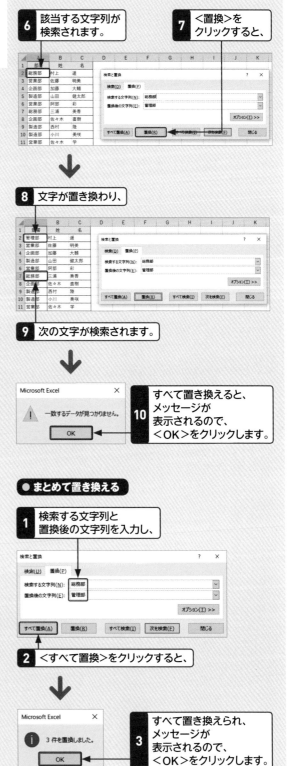

Q 124 ワークシート内の特定の書式をまとめて変更するには？

A 置換機能のオプションで書式を指定します。

ワークシート内の特定のフォントやフォントの色などの書式をまとめてほかのものに変換する場合は、置換機能のオプションを利用します。手順 4 で＜セルから書式を選択＞をクリックすると、目的の書式が設定されているセルをクリックすることで、書式を指定できます。

> フォントの色を緑から赤に変換します。

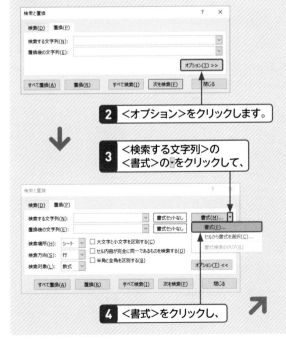

1 ＜検索と置換＞ダイアログボックスの＜置換＞タブを表示して、

2 ＜オプション＞をクリックします。

3 ＜検索する文字列＞の＜書式＞の•をクリックして、

4 ＜書式＞をクリックし、

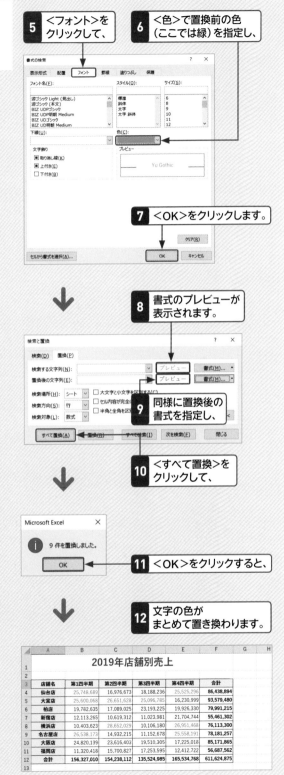

5 ＜フォント＞をクリックして、

6 ＜色＞で置換前の色（ここでは緑）を指定し、

7 ＜OK＞をクリックします。

8 書式のプレビューが表示されます。

9 同様に置換後の書式を指定し、

10 ＜すべて置換＞をクリックして、

Microsoft Excel
9 件を置換しました。
OK

11 ＜OK＞をクリックすると、

12 文字の色がまとめて置き換わります。

Q 125 セルに入力されている空白を まとめて削除するには？

A 置換機能を利用し、<検索する 文字列>に空白を入力します。

スペース区切りで入力してある郵便番号や氏名のスペースをまとめて削除したい場合は、置換機能を利用すると、かんたんに削除できます。<検索と置換>ダイアログボックスの<置換>タブで、<検索する文字列>にスペースを入力し、<置換後の文字列>には何も入力せず、<すべて置換>をクリックします。

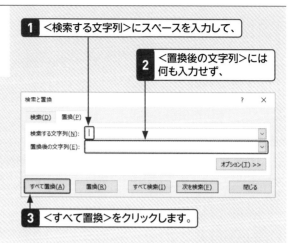

1 <検索する文字列>にスペースを入力して、

2 <置換後の文字列>には 何も入力せず、

3 <すべて置換>をクリックします。

会員名簿.xlsx

Q 126 五十音順にデータを 並べ替えるには？

A <データ>タブの<昇順>を 利用します。

データを五十音順や、数値の大きい順、小さい順に並べ替えるには、「並べ替え」を利用します。並べ替えの基準となる列のセルを選択し、<データ>タブの<昇順>をクリックすると五十音順や数値の小さい順に、<降順>をクリックすると数値の大きい順に並べ替えられます。下の手順では、「シ」の列が五十音順になるように、データを並べ替えています。

なお、並べ替える前の順序に戻す必要がある場合は、並べ替える前にデータに連番を付けておくとよいでしょう。

参照 ▶ Q032

1 並べ替えの基準となる列のセルをクリックし、

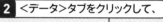

2 <データ>タブをクリックして、

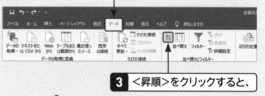

3 <昇順>をクリックすると、

4 データが五十音順に 並べ替えられます。

● Hint

五十音順に並べ替えられない？

漢字の並べ替えは、データを入力したときの読みを基準に実行されます。五十音順に並べ替えられない場合は、誤った読みで入力したか、コピーされたデータなどで読み情報がない可能性があります。ふりがなを確認し、誤っている部分を修正します。

Q 127 複数の条件でデータを並べ替えるには？

A ＜並べ替え＞ダイアログボックスを利用します。

複数の条件でデータを並べ替えるには、＜並べ替え＞ダイアログボックスを利用し、＜レベルの追加＞で条件を複数指定します。このとき、上に表示される条件が優先順位が高くなります。下の手順では、「シ」の列を五十音順、さらに「メイ」の列を五十音に並べ替えています。

1 表内のセルをクリックし、

2 ＜データ＞タブをクリックして、

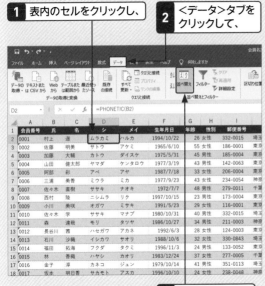

3 ＜並べ替え＞をクリックします。

4 ＜列＞の∨をクリックして、

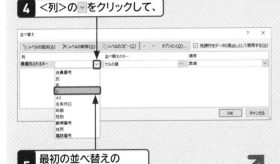

5 最初の並べ替えの基準となる列を指定し、

6 並べ替えのキーと順序を指定します。

7 ＜レベルの追加＞をクリックし、

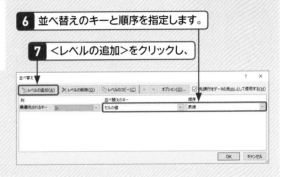

8 2番目の並べ替えの条件を指定して、

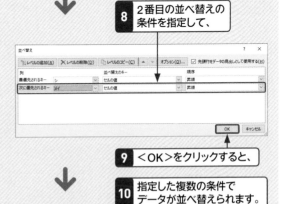

9 ＜OK＞をクリックすると、

10 指定した複数の条件でデータが並べ替えられます。

「シ」の五十音順に並べ替えられ、「シ」が同じデータは「メイ」の五十音に並べ替えられます。

● Hint
条件の優先順位を変更するには？

条件の優先順位を変更するには、＜並べ替え＞ダイアログボックスで目的の条件を選択し、＜上へ移動＞または＜下へ移動＞をクリックします。

Q 128 特定の値が入力された データだけを表示するには？

A ＜データ＞タブの ＜フィルター＞を利用します。

特定の値が入力されたデータだけを表示する場合は、「フィルター」を利用します。表内のセルをクリックして、＜データ＞タブの＜フィルター＞をクリックすると、列見出しに▼が表示されるので、▼をクリックして、表示する値をオンにします。

1 表内のセルをクリックし、

2 ＜データ＞タブを クリックして、

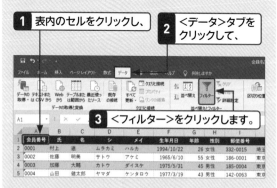

3 ＜フィルター＞をクリックします。

4 目的の列見出しの ▼をクリックし、

5 表示する値だけを オンにして、

6 ＜OK＞をクリックすると、

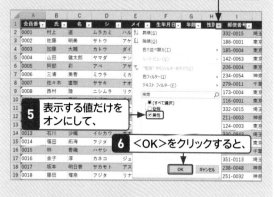

7 指定した値が入力された データだけが表示されます。

Q 129 特定の文字を含む データだけを表示するには？

A フィルターの検索を利用します。

特定の文字を含むデータだけを表示する場合は、表内のセルをクリックして、＜データ＞タブの＜フィルター＞をクリックします。列見出しに▼が表示されるので、▼をクリックして、＜検索＞ボックスに文字を入力します。

1 表内のセルをクリックし、

2 ＜データ＞タブを クリックして、

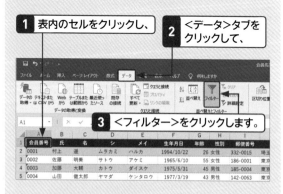

3 ＜フィルター＞をクリックします。

4 目的の列見出しの ▼をクリックし、

5 文字を入力して、

6 ＜OK＞を クリックすると、

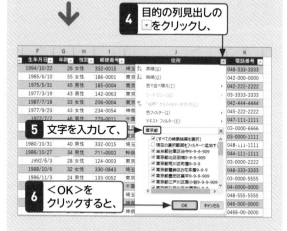

7 指定した文字を含む データだけが表示されます。

Q 130 「○○以上」のデータだけを表示するには？

A ＜数値フィルター＞を利用します。

数値が「○○以上」や「○○より小さい」、「○○から△△の間」などの条件を満たすデータだけを表示する場合は、表内のセルをクリックして、＜データ＞タブの＜フィルター＞をクリックします。列見出しに ▼ が表示されるので、▼ をクリックして、＜数値フィルター＞をクリックし、条件を指定します。
下の手順では、「年齢」の列が「40以上」のデータを抽出しています。

1 表内のセルをクリックし、

2 ＜データ＞タブをクリックして、

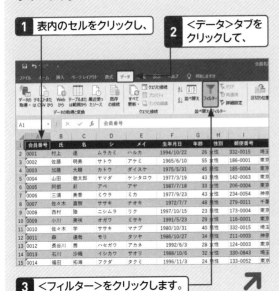

3 ＜フィルター＞をクリックします。

4 目的の列見出しの ▼ をクリックして、

5 ＜数値フィルター＞をクリックし、

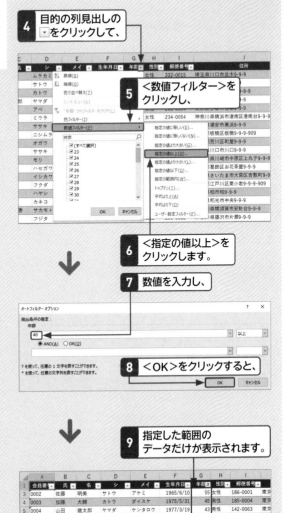

6 ＜指定の値以上＞をクリックします。

7 数値を入力し、

8 ＜OK＞をクリックすると、

9 指定した範囲のデータだけが表示されます。

Q 131 抽出したデータを並べ替えるには？

A フィルターの＜昇順＞または＜降順＞を利用します。

フィルターを利用して抽出したデータを並べ替えるには、目的の列見出しの ▼ をクリックし、＜昇順＞または＜降順＞をクリックします。

1 目的の列見出しの ▼ をクリックして、

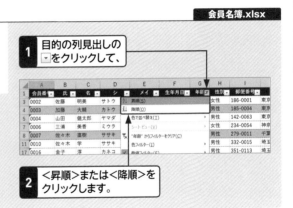

2 ＜昇順＞または＜降順＞をクリックします。

Q 132 データの抽出を解除するには？

A フィルターをクリアします。

データの抽出を解除して、すべてのデータを表示するには、目的の列見出しの▼をクリックし、<"○○"からフィルターをクリア>をクリックします。また、<データ>タブの<クリア>をクリックすると、すべての列の抽出が解除されます。

フィルター機能自体を解除して、列見出しの▼を非表示にするには、<データ>タブの<フィルター>をクリックします。

1 目的の列見出しの ▼ をクリックして、

2 <"○○"からフィルターをクリア>をクリックします。

Q 133 表の行と列の見出しを常に表示するには？

A <ウィンドウ枠の固定>を利用します。

大きな表の場合は、スクロールすると見出しが見えなくなってしまいます。<ウィンドウ枠の固定>を利用すると、行見出しや列見出しを固定できるので、スクロールしても見出しは表示されたままになります。

1 固定しないセル範囲の左上のセルをクリックし、

2 <表示>タブの<ウィンドウ枠の固定>をクリックし、

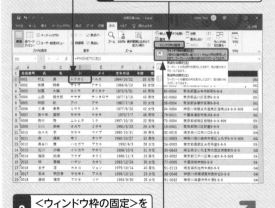

3 <ウィンドウ枠の固定>をクリックすると、

4 ウィンドウ枠が固定され、スクロールしても表示されたままになります。

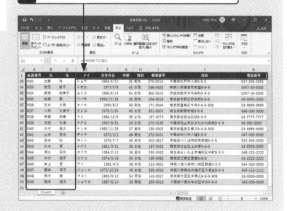

✿ Memo
先頭行や先頭列を固定する

先頭行だけを固定する場合は、<表示>タブの<ウィンドウ枠の固定>をクリックし、<先頭行の固定>をクリックします。また、先頭列だけを固定する場合は、<先頭列の固定>をクリックします。

✿ Hint
ウィンドウ枠の固定を解除するには？

ウィンドウ枠の固定を解除するには、<表示>タブの<ウィンドウ枠の固定>をクリックし、<ウィンドウ枠の固定の解除>をクリックします。

Q 134 ワークシートを分割して表示するには？

A <表示>タブの<分割>を利用します。

大きい表の場合は、ウィンドウを2分割または4分割にしてワークシートを表示することができます。分割すると境界線が表示され、それぞれスクロールすることができます。ウィンドウを分割するには、<表示>タブの<分割>をクリックします。再度クリックすると、分割が解除されます。分割後の境界線は、選択しているセルの左側と上側に表示されるので、分割する領域の数と位置に合わせてセルを選択します。

1 分割したい位置のセルを選択し、　**2** <表示>タブの<分割>をクリックすると、

3 ウィンドウが分割され、境界線が選択したセルの左側と上側に表示されます。

Q 135 ワークシートを全画面に表示するには？

A リボンを自動的に非表示にします。

ワークシートの表示領域をできるだけ大きくしたい場合は、リボンを自動的に非表示にします。タイトルバーの<リボンの表示オプション>をクリックして、<リボンを自動的に非表示にする>をクリックすると、リボンが非表示になり、数式バーとワークシートが全画面に表示されます。リボンを表示するには、タイトルバーをクリックします。

1 <リボンの表示オプション>をクリックして、

2 <リボンを自動的に非表示にする>をクリックすると、

3 ワークシートが全画面に表示されます。

4 タイトルバーをクリックすると、リボンが表示されます。

◉ Hint

表示を元に戻すには？

表示を元に戻すには、<リボンの表示オプション>をクリックして、<タブとコマンドの表示>をクリックします。

序 Excel文書とは?

1 文書作成の基本

2 文書の入力

3 文書の編集

4 文字やセルの書式

5 罫線と表作成

6 数式の入力と編集

7 関数の利用

8 図形や画像の操作

9 グラフの作成

10 ファイルの保存と共有

11 文書の印刷

✎ 表示設定

Q 136 同じファイルのワークシートを並べて表示するには?

A 新しいウィンドウを開き、ウィンドウを整列します。

同じファイルの別のワークシートを確認しながら編集したいときは、新しいウィンドウで同じファイルを開き、ウィンドウを整列すると、同時に表示することができます。<表示>タブの<新しいウィンドウを開く>をクリックすると、同じファイルが別のウィンドウで開きます。<表示>タブの<整列>をクリックして、整列の方法を指定します。

1 <表示>タブの<新しいウィンドウを開く>をクリックすると、

2 同じファイルが新しいウィンドウで開きます。

ファイル名の末尾に「:2」と表示されます。

3 <表示>タブの<整列>をクリックして、

4 整列する方法を指定し、

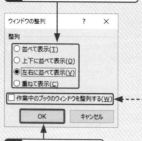

ほかのファイルを開いている場合は、これをオンにします。

5 <OK>をクリックすると、

6 2つのウィンドウが並んで表示されます。

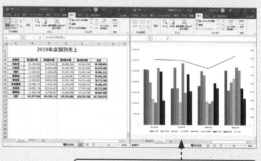

片方のウィンドウに別のワークシートを表示することもできます。

○ Hint

表示を元に戻すには?

整列させたウィンドウを元に戻すには、ウィンドウを1つだけ残して、ほかのウィンドウを閉じ、残ったウィンドウを最大化します。

✎ 表示設定

Q 137 画面の表示を拡大/縮小するには?

A 画面右下のズームスライダーを利用します。

画面を拡大/縮小するには、画面右下のズームスライダーのスライダーをドラッグするか、<ー><+>をクリックします。

表示倍率を変更できます。

Q 138 文字の色を変更するには？

A <ホーム>タブの<フォントの色>から色を選択します。

文字の色を変更するには、目的のセルを選択し、<ホーム>タブの<フォントの色>の・をクリックして、目的の色をクリックします。また、<フォントの色>の▲をクリックすると、前回選択した色が適用されます。

1 目的のセルをクリックして選択し、

2 <ホーム>タブをクリックして、

3 <フォントの色>の・をクリックし、

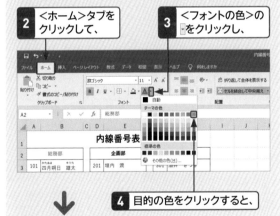

4 目的の色をクリックすると、

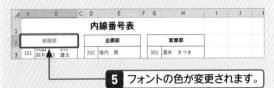

5 フォントの色が変更されます。

> ◆ Hint
>
> **一覧に目的の色がない場合は？**
>
> <フォントの色>の一覧に表示される色は、テーマによって異なります。目的の色がない場合は、<その他の色>をクリックします。<色の設定>ダイアログボックスが表示されるので、目的の色を指定し、<OK>をクリックします。

Q 139 一部の文字の書式を変更するには？

A セルをダブルクリックして文字を選択し、書式を設定します。

セル内の文字の一部の書式を変更するには、目的の文字が入力されているセルをダブルクリックするか、[F2] を押します。セルの文字が編集できる状態になるので、文字をドラッグして選択し、書式を変更します。

Q 140 上付き文字や下付き文字を入力するには？

A <セルの書式>ダイアログボックスの<フォント>タブで設定します。

「X^2」や「H_2O」のように、文字の一部を上付きまたは下付きにするには、目的の文字を選択し、<ホーム>タブの<フォント>グループのダイアログボックス起動ツール □ をクリックします。<セルの書式設定>ダイアログボックスの<フォント>タブが表示されるので、<上付き>または<下付き>をオンにします。

1 <上付き>または<下付き>をオンにして、

2 <OK>をクリックします。

Q 141 文字列の左側に 余白を入れるには？

A インデントを設定します。

セルの枠線と文字の開始位置の間隔を広げるには、インデントを設定します。インデントを設定するには、目的のセルを選択し、＜ホーム＞タブの＜インデントを増やす＞をクリックします。また、＜ホーム＞タブの＜配置＞グループのダイアログボックス起動ツール □ をクリックして、＜セルの書式設定＞ダイアログボックスを表示し、＜配置＞タブの＜インデント＞に数値を入力しても、インデントを設定できます。

● ＜ホーム＞タブの利用

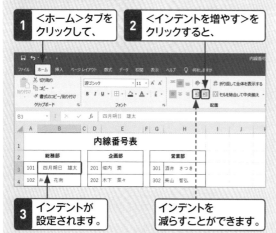

1 ＜ホーム＞タブをクリックして、
2 ＜インデントを増やす＞をクリックすると、
3 インデントが設定されます。
インデントを減らすことができます。

● ＜セルの書式設定＞ダイアログボックスの利用

＜インデント＞に数値を入力します。

Q 142 折り返した文字列の 右端を揃えるには？

A 配置を＜両端揃え＞に設定します。

文章をセル内で折り返して表示しているときに、文字の配置が既定の＜左揃え＞だと、右端が揃わず、見映えがよくありません。右端を揃えるには、セルを選択し、＜ホーム＞タブの＜配置＞グループのダイアログボックス起動ツール □ をクリックします。＜セルの書式設定＞ダイアログボックスの＜配置＞タブが表示されるので、＜横位置＞を＜両端揃え＞に設定します。

参照 ▶ Q009

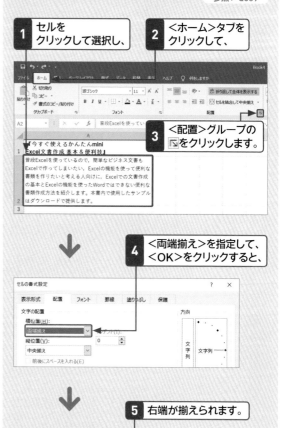

1 セルをクリックして選択し、
2 ＜ホーム＞タブをクリックして、
3 ＜配置＞グループの □ をクリックします。
4 ＜両端揃え＞を指定して、＜OK＞をクリックすると、
5 右端が揃えられます。

Q 143 セル内に文字列を均等に配置するには？

A 配置を＜均等割り付け（インデント）＞に設定します。

セル内の文字列を均等に配置するには、＜セルの書式設定＞ダイアログボックスの＜配置＞タブで、＜横位置＞を＜均等割り付け（インデント）＞に設定します。

参照 ▶ Q010, Q144

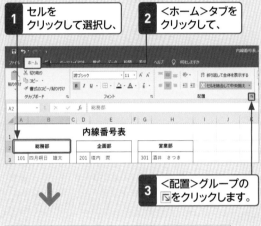

1 セルをクリックして選択し、

2 ＜ホーム＞タブをクリックして、

3 ＜配置＞グループの □ をクリックします。

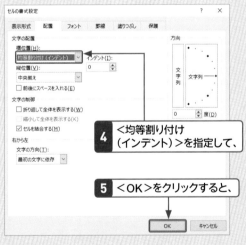

4 ＜均等割り付け（インデント）＞を指定して、

5 ＜OK＞をクリックすると、

6 均等割り付けに設定されます。

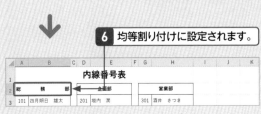

Q 144 均等割り付けの文字列の両端に余白を入れるには？

A インデントを設定するか、前後にスペースを入れます。

均等割り付けの文字列の両端に余白を入れるには、＜セルの書式設定＞ダイアログボックスの＜配置＞タブを表示し、＜インデント＞に数値を入力します。
また、＜セルの書式設定＞ダイアログボックスの＜前後にスペースを入れる＞をオンにすると、余白と文字の間が等間隔で配置されます。この方法は、文字数の異なる複数のセルで均等割り付けにした場合に、文字列の端が揃いません。

参照 ▶ Q143

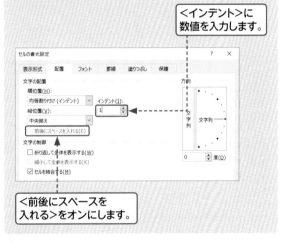

＜インデント＞に数値を入力します。

＜前後にスペースを入れる＞をオンにします。

Q 145 両端揃えや均等割り付けが設定できない？

A 数値や日付の場合は設定できません。

数値や一部の表示形式を除く日付には、両端揃えや均等割り付けは設定できません。数値や日付に両端揃えを設定すると左揃えに、均等割り付けを設定すると中央揃えになります。
なお、「月」や「日」の入った表示形式の日付に均等割り付けを設定することはできますが、両端揃えを設定すると左揃えになります。

Q 146 文字を縦書きにするには？

A ＜ホーム＞タブの＜方向＞から＜縦書き＞を設定します。

文字を縦書きにするには、セルを選択し、＜ホーム＞タブの＜方向＞をクリックして、＜縦書き＞をクリックします。縦書きを元に戻すには、再度＜縦書き＞をクリックします。また、＜セルの書式設定＞ダイアログボックスの＜配置＞タブでも、縦書きに設定することができます。

● ＜ホーム＞タブの利用

1 セルをクリックして選択し、

2 ＜ホーム＞タブをクリックして、

3 ＜方向＞をクリックし、

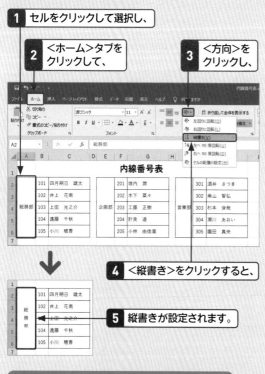

4 ＜縦書き＞をクリックすると、

5 縦書きが設定されます。

● ＜セルの書式設定＞ダイアログボックスの利用

ここをクリックします。

Q 147 文字を回転させるには？

A ＜ホーム＞タブの＜方向＞を利用します。

文字を回転させるには、セルを選択し、＜ホーム＞タブの＜方向＞をクリックして、方向と角度を指定します。また、＜セルの書式設定＞ダイアログボックスの＜配置＞タブで、角度を指定して設定することができます。

● ＜ホーム＞タブの利用

1 セルをクリックして選択し、

2 ＜ホーム＞タブをクリックして、

3 ＜方向＞をクリックし、

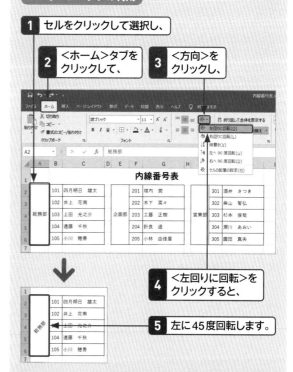

4 ＜左回りに回転＞をクリックすると、

5 左に45度回転します。

● ＜セルの書式設定＞ダイアログボックスの利用

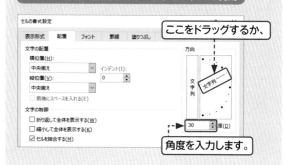

ここをドラッグするか、

角度を入力します。

Q 148 文字が回転できない？

A 横位置の配置の設定によっては、回転させることができません。

セルの横位置の配置を、＜選択範囲内で中央＞にしているときや、インデントを設定しているときは、文字を回転させることができません。

Q 149 漢字にふりがなを表示させるには？

A ＜ホーム＞タブの＜ふりがなの表示/非表示＞を利用します。

漢字にふりがなを表示させるには、目的のセルを選択し、＜ホーム＞タブの＜ふりがなの表示/非表示＞をクリックします。表示されるふりがなは、入力時の読みを元にしています。再度＜ふりがなの表示/非表示＞をクリックすると、ふりがなが非表示になります。

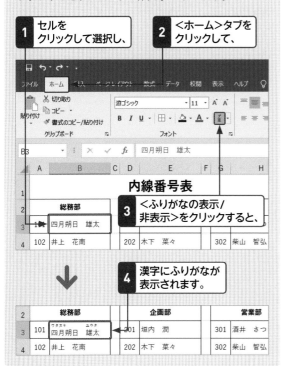

1 セルをクリックして選択し、

2 ＜ホーム＞タブをクリックして、

3 ＜ふりがなの表示/非表示＞をクリックすると、

4 漢字にふりがなが表示されます。

Q 150 ふりがなが表示されない？

A コピーやインポートしたデータは表示されません。

Excel以外のアプリで作成したデータをコピーやインポートした場合は、ふりがなが表示されません。

Q 151 ふりがなを修正するには？

A セルをダブルクリックして、ふりがなを編集します。

表示されるふりがなは、入力時の読みを元にしています。漢字を入力するときにほかの読みで入力した場合は、ふりがなを修正します。セルをダブルクリックするか F2 を押すと、セルの内容が編集できる状態になるので、ふりがなを修正します。
また、＜ホーム＞タブの＜ふりがなの表示/非表示＞の をクリックして、＜ふりがなの編集＞をクリックしても、ふりがなを編集できます。

1 目的のセルをダブルクリックして、ふりがなをクリックすると、

| 3 | 101 | ワタヌキ 四月朔日 | ユウタ 雄太 | 201 | 垣内 |
| 4 | 102 | イノウエ 井上 | ハナナン 花南 | 202 | 木下 |

2 ふりがなが編集できる状態になるので、

↓

3 ふりがなを修正し、Enter を押します。

| 3 | 101 | ワタヌキ 四月朔日 | ユウタ 雄太 | 201 | 垣内 |
| 4 | 102 | イノウエ 井上 | ハナ 花南 | 202 | 木下 |

文字の書式

Q152 ふりがなをひらがなで表示するには？

A <ふりがなの設定>ダイアログボックスで設定します。

既定では、ふりがなはカタカナで表示されます。ひらがなで表示するには、<ふりがなの設定>ダイアログボックスで設定を変更します。

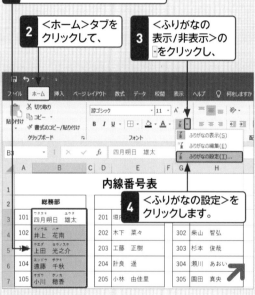

1 セル範囲をドラッグして選択し、
2 <ホーム>タブをクリックして、
3 <ふりがなの表示/非表示>の下をクリックし、
4 <ふりがなの設定>をクリックします。

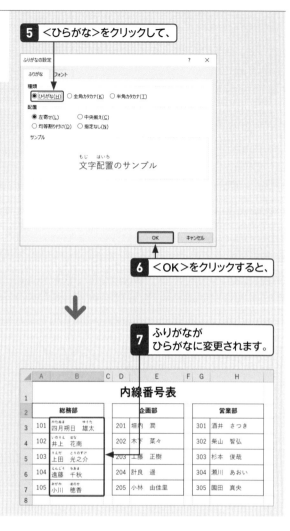

5 <ひらがな>をクリックして、
6 <OK>をクリックすると、
7 ふりがながひらがなに変更されます。

文字の書式

Q153 ふりがなの書式を変更するには？

A <ふりがなの設定>ダイアログボックスを利用します。

ふりがなのフォントの種類やフォントサイズなどの書式を変更するには、<ホーム>タブの<ふりがなの表示/非表示>の下をクリックして、<ふりがなの設定>をクリックします。<ふりがなの設定>ダイアログボックスが表示されるので、<フォント>タブで書式を設定します。

フォントやサイズなどの書式を設定します。

Q 154 セルの背景に色を付けるには？

A ＜ホーム＞タブの＜塗りつぶしの色＞を利用します。

表の見出しや文書のタイトルなど、セルの背景に色を付けると、目立たせることができます。
セルの背景に色を付けるには、＜ホーム＞タブの＜塗りつぶしの色＞から、目的の色をクリックします。また、＜セルの書式設定＞ダイアログボックスの＜塗りつぶし＞タブでも設定できます。

● ＜ホーム＞タブの利用

1 セル範囲をドラッグして選択し、

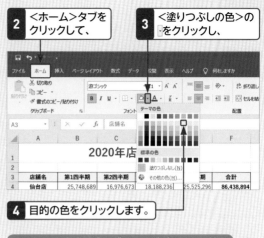

2 ＜ホーム＞タブをクリックして、
3 ＜塗りつぶしの色＞の をクリックし、
4 目的の色をクリックします。

● ＜セルの書式設定＞ダイアログボックスの利用

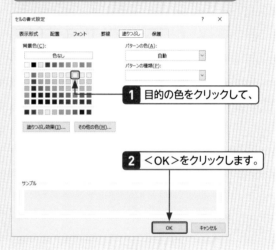

1 目的の色をクリックして、
2 ＜OK＞をクリックします。

Q 155 セルにスタイルを設定するには？

A ＜ホーム＞タブの＜セルのスタイル＞を利用します。

Excelには、セルの塗りつぶしの色やフォントなどの書式を組み合わせた「セルのスタイル」が、あらかじめ用意されています。セルにスタイルを設定するには、セルを選択し、＜ホーム＞タブの＜セルのスタイル＞をクリックして、目的のスタイルをクリックします。

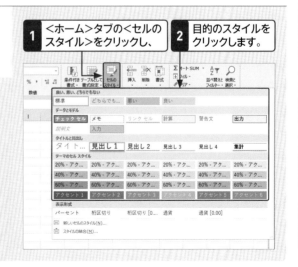

1 ＜ホーム＞タブの＜セルのスタイル＞をクリックし、
2 目的のスタイルをクリックします。

Q 156
セルに斜線などの
パターンを設定するには？

A ＜セルの書式設定＞ダイアログ
ボックスを利用します。

セルには、斜線や網かけなどのパターンを設定することもできます。その場合は、＜セルの書式設定＞ダイアログボックスの＜塗りつぶし＞タブで、＜パターンの色＞と＜パターンの種類＞を設定します。
また、＜塗りつぶし効果＞をクリックすると、＜塗りつぶし効果＞ダイアログボックスが表示され、グラデーションを設定することもできます。

1 セルの背景色を指定し、

2 ＜パターンの色＞の⌄をクリックして、

3 パターンの色を指定し、

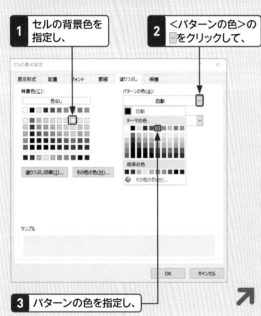

4 ＜パターンの種類＞の⌄をクリックして、

5 パターンの種類を指定し、

グラデーションを設定できます。

6 ＜OK＞をクリックすると、

7 セルにパターンが設定されます。

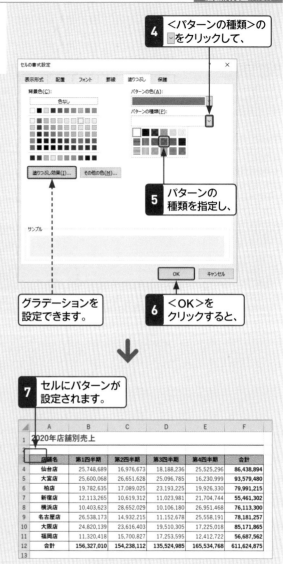

2020年店舗別売上

店舗名	第1四半期	第2四半期	第3四半期	第4四半期	合計
仙台店	25,748,689	16,976,673	18,188,236	25,525,296	86,438,894
大宮店	25,600,068	26,651,628	25,096,785	16,230,999	93,579,480
柏店	19,782,635	17,089,025	23,193,225	19,926,330	79,991,215
新宿店	12,113,265	10,619,312	11,023,981	21,704,744	55,461,302
横浜店	10,403,623	28,652,029	10,106,180	26,951,468	76,113,300
名古屋店	26,538,173	14,932,215	11,152,678	25,558,191	78,181,257
大阪店	24,820,139	23,616,403	19,510,305	17,225,018	85,171,865
福岡店	11,320,418	15,700,827	17,253,595	12,412,722	56,687,562
合計	156,327,010	154,238,112	135,524,985	165,534,768	611,624,875

条件付き書式

Q 157
「条件付き書式」とは？

A 指定した条件に基づいてセルの書式を変更する機能です。

「条件付き書式」とは、指定した条件を満たしたときにセルを特定の書式に変更する機能です。セルを強調表示したり、データバーやカラースケールなどでデータを視覚化したりすることができます。同じセル範囲に、複数の条件付き書式を設定することも可能です。

店舗名	第1四半期	第2四半期	第3四半期	第4四半期	合計
仙台店	25,748,689	16,976,673	18,188,236	25,525,296	86,438,894
大宮店	25,600,068	26,651,628	25,096,785	16,230,999	93,579,480
柏店	19,782,635	17,089,025	23,193,225	19,926,330	79,991,215
新宿店	12,113,265	10,619,312	11,023,981	21,704,744	55,461,302
横浜店	10,403,623	28,652,029	10,106,180	26,951,468	76,113,300
名古屋店	26,538,173	14,932,215	11,152,678	25,558,191	78,181,257
大阪店	24,820,139	23,616,403	19,510,305	17,225,018	85,171,865

＜データバー＞を利用して、データを視覚化しています。

Q 158 条件に一致するセルの色を変更するには？

A <条件付き書式>の<セルの強調表示ルール>を利用します。

指定した値より大きい（小さい）、指定の範囲内、指定の文字列を含むなどの条件に一致するセルの書式を変更するには、<条件付き書式>の<セルの強調表示ルール>を利用します。

売上表で、目標金額を達成した数値がひと目でわかるといった使い方ができます。

下の手順では、「25000000以上の数値のセルの文字と塗りつぶしの色を緑色」に設定しています。

1 条件付き書式を設定するセル範囲をドラッグして選択し、

2 <ホーム>タブの<条件付き書式をクリックして、

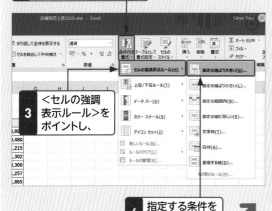

3 <セルの強調表示ルール>をポイントし、

4 指定する条件をクリックします。

5 値を入力して、

6 ✓をクリックし、

7 セルの書式を指定して、

8 <OK>をクリックすると、

9 条件に一致したセルに設定した書式が適用されます。

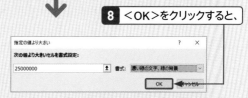

◎ Hint

オリジナルの書式を指定するには？

手順**7**の<書式>の一覧に目的の書式が表示されない場合は、<ユーザー設定の書式>をクリックし、<フォント>タブでフォントの色やスタイル、<塗りつぶし>タブでセルの塗りつぶしの色などを設定します。

◎ Memo

条件付き書式の設定

<ホーム>タブの<条件付き書式>には、<セルの強調表示ルール>のほかに、あらかじめ以下の条件が用意されています。

・<上位/下位ルール>
　上位/下位○項目、上位/下位○％、平均より上/下の条件を設定できます。

・<データバー>
　数値の大きさを色付きのデータバーで表します。

・<カラースケール>
　指定した範囲内のセルの値の大小をグラデーションで表します。

・<アイコンセット>
　指定した範囲内のセルの値の大小をアイコンで表します。

113

Q 159 土日の日付の色を変更するには？

A 条件付き書式の条件に
WEEKDAY関数を利用します。

予定表などで、土曜日・日曜日のセルの色を変更するには、条件付き書式でWEEKDAY関数を利用します。WEEKDAY関数は、日付に対応する曜日を返す関数で、「=WEEKDAY(シリアル値,種類)」の書式で表します。下の手順では、土曜日のフォントの色を青、日曜日のフォントの色を赤に設定しています。

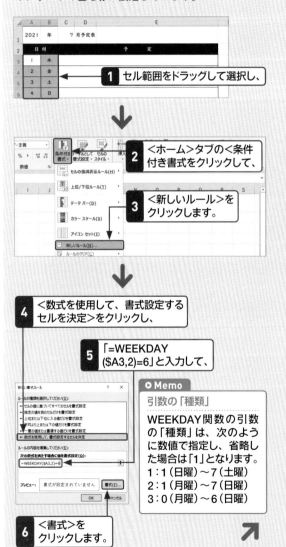

1 セル範囲をドラッグして選択し、

2 ＜ホーム＞タブの＜条件付き書式＞をクリックして、

3 ＜新しいルール＞をクリックします。

4 ＜数式を使用して、書式設定するセルを決定＞をクリックし、

5 「=WEEKDAY($A3,2)=6」と入力して、

6 ＜書式＞をクリックします。

● Memo

引数の「種類」

WEEKDAY関数の引数の「種類」は、次のように数値で指定し、省略した場合は「1」となります。
1：1（日曜）～7（土曜）
2：1（月曜）～7（土曜）
3：0（月曜）～6（日曜）

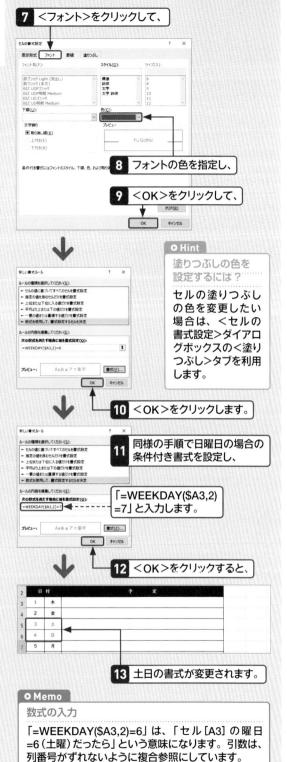

7 ＜フォント＞をクリックして、

8 フォントの色を指定し、

9 ＜OK＞をクリックして、

● Hint

塗りつぶしの色を設定するには？

セルの塗りつぶしの色を変更したい場合は、＜セルの書式設定＞ダイアログボックスの＜塗りつぶし＞タブを利用します。

10 ＜OK＞をクリックします。

11 同様の手順で日曜日の場合の条件付き書式を設定し、

「=WEEKDAY($A3,2)=7」と入力します。

12 ＜OK＞をクリックすると、

13 土日の書式が変更されます。

● Memo

数式の入力

「=WEEKDAY($A3,2)=6」は、「セル[A3]の曜日=6（土曜）だったら」という意味になります。引数は、列番号がずれないように複合参照にしています。

Q 160　1行おきにセルの色を設定するには？

A 条件付き書式の条件に、MOD関数とROW関数を利用します。

横に長い表の場合は、1行おきにセルを塗りつぶすと、見やすくなります。この場合は、条件付き書式でMOD関数とROW関数を利用します。

MOD関数は、商の余りを求める関数で、「=MOD(数値, 除数)」の書式で表します。また、ROW関数は、セル参照の行番号を返す関数で、「=ROW(範囲)」の書式で表します。

下の手順では、行番号が偶数の行のセルに塗りつぶしの色を設定しています。

1 セル範囲をドラッグして選択し、

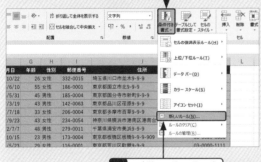

2 <ホーム>タブの<条件付き書式>をクリックして、

3 <新しいルール>をクリックします。

4 <数式を使用して、書式設定するセルを決定>をクリックし、

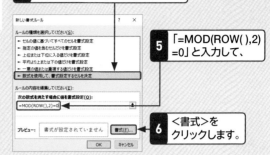

5 「=MOD(ROW( ),2)=0」と入力して、

6 <書式>をクリックします。

7 <塗りつぶし>をクリックして、

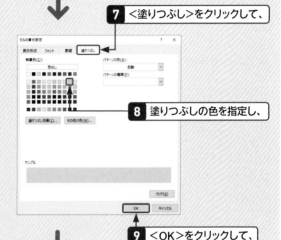

8 塗りつぶしの色を指定し、

9 <OK>をクリックして、

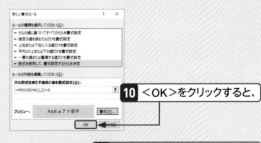

10 <OK>をクリックすると、

11 行番号が偶数の行に塗りつぶしの色が設定されます。

> **● Memo**
>
> **数式の入力**
>
> 手順**5**の「=MOD(ROW( ),2)=0」は、「行番号を2で割って、余りが0の場合」という意味になります。行番号が奇数の行に色を設定する場合は、「=MOD(ROW( ),2)=1」と入力します。

Q 161 表のデータを追加すると自動的に罫線が引かれるようにするには？

A ＜指定の値を含むセルだけ書式設定＞を利用します。

表のデータが入力されている部分だけ、自動的に罫線が設定されるようにするには、条件付き書式設定の＜指定の値を含むセルだけ書式設定＞を利用します。対象のセルに＜空白なし＞を指定し、書式に罫線を設定します。

1 セル範囲をドラッグして選択し、

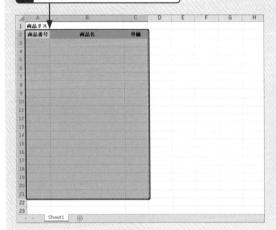

2 ＜ホーム＞タブの＜条件付き書式をクリックして、

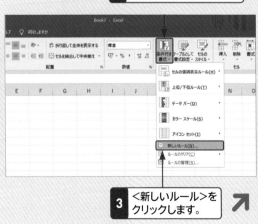

3 ＜新しいルール＞をクリックします。

4 ＜指定の値を含むセルだけを書式設定＞をクリックし、

5 ＜空白なし＞を選択して、

6 ＜書式＞をクリックします。

7 ＜罫線＞をクリックして、

8 ＜外枠＞をクリックし、

9 ＜OK＞をクリックして、

10 ＜OK＞をクリックします。

11 データを入力すると、罫線が自動的に引かれます。

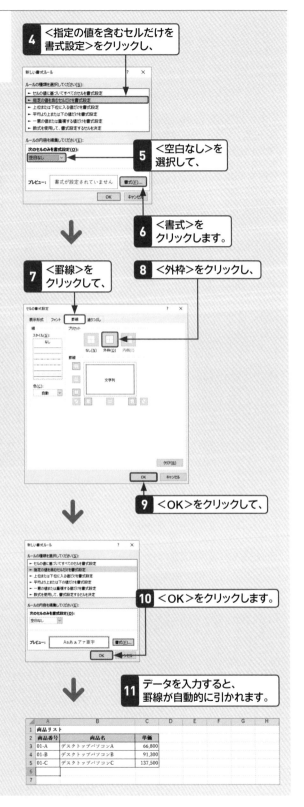

Q 162 条件付き書式の条件や書式を変更するには？

A <条件付き書式ルールの管理>ダイアログボックスを利用します。

条件付き書式の条件や書式を変更する場合は、条件付き書式を設定したセル範囲を選択し、<ホーム>タブの<条件付き書式>をクリックして、<ルールの管理>をクリックします。<条件付き書式ルールの管理>ダイアログボックスが表示されるので、変更するルールを選択して、<ルールの編集>をクリックし、<書式ルールの編集>ダイアログボックスで条件や書式を編集します。

1 条件付き書式を設定したセル範囲を選択して、

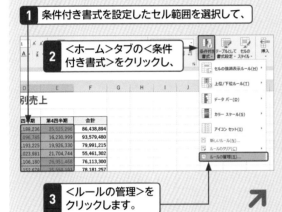

2 <ホーム>タブの<条件付き書式>をクリックし、

3 <ルールの管理>をクリックします。

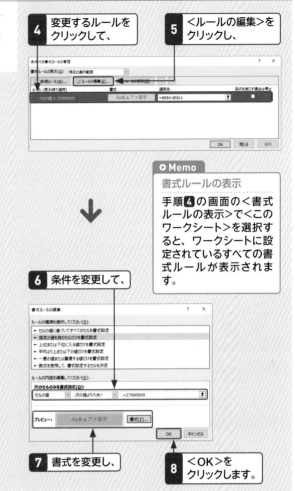

4 変更するルールをクリックして、

5 <ルールの編集>をクリックし、

6 条件を変更して、

7 書式を変更し、

8 <OK>をクリックします。

◉ Memo

書式ルールの表示

手順**4**の画面の<書式ルールの表示>で<このワークシート>を選択すると、ワークシートに設定されているすべての書式ルールが表示されます。

Q 163 複数の条件付き書式の優先順位を変更するには？

A <条件付き書式ルールの管理>ダイアログボックスを利用します。

条件付き書式を複数適用した場合は、新しく作成したルールが優先して適用されます。優先順位を変更するには、条件付き書式が設定されているセル範囲を選択し、<ホーム>タブの<条件付き書式>をクリックして、<ルールの管理>をクリックします。<条件付き書式ルールの管理>ダイアログボックスで優先順位の高いルールが上に表示されているので、目的のルールを選択し、<上へ移動>または<下へ移動>をクリックします。

1 <条件付き書式ルールの管理>ダイアログボックスを表示して、

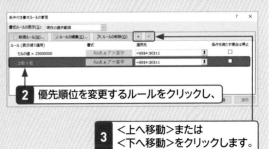

2 優先順位を変更するルールをクリックし、

3 <上へ移動>または<下へ移動>をクリックします。

Q 164 条件付き書式を削除するには？

A **<条件付き書式ルールの管理>ダイアログボックスで削除します。**

設定した条件付き書式を削除するには、条件付き書式が設定されているセル範囲を選択し、<ホーム>タブの<条件付き書式>をクリックして、<ルールの管理>をクリックします。<条件付き書式ルールの管理>ダイアログボックスで削除するルールを選択し、<ルールの削除>をクリックします。
また、選択範囲やテーブル、ワークシートに設定されているすべての条件付き書式をまとめて削除する場合は、<ホーム>タブの<条件付き書式>の<ルールのクリア>を利用します。

● ルールを指定して削除する場合

1 <条件付き書式ルールの管理>ダイアログボックスを表示して、

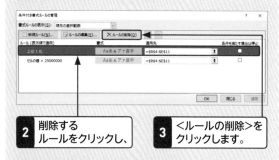

2 削除するルールをクリックし、

3 <ルールの削除>をクリックします。

● すべてのルールを削除する場合

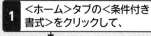

1 <ホーム>タブの<条件付き書式>をクリックして、

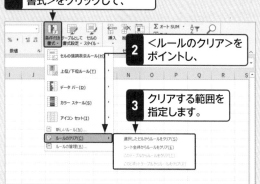

2 <ルールのクリア>をポイントし、

3 クリアする範囲を指定します。

Q 165 文書のテーマを変更するには？

A **<ページレイアウト>タブの<テーマ>から変更します。**

「テーマ」とは、フォントやセルなどの配色、見出しと本文のフォント、グラフや図形などの効果を組み合わせたものです。テーマを利用すると、文書全体のデザインをかんたんに変更できます。既定では<Office>が適用されており、設定できるテーマの種類は、Excelのバージョンによって異なります。なお、テーマを変更すると、レイアウトが崩れる場合があるので、文書を作成する前に設定することをおすすめします。

1 <ページレイアウト>タブをクリックして、

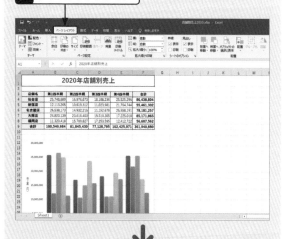

2 <テーマ>をクリックし、

3 目的のテーマをクリックすると、

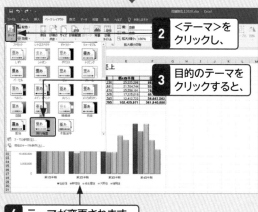

4 テーマが変更されます。

Q 166 フォントパターンを変更するには？

A <ページレイアウト>タブの<フォント>から変更します。

「テーマ」を構成する配色、フォント、効果は、それぞれ個別に変更することができます。フォントパターンを変更するには、<ページレイアウト>タブの<フォント>を利用します。フォントパターンを変更すると、レイアウトが崩れる場合があるので、注意が必要です。なお、表示されるフォントパターンの種類は、Excelのバージョンによって異なります。

1 <ページレイアウト>タブをクリックして、

2 <フォント>をクリックし、

3 目的のフォントパターンをクリックすると、

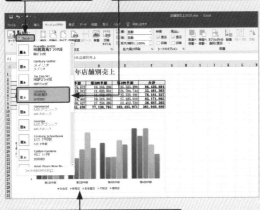

4 フォントパターンが変更されます。

Q 167 オリジナルのフォントパターンを作成するには？

A <フォントのカスタマイズ>を利用します。

テーマのフォントパターンは、英数字用の見出し・本文、日本語用の見出し・本文の4種類のフォントの組み合わせで構成されています。オリジナルのフォントパターンを作成するには、<ページレイアウト>タブの<フォント>をクリックして、<フォントのカスタマイズ>をクリックします。<新しいテーマのフォントパターンの作成>ダイアログボックスが表示されるので、フォントの種類を指定します。

1 <ページレイアウト>タブをクリックして、

2 <フォント>をクリックし、

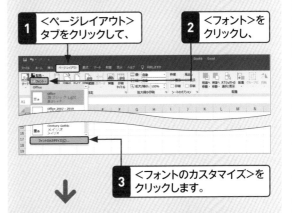

3 <フォントのカスタマイズ>をクリックします。

4 フォントを設定して、

5 名前を入力し、

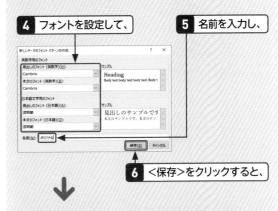

6 <保存>をクリックすると、

7 <フォント>の<ユーザー定義>に追加されます。

序

印刷や文書とは？

1 文書作成の基本

2 文書の入力

3 文書の編集

4 文字やセルの書式

5 罫線と表作成

6 数式の入力と編集

7 関数の利用

8 図形や画像の操作

9 グラフの作成

10 ファイル保存と共有

11 文書の印刷

✎ 文書全体の設定　　　　　　　　　　店舗別売上.xlsx

Q 168 配色パターンを変更するには？

A <ページレイアウト>タブの<配色>から変更します。

「テーマ」を構成する配色、フォント、効果は、それぞれ個別に変更することができます。配色パターンを変更するには、<ページレイアウト>タブの<配色>を利用します。

1 <ページレイアウト>タブをクリックして、

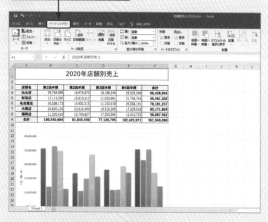

2 <配色>をクリックし、

3 目的の配色パターンをクリックすると、

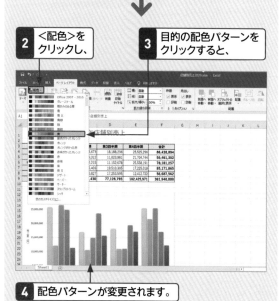

4 配色パターンが変更されます。

✎ 文書全体の設定

Q 169 オリジナルの配色パターンを作成するには？

A <色のカスタマイズ>を利用します。

文書の配色をコーポレートカラーにしたいなどの場合には、オリジナルの配色パターンを作成します。<ページレイアウト>タブの<配色>をクリックして、<色のカスタマイズ>をクリックすると、<テーマの新しい配色パターンを作成>ダイアログボックスが表示されるので、各項目の色を指定します。

1 <ページレイアウト>タブをクリックして、

2 <配色>をクリックし、

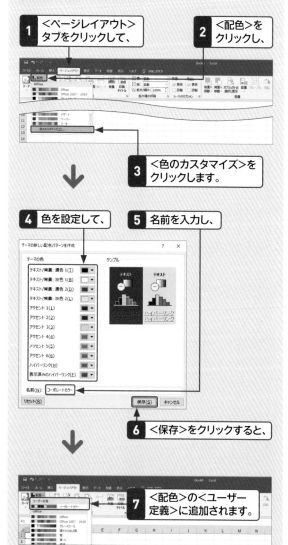

3 <色のカスタマイズ>をクリックします。

4 色を設定して、

5 名前を入力し、

6 <保存>をクリックすると、

7 <配色>の<ユーザー定義>に追加されます。

Q 170 オリジナルのテーマを保存するには？

A <現在のテーマを保存>を利用します。

テーマの配色パターンやフォントパターンを変更したものは、新しくオリジナルのテーマとして保存し、繰り返し使用することができます。<ページレイアウト>タブの<テーマ>をクリックし、<現在のテーマを保存>をクリックすると、<現在のテーマを保存>ダイアログボックスが表示されます。ファイルの保存場所と<ファイルの種類>は変更せずに、名前を付けて保存します。

4 名前を入力し、

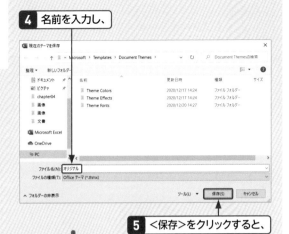

5 <保存>をクリックすると、

1 <ページレイアウト>タブをクリックして、

2 <テーマ>をクリックし、

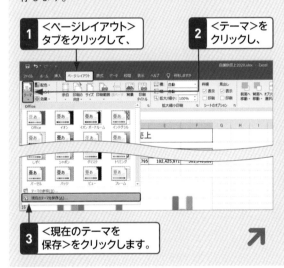

3 <現在のテーマを保存>をクリックします。

6 <テーマ>の<ユーザー定義>に追加されます。

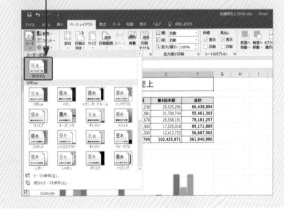

Q 171 オリジナルのテーマを削除するには？

A テーマを右クリックして、<削除>をクリックします。

保存したオリジナルのテーマを削除するには、<ページレイアウト>タブの<テーマ>をクリックし、目的のテーマを右クリックして、ショートカットメニューの<削除>をクリックします。確認のメッセージが表示されるので、<はい>をクリックします。

1 <ページレイアウト>タブをクリックして、

2 <テーマ>をクリックし、

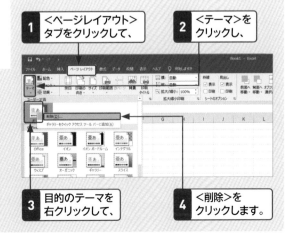

3 目的のテーマを右クリックして、

4 <削除>をクリックします。

Q 172 ワークシートの背景に画像を設定するには？

A ＜ページレイアウト＞タブの＜背景＞を利用します。

ワークシートの背景には、画像を設定することができます。＜ページレイアウト＞タブの＜背景＞をクリックすると、＜画像の挿入＞が表示されるので、画像を指定します。下の手順では、パソコンに保存されている画像ファイルを背景に設定しています。

参照▶ Q 322

1 ＜ページレイアウト＞タブをクリックして、

2 ＜背景＞をクリックし、

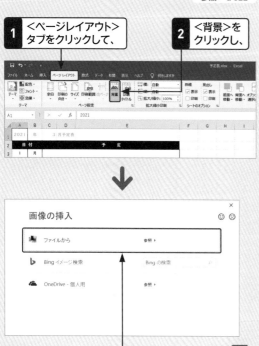

3 ＜ファイルから＞をクリックします。

4 画像の保存場所を指定して、

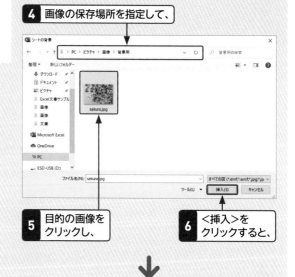

5 目的の画像をクリックし、

6 ＜挿入＞をクリックすると、

7 背景に画像が表示されます。

🔵 Hint

背景が印刷できない？

この方法でワークシートの背景に画像を設定しても、画像は印刷されません。印刷したい場合は、ヘッダー／フッターを利用します（Q.174参照）。

Q 173 「社外秘」「コピー厳禁」などの透かしを入れて印刷するには？

A 画像にして用意し、ヘッダー／フッターとして挿入します。

Excelには、Wordのように「社外秘」「至急」のような透かしを入れて印刷する機能はありません。ページの背景にそのような文字を入れて印刷したい場合は、まず、文字を入力した画像ファイルを作成します。そのあと、Excelのヘッダー／フッター機能を利用して、その画像を挿入します。透かしの文字が濃くて本文が見づらくなる場合は、画像を明るく調整します。

参照▶ Q174

Q 174 ページの背景の画像を印刷するには？

A ヘッダー/フッターで画像を挿入します。

ページの背景に画像を挿入して印刷したい場合は、ヘッダー / フッターに画像を挿入します。まず、ヘッダー / フッターの画像が表示されるように、画面右下の<ページレイアウト>または<表示>タブの<ページレイアウト>をクリックして、ページレイアウトビューに切り替えます。そのあと、<挿入>タブの<ヘッダーとフッター>をクリックして、ヘッダー / フッターが編集できるようにし、画像を挿入します。ここでは、透かし用に「社外秘」と書かれた画像を挿入し、明るさを調整しています。 **参照 ▶ Q322**

1 ページレイアウトビューに切り替えて、

2 <挿入>タブの<ヘッダーとフッター>をクリックし、

3 <ヘッダー/フッターツール>の<デザイン>タブをクリックして、

4 <図>をクリックし、

5 <ファイルから>をクリックします。

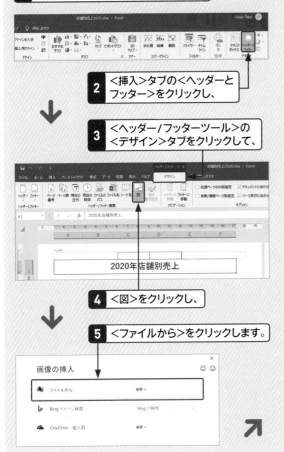

6 画像の保存場所を指定して、

7 目的の画像をクリックし、

8 <挿入>をクリックすると、

9 画像が挿入されます。

10 「&[図]」を選択して、

11 <図の書式設定>をクリックし、

12 <図>をクリックして、

13 <明るさ>を変更し、

14 <OK>をクリックすると、

15 画像の明るさが調整されます。

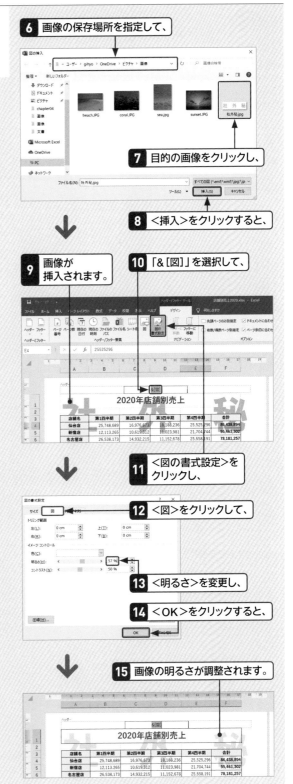

Excel／文書とは？　序

文書作成の基本　1

文章の入力　2

文書の編集　3

文字やセルの書式　4

罫線と表作成　5

数式の入力と編集　6

関数の利用　7

図形や画像の操作　8

グラフの作成　9

ファイルの保存と共有　10

文書の印刷　11

Q 175 伝言メモなどの切り離して使う書類を作るには？

A 1つのパーツを完成させてからセルをコピーします。

伝言メモなどのように、同じものを複数並べて印刷し、切り離して使う書類を作成する場合は、1つの伝言メモを作成して書式を設定したら、セルをコピーして貼り付けます。貼り付ける際、既定では行の高さは保持されますが、列の幅は保持されないので、貼り付けオプションを利用します。
下の手順では、A4用紙に上下2つずつ、4枚分の伝言メモを配置しています。

1 コピーするセル範囲をドラッグして選択し、

2 <ホーム>タブをクリックして、

3 <コピー>をクリックし、

4 貼り付け先のセルをクリックして選択し、

5 <貼り付け>の下部をクリックして、

6 <元の列幅を保持>をクリックすると、

7 コピーしたセル範囲が貼り付けられます。

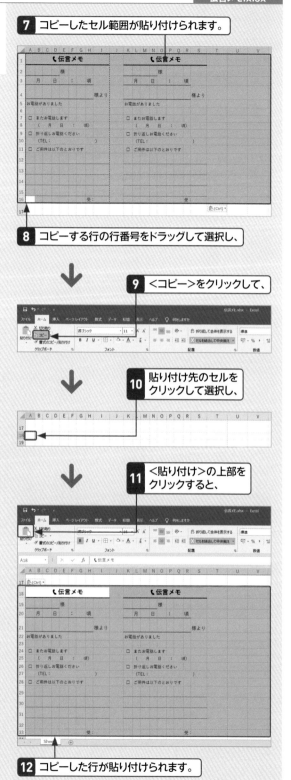

8 コピーする行の行番号をドラッグして選択し、

9 <コピー>をクリックして、

10 貼り付け先のセルをクリックして選択し、

11 <貼り付け>の上部をクリックすると、

12 コピーした行が貼り付けられます。

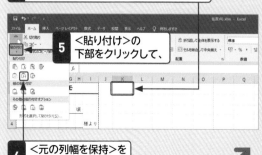

Q 176 罫線を引くには？

A <罫線>または<セルの書式設定>ダイアログボックスを利用します。

表や申請書、見積書などでセルの枠線に罫線を引くには、<ホーム>タブの<罫線>または<セルの書式設定>ダイアログボックスの<罫線>タブを使用します。<セルの書式設定>ダイアログボックスを表示するには、<ホーム>タブの<フォント>や<配置>グループなどのダイアログボックス起動ツール □ をクリックするか、Ctrl を押しながら 1 を押します。

● <ホーム>タブの利用

1 罫線を引くセル範囲をドラッグして選択し、

2 <ホーム>タブをクリックして、

3 <罫線>の・をクリックし、

4 罫線を引く場所を指定すると、

5 罫線が引かれます。

	A	B	C	D	E	F	G	H
1	2020年店舗別売上							
2								
3	店舗名	第1四半期	第2四半期	第3四半期	第4四半期	合計		
4	仙台店	25,748,689	16,976,673	18,188,236	25,525,296	86,438,894		
5	大宮店	25,600,068	26,651,628	25,096,785	16,230,999	93,579,480		
6	柏店	19,782,635	17,089,025	23,193,225	19,926,330	79,991,215		
7	新宿店	12,113,265	10,619,312	11,023,981	21,704,744	55,461,302		
8	横浜店	10,403,623	28,652,029	10,106,180	26,951,468	76,113,300		
9	名古屋店	26,538,173	14,932,215	11,152,678	25,558,191	78,181,257		
10	大阪店	24,820,139	23,616,403	19,510,305	17,225,018	85,171,865		
11	福岡店	11,320,418	15,700,827	17,253,595	12,412,722	56,687,562		
12	合計	156,327,010	154,238,112	135,524,985	165,534,768	611,624,875		
13								

● <セルの書式設定>ダイアログボックスの利用

1 罫線を引くセル範囲をドラッグして選択し、

2 <ホーム>タブをクリックして、

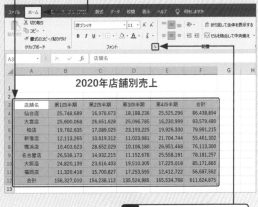

3 <フォント>グループの □ をクリックします。

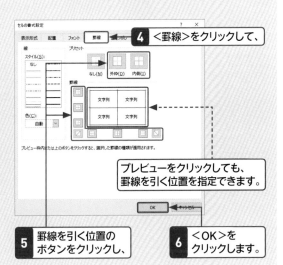

4 <罫線>をクリックして、

プレビューをクリックしても、罫線を引く位置を指定できます。

5 罫線を引く位置のボタンをクリックし、

6 <OK>をクリックします。

Q 177 罫線の種類を設定するには？

A ＜線のスタイル＞で罫線の種類を指定します。

既定では、罫線は細い実線で引かれます。破線や二重線、太い線など、ほかの種類の罫線を引くには、＜ホーム＞タブの＜罫線＞の＜線のスタイル＞、または＜セルの書式設定＞ダイアログボックスの＜罫線＞タブの＜スタイル＞で、罫線の種類を指定してから、罫線を引きます。

● ＜ホーム＞タブの利用

1 ＜ホーム＞タブをクリックして、
2 ＜罫線＞の□をクリックし、

3 ＜線のスタイル＞をポイントして、
4 罫線の種類を指定します。

● ＜セルの書式設定＞ダイアログボックスの利用

＜スタイル＞から罫線の種類を指定します。

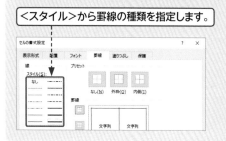

Q 178 罫線の種類をあとから変更するには？

A 罫線の種類を指定してから、再度罫線を引きます。

引いた罫線の種類をあとから変更するには、罫線の種類を指定し、変更する箇所の罫線を再度引きます。
＜ホーム＞タブの＜罫線＞の＜線のスタイル＞で罫線の種類を指定すると、マウスポインターが✎に変わるので、変更する罫線をドラッグします。Esc を押すと、マウスポインターが元に戻ります。また、罫線の種類を変更するセル範囲を選択して、罫線の種類を指定し、＜格子＞などの罫線を引く箇所を指定しても、罫線の種類を変更できます。
＜セルの書式設定＞ダイアログボックスを利用する場合は、目的のセル範囲を選択して、＜セルの書式設定＞ダイアログボックスの＜罫線＞タブの＜スタイル＞で罫線の種類を指定し、右側のボタンやプレビューで、変更する箇所をクリックします。

● ＜ホーム＞タブの利用

罫線の種類を指定し、変更する箇所をドラッグします。

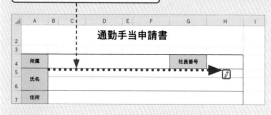

● ＜セルの書式設定＞ダイアログボックスの利用

1 罫線の種類を指定し、

2 変更する箇所をクリックします。

序　Excel文書とは？　1 文書作成の基本　文書の入力　2 文書の入力　3 文書の編集　4 文字やセルの書式　5 罫線と表作成　数式の入力と編集　6 数式の入力と編集　7 関数の利用　8 図形や画像の操作　9 グラフの作成　10 ファイルの保存と共有　11 文書の印刷

Q 179 罫線の色を設定するには？

A ＜線の色＞で罫線の色を指定します。

既定では、罫線の色は＜自動＞に設定されています。罫線をほかの色に設定するには、＜ホーム＞タブの＜罫線＞の＜線の色＞、または＜セルの書式設定＞ダイアログボックスの＜罫線＞タブの＜色＞で、罫線の色を指定してから、罫線を引きます。

● ＜ホーム＞タブの利用

1 ＜ホーム＞タブをクリックして、

2 ＜罫線＞の・をクリックし、

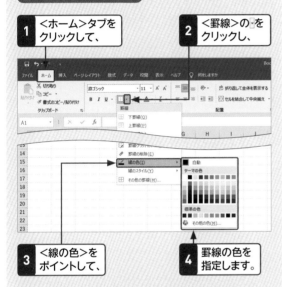

3 ＜線の色＞をポイントして、

4 罫線の色を指定します。

● ＜セルの書式設定＞ダイアログボックスの利用

1 ＜色＞の・をクリックして、

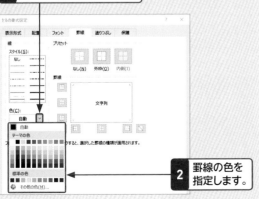

2 罫線の色を指定します。

Q 180 斜めの罫線を引くには？

A ＜罫線の作成＞または＜セルの書式設定＞ダイアログボックスを利用します。

セルに斜めの罫線を引くには、＜ホーム＞タブの＜罫線＞の＜罫線の作成＞をクリックします。マウスポインターが♪に変わるので、セルを斜めにドラッグします。Esc を押すと、マウスポインターが元に戻ります。また、＜セルの書式設定＞ダイアログボックスを利用する場合は、＜罫線＞タブで斜め罫線のボタンをクリックします。

● ＜ホーム＞タブの利用

1 ＜ホーム＞タブをクリックして、

2 ＜罫線＞の・をクリックし、

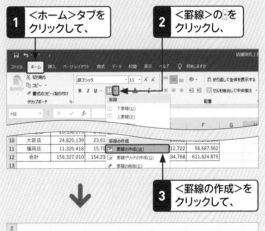

3 ＜罫線の作成＞をクリックして、

4 セルを斜めにドラッグします。

● ＜セルの書式設定＞ダイアログボックスの利用

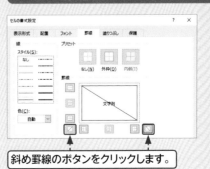

斜め罫線のボタンをクリックします。

序 Excel文書とは？
1 文書作成の基本
2 文書の入力
3 文書の編集
4 文字やセルの書式
5 罫線と表作成
6 数式の入力と編集
7 関数の利用
8 図形や画像の操作
9 グラフの作成
10 ファイルの保存と共有
11 文書の印刷

✏️ 罫線

Q 181 罫線を削除するには？

A ＜枠なし＞や＜罫線の削除＞を利用します。

選択範囲内のすべての罫線を削除するには、＜ホーム＞タブの＜罫線＞の＜枠なし＞を利用します。

一部の罫線を削除するには、＜ホーム＞タブの＜罫線＞の＜罫線の削除＞をクリックします。マウスポイ

ンターが✐に変わるので、罫線をドラッグします。Esc を押すと、マウスポインターが元に戻ります。

また、＜セルの書式設定＞ダイアログボックスを利用する場合は、＜罫線＞タブの右側で削除する箇所をクリックします。

● ＜ホーム＞タブの利用

1 ＜ホーム＞タブをクリックして、

2 ＜罫線＞の▾をクリックし、

3 ＜罫線の削除＞をクリックして、

4 削除する罫線をドラッグします。

● ＜セルの書式設定＞ダイアログボックスの利用

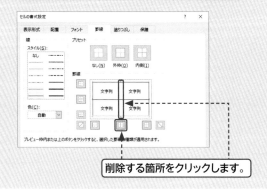

削除する箇所をクリックします。

✏️ 罫線

Q 182 切り取り線を作成するには？

A 罫線とセルの結合、罫線とテキストボックスを組み合わせます。

申込書などで切り取り線を作成したい場合は、線は罫線を利用します。

「切り取り」などの文字は、用紙の中央部分の上下のセルを結合して文字を入力するか、テキストボックスを作成して罫線の上に配置します。また、ハサミの記号を挿入することもできます。

参照 ▶ Q046, Q312

テキストボックスに文字と記号を入力し、枠線を＜枠線なし＞に設定して、罫線の中央に配置しています。

● セルの結合の利用

文字の両側に破線の罫線を引いています。

用紙の中央部分の上下のセルを結合して、文字を入力し、文字をセルの上下左右中央に配置しています。

● テキストボックスの利用

用紙の幅いっぱいに破線の罫線を引いています。

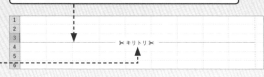

Q 183 作成した表を「テーブル」に変換するには？

A ＜挿入＞タブの ＜テーブル＞を利用します。

「テーブル」は、データの整理と分析が行える機能です。表をテーブルに変換すると、先頭行にフィルターを利用するためのボタンが表示され、データの並べ替えやフィルター機能をかんたんに利用できます。また、スタイルの適用など、テーブルとしての書式設定を行うこともできます。

表をテーブルに変換するには、テーブルに変換するセル範囲を選択するか、表内の任意のセルをクリックして、＜挿入＞タブの＜テーブル＞をクリックします。任意のセルを選択している場合は、自動的にテーブルに変換するデータ範囲が指定されますが、正しく指定されていない場合は、セル範囲をドラッグして選択するか、セル番地でデータ範囲を指定します。

1 テーブルに変換する セル範囲をドラッグして選択し、

	A	B	C	D	E	F
1			2020年店舗別売上			
2						
3	店舗名	第1四半期	第2四半期	第3四半期	第4四半期	合計
4	仙台店	25,748,689	16,976,673	18,188,236	25,525,296	86,438,894
5	大宮店	25,600,068	26,651,628	25,096,785	16,230,999	93,579,480
6	柏店	19,782,635	17,089,025	23,193,225	19,926,330	79,991,215
7	新宿店	12,113,265	10,619,312	11,023,981	21,704,744	55,461,302
8	横浜店	10,403,623	28,652,029	10,106,180	26,951,468	76,113,300
9	名古屋店	26,538,173	14,932,215	11,152,678	25,558,191	78,181,257
10	大阪店	24,820,139	23,616,403	19,510,305	17,225,018	85,171,865
11	福岡店	11,320,418	15,700,827	17,253,595	12,412,722	56,687,562
12	合計	156,327,010	154,238,112	135,524,985	165,534,768	611,624,875
13						
14						

2 ＜挿入＞タブをクリックして、

3 ＜テーブル＞をクリックします。

4 指定されているデータ範囲を確認し、

5 必要に応じて＜先頭行をテーブルの見出しとして使用する＞をオンにし、

テーブルの作成 ? ×

テーブルに変換するデータ範囲を指定してください(W)
=$A$3:$F$12

☑ 先頭行をテーブルの見出しとして使用する(M)

OK キャンセル

6 ＜OK＞をクリックすると、

7 テーブルが作成されます。

先頭行にフィルターボタンが表示されます。

	A	B	C	D	E	F
1			2020年店舗別売上			
2						
3	店舗名 ▼	第1四半期 ▼	第2四半期 ▼	第3四半期 ▼	第4四半期 ▼	合計 ▼
4	仙台店	25,748,689	16,976,673	18,188,236	25,525,296	86,438,894
5	大宮店	25,600,068	26,651,628	25,096,785	16,230,999	93,579,480
6	柏店	19,782,635	17,089,025	23,193,225	19,926,330	79,991,215
7	新宿店	12,113,265	10,619,312	11,023,981	21,704,744	55,461,302
8	横浜店	10,403,623	28,652,029	10,106,180	26,951,468	76,113,300
9	名古屋店	26,538,173	14,932,215	11,152,678	25,558,191	78,181,257
10	大阪店	24,820,139	23,616,403	19,510,305	17,225,018	85,171,865
11	福岡店	11,320,418	15,700,827	17,253,595	12,412,722	56,687,562
12	合計	156,327,010	154,238,112	135,524,985	165,534,768	611,624,875
13						
14						

1行おきにセルが塗りつぶされます。

● Memo

テーブルの範囲

テーブルとして設定されている範囲の右下には、◢ が表示されます。それをドラッグすると、テーブルの範囲を変更できます。
なお、テーブルにデータを追加すると、自動的にテーブルの範囲が拡張されます。

● Hint

テーブルを解除するには？

テーブルを通常のデータ範囲に戻すには、テーブル内の任意のセルをクリックし、＜テーブルツール＞の＜デザイン＞タブの＜範囲に変換＞をクリックします。確認のメッセージが表示されるので、＜はい＞をクリックします。

Q 184 表にスタイルを設定するには？

A テーブルに変換してから
スタイルを設定します。

罫線の色やセルの塗りつぶしなどの書式があらかじめ設定された「スタイル」を表に設定するには、まず、表を「テーブル」に変換します。そのあと、テーブル内のセルをクリックして、＜テーブルツール＞の＜デザイン＞タブの＜テーブルスタイル＞から目的のスタイルをクリックします。

1 テーブル内のセルをクリックして選択し、

2 ＜テーブルツール＞の
＜デザイン＞タブをクリックして、

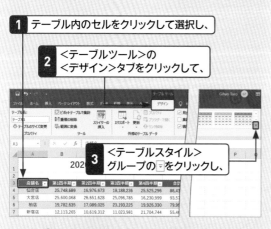

3 ＜テーブルスタイル＞
グループの ▾ をクリックし、

4 目的のスタイルをクリックすると、

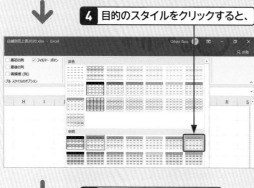

5 スタイルが適用されます。

Q 185 表の先頭列や最終列を強調するには？

A ＜テーブルスタイルの
オプション＞を利用します。

表の先頭列や最終列を強調して目立たせたい場合は、セルの塗りつぶしの色や文字の書式を変更します。
また、テーブルに変換して、＜テーブルツール＞の＜デザイン＞タブの＜テーブルスタイルのオプション＞グループで＜最初の列＞や＜最後の列＞をオンにすると、かんたんに書式を適用することができます。

参照 ▶ Q154

1 テーブルに変換して、

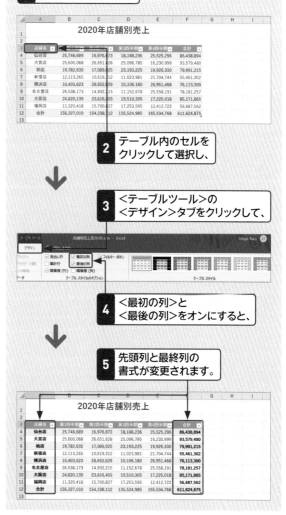

2 テーブル内のセルを
クリックして選択し、

3 ＜テーブルツール＞の
＜デザイン＞タブをクリックして、

4 ＜最初の列＞と
＜最後の列＞をオンにすると、

5 先頭列と最終列の
書式が変更されます。

Q 186 表に背景色を設定するには?

A セルの塗りつぶしの色を設定します。

表のセルに色を設定する場合は、セルの塗りつぶしの色を設定します。

目的のセル範囲を選択し、<ホーム>タブの<塗りつぶしの色>の▼をクリックして、目的の色をクリックします。

参照▶Q154

店舗別売上.xlsx

Q 187 表の背景色を1行おきにするには?

A テーブルスタイルや条件付き書式、セルの塗りつぶしで設定できます。

表を1行おきに塗りつぶすには、次の3とおりの方法があります。

テーブルスタイルを利用する場合は、テーブルに変換し、1行おきに塗りつぶしが設定されているテーブルスタイルを適用します。

条件付き書式を利用する場合は、セル範囲の奇数行または偶数行のセルに塗りつぶしを設定します。

セルの塗りつぶしを利用する場合は、下の手順のように2行分のセルの書式を設定し、2行分まとめて書式のみコピーします。

参照▶Q154, Q160, Q184

1 2行分のセルの書式を設定し、

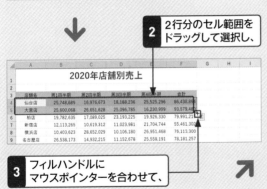

2 2行分のセル範囲をドラッグして選択し、

3 フィルハンドルにマウスポインターを合わせて、

4 書式をコピーする行までドラッグし、

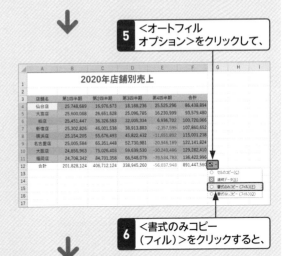

5 <オートフィルオプション>をクリックして、

6 <書式のみコピー(フィル)>をクリックすると、

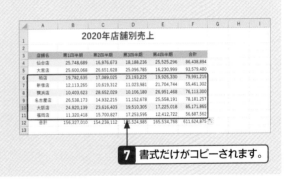

7 書式だけがコピーされます。

/ 表

Q 188 オリジナルの表の書式を登録するには？

A 新しいテーブルスタイルを作成します。

オリジナルの表の書式を登録するには、新しいテーブルスタイルとして登録します。＜ホーム＞タブの＜テーブルとして書式設定＞をクリックし、＜新しいテーブルスタイル＞をクリックします。

＜新しいテーブルスタイル＞ダイアログボックスが表示されるので、＜テーブル全体＞や＜最初の列のストライプ＞、＜最後の列＞などのテーブル要素ごとに、書式を設定します。

作成したテーブルスタイルは、テーブルスタイルの一覧に表示されます。

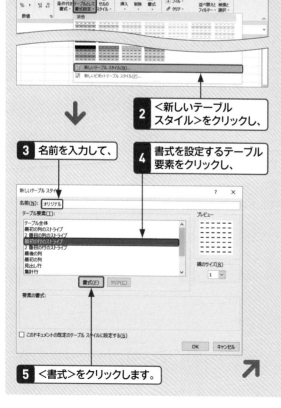

1 ＜ホーム＞タブの＜テーブルとして書式設定＞をクリックして、

2 ＜新しいテーブルスタイル＞をクリックし、

3 名前を入力して、

4 書式を設定するテーブル要素をクリックし、

5 ＜書式＞をクリックします。

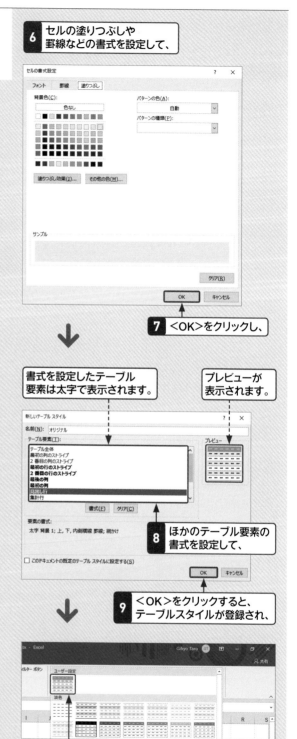

6 セルの塗りつぶしや罫線などの書式を設定して、

7 ＜OK＞をクリックし、

書式を設定したテーブル要素は太字で表示されます。

プレビューが表示されます。

8 ほかのテーブル要素の書式を設定して、

9 ＜OK＞をクリックすると、テーブルスタイルが登録され、

10 テーブルスタイルの一覧に表示されます。

Q 189 数式とは？

A 数値を計算するための式のことです。

「数式」とは、数値を計算するための式のことです。数式は、計算結果を表示するセルに、「＝（イコール）」を入力し、続けて数値と「＋、－、＊、／」などの算術演算子を使って入力します。数値のかわりにセル番地を指定することもできます。「＝」や数値、算術演算子などはすべて半角で入力する必要があります。

参照 ▶ Q190

● 数式の例

数式バーからも入力できます。　　　　=G19*H19

ROUNDUP				✕	✓	fx	=G19*H19		
A	B	C	D	E	F	G	H	I
17								
18 商品番号			商品名			数量	単価	金額
19 01-C		デスクトップパソコンC				3	137,500	=G19*H19
20 02-B		ノートパソコンB				6	121,900	731,400
21 03-A		タブレットA				5	27,600	138,000
22 03-C		タブレットC				5	78,270	391,350

セル番地と算術演算子を使用しています。

● 算術演算子の種類

演算子	意味	演算子	意味
＋	足し算	／	割り算
－	引き算	％	パーセンテージ
＊	掛け算	＾	べき乗

Q 190 セル番地とは？

A 列番号と行番号で表すセルの位置のことです。

「セル番地」とは、列番号と行番号で表すセルの位置のことです。たとえば、セル[A1]は、列[A]と行[1]の交差するセルを指します。セル番地は、セルをクリックすると、名前ボックスに表示されます。

Q 191 セル参照とは？

A 数式で数値のかわりにセル番地を指定することです。

「セル参照」とは、数式で数値のかわりにセル番地を指定することです。セル参照を利用すると、そのセルに入力されている値を使って計算されます。

セル参照には、「相対参照」、「絶対参照」、「複合参照」の3種類の参照方式があります。

参照 ▶ Q197

● 参照方式の違い

参照方式	意味
相対参照	数式が入力されているセルと参照されるセルの相対的な位置関係で指定する参照方式です。数式を含むセルの位置を変更すると、参照も変更されます。また、数式をコピーした場合は、参照も自動的に調整されます。既定では、新しく作成した数式には相対参照が使用されます。
絶対参照	参照するセル番地を固定する参照方式です。数式を含むセルの位置を変更したり、数式をコピーしたりしても、参照するセル番地は変わりません。
複合参照	相対参照と絶対参照を組み合わせた参照方式です。絶対列参照と相対行参照、絶対行参照と相対列参照の2種類があります。数式を含むセルの位置を変更したり、数式をコピーしたりした場合は、相対参照は変更されますが、絶対参照はそのままです。

Q 192 数式を修正するには？

A セルをダブルクリックするか、数式バーで修正します。

数式を修正するには、数式が入力されているセルをダブルクリックすると、セルに数式が表示されるので、セル内で修正します。

また、数式が入力されているセルをクリックして選択すると、数式バーに数式が表示されるので、数式バーで修正することもできます。

序
Excel文書とは？
1 文書作成の基本 文書の入力
2 文書の編集
3 文字やセルの書式
4 罫線と表作成
5 数式の入力と編集
6 関数の利用
7 図形や画像の操作
8 グラフの作成
9 ファイルの保存と共有
10 文書の印刷
11

数式の入力

Q 193 数式を入力したら、自動的に「,」や「¥」が付く場合は?

A 参照しているセルに書式が設定されているためです。

数値に桁区切りの「,(カンマ)」や通貨記号などの書式を設定されているセルを、数式で使用すると、数式の計算結果にも自動的に書式が適用されます。

数式の入力　　　　　見積書.xlsx

Q 194 数式をコピーすると参照先が変わる場合は?

A 相対的な位置関係で指定する「相対参照」が使用されています。

新しく作成した数式には、既定で相対参照が使用されています。相対参照は、数式が入力されているセルと参照されるセルの相対的な位置関係で指定するため、数式をコピーすると、その位置関係が保持されるように、参照先が自動的に変わります。　　参照▶Q197

`=G19*H19`

1 数式を入力したセルを選択し、

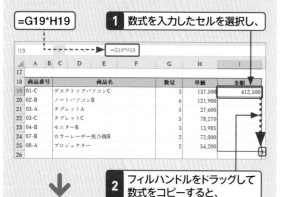

2 フィルハンドルをドラッグして数式をコピーすると、

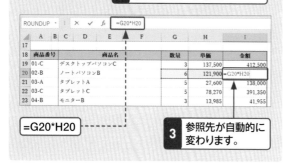

`=G20*H20`

3 参照先が自動的に変わります。

数式の入力

Q 195 数式をコピーしても参照先が変わらないようにするには?

A 参照先のセルを固定する絶対参照を利用します。

数式をコピーしても、参照先のセルが変わらないようにするには、セルを固定する「絶対参照」を使用します。相対参照を絶対参照に切り替えるには、数式内のセル番地にカーソルがある状態で、F4 を押します。なお、絶対参照の場合は、「$A$1」のように表示されます。

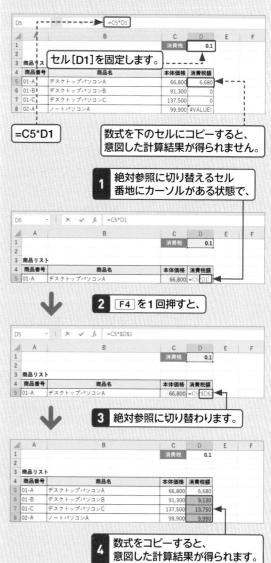

Q 196 参照先の行または列を固定するには？

A 「複合参照」を利用します。

数式をコピーしたときに参照先のセルの行または列が変わらないようにするには、「複合参照」を使用します。数式内の相対参照のセル番地にカーソルがある状態で、F4 を2回押すと行だけが固定され、3回押すと列だけが固定される複合参照に切り替わります。

1 セル番地を入力して、F4 を3回押すと、

2 列番号が固定される複合参照に切り替わり、

↓

3 セル番地を入力して、F4 を2回押すと、

4 行番号が固定される複合参照に切り替わります。

↓

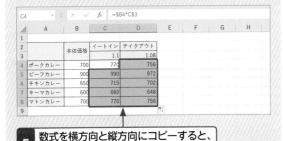

5 数式を横方向と縦方向にコピーすると、複合参照でコピーされます

Q 197 参照方式を変更するには？

A F4 を押して切り替えるか、絶対参照は「$」を入力します。

セル番地を入力したあとで、F4 を押すごとに、絶対参照、列が相対参照で行が絶対参照の複合参照、列が絶対参照で行が相対参照の複合参照、相対参照の順で切り替わります。

また、セル番地を入力するときに、固定する行番号や列番号の前に「$」を入力しても、参照方式を指定できます。

● 参照方式の切り替え

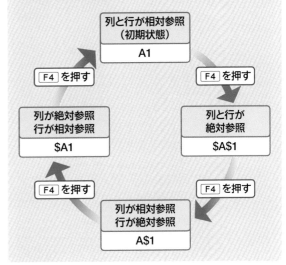

Q 198 F4 を押しても参照方式が変わらない場合は？

A セル番地にカーソルがある状態で F4 を押します。

参照方式を切り替えるときは、変更するセル番地をドラッグして選択するか、セル番地にカーソルがある状態で F4 を押します。

セルを選択するだけでは、参照方式を切り替えることはできません。

Q 199 数式が正しいのに緑色のマークが表示される場合は？

A 数式に間違いがなければ、無視しても問題ありません。

セルの左上に「エラーインジケーター」という緑色の三角が表示されることがあります。これは、入力した値や数式に誤りのある可能性があるときに表示されます。エラーインジケーターが表示されているセルをクリックすると、<エラーチェックオプション>が表示されるので、クリックするとエラーの内容を確認できます。エラーインジケーターは、数式にエラーがなくても表示されることがあり、そのままでも問題ありませんが、非表示にすることもできます。

1 エラーインジケーターが
表示されているセルをクリックすると、

2 <エラーチェックオプション>が
表示されるので、クリックし、

3 <エラーを無視する>を
クリックすると、

4 エラーインジケーターが
非表示になります。

Q 200 数式の参照先を確認するには？

A カラーリファレンスか<数式の表示>を利用します。

数式に使用されているセルを確認するには、数式が入力されているセルをダブルクリックします。数式内のセル参照が色分けされ、対応するセルが同じ色の破線で囲まれます。この機能を「カラーリファレンス」といいます。

また、<数式>タブの<数式の表示>をクリックしても、確認できます。再度<数式の表示>をクリックすると、表示が元に戻ります。

● カラーリファレンスの利用

1 数式が入力されている
セルをダブルクリックすると、

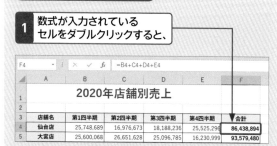

2 数式内のセル参照と対応するセルの
枠線が同じ色で表示されます。

● <数式の表示>の利用

1 <数式>タブをクリックして、

2 <数式の表示>をクリックすると、
セルに数式が表示されるので、

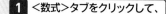

3 数式が入力された
セルをクリックすると、

4 セル参照とセルの
枠線が色分けされます。

◢ 数式の入力

Q 201 数式を使わずに数値を一括して変更するには？

A <形式を選択して貼り付け>の<演算>を利用します。

<形式を選択して貼り付け>ダイアログボックスの<演算>を利用すると、コピーしたセルの数値を、貼り付け先の数値に、加算、減算、乗算、除算を行って貼り付けることができます。

下の手順では、商品の税込価格を算出します。「税込」欄に「本体価格」と同じ値を入力しておき、税込価格を求めるための数値「1.1」が入力されたセル[D1]をコピーします。「税込」欄のセル範囲を選択し、<形式を選択して貼り付け>ダイアログボックスで<乗算>を指定すると、入力されていた数値に1.1を掛けた数値が貼り付けられます。

1 演算に利用する数値を入力したセルを選択してコピーし、

	A	B	C	D	E	F	G
1	商品リスト		消費税込	1.1			
2							
3	商品番号	商品名	本体価格	税込			
4	01-A	デスクトップパソコンA	66,800	66,800			
5	01-B	デスクトップパソコンB	91,300	91,300			
6	01-C	デスクトップパソコンC	137,500	137,500			
7	02-A	ノートパソコンA	99,900	99,900			
8	02-B	ノートパソコンB	121,900	121,900			
9	02-C	ノートパソコンC	149,900	149,900			

「税込」欄には「本体価格」と同じ値を入力してあります。

	A	B	C	D	E	F	G
1	商品リスト		消費税込	1.1			
2							
3	商品番号	商品名	本体価格	税込			
4	01-A	デスクトップパソコンA	66,800	66,800			
5	01-B	デスクトップパソコンB	91,300	91,300			
6	01-C	デスクトップパソコンC	137,500	137,500			
7	02-A	ノートパソコンA	99,900	99,900			
8	02-B	ノートパソコンB	121,900	121,900			
9	02-C	ノートパソコンC	149,900	149,900			
10	03-A	タブレットA	27,600	27,600			
11	03-B	タブレットB	38,300	38,300			
12	03-C	タブレットC	78,270	78,270			
13	04-A	モニターA	9,985	9,985			
14	04-B	モニターB	13,985	13,985			
15	05-A	モノクロレーザープリンターA	19,200	19,200			
16	05-B	モノクロレーザープリンターB	28,000	28,000			
17	06-A	カラーレーザープリンターA	31,000	31,000			
18	06-B	カラーレーザープリンターB	47,000	47,000			
19	07-A	カラーレーザー複合機A	51,000	51,000			
20	07-B	カラーレーザー複合機B	72,000	72,000			
21	08-A	プロジェクター	54,200	54,200			
22							

2 計算して貼り付けるセル範囲を選択して、

3 <ホーム>タブをクリックし、

4 <貼り付け>の下部をクリックして、

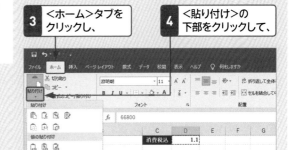

5 <形式を選択して貼り付け>をクリックします。

6 <値>をクリックして、　**7** 演算の種類を指定し、

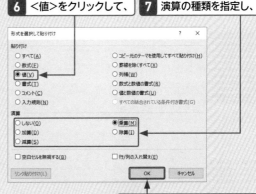

8 <OK>をクリックすると、

	A	B	C	D	E	F	G
1	商品リスト		消費税込	1.1			
2							
3	商品番号	商品名	本体価格	税込			
4	01-A	デスクトップパソコンA	66,800	73,480			
5	01-B	デスクトップパソコンB	91,300	100,430			
6	01-C	デスクトップパソコンC	137,500	151,250			
7	02-A	ノートパソコンA	99,900	109,890			
8	02-B	ノートパソコンB	121,900	134,090			
9	02-C	ノートパソコンC	149,900	164,890			
10	03-A	タブレットA	27,600	30,360			
11	03-B	タブレットB	38,300	42,130			
12	03-C	タブレットC	78,270	86,097			
13	04-A	モニターA	9,985	10,984			
14	04-B	モニターB	13,985	15,384			
15	05-A	モノクロレーザープリンターA	19,200	21,120			
16	05-B	モノクロレーザープリンターB	28,000	30,800			
17	06-A	カラーレーザープリンターA	31,000	34,100			
18	06-B	カラーレーザープリンターB	47,000	51,700			
19	07-A	カラーレーザー複合機A	51,000	56,100			
20	07-B	カラーレーザー複合機B	72,000	79,200			
21	08-A	プロジェクター	54,200	59,620			
22							

9 計算後の数値が貼り付けられます。

Excel文書とは？ 　序
文書作成の基本 　1
文書の入力 　2
文書の編集 　3
文字やセルの書式 　4
罫線と表作成 　5
数式の入力と編集 　6
関数の利用 　7
図形や画像の操作 　8
グラフの作成 　9
ファイルの保存と共有 　10
文書の印刷 　11

Q 202 数式のセル参照を変更するには？

A カラーリファレンスを利用して変更します。

数式で参照しているセルまたはセル範囲を変更するには、数式が入力されているセルをダブルクリックします。カラーリファレンスの機能により、数式内のセル参照と、対応しているセルまたはセル範囲が色分けされるので、変更するセルまたはセル範囲の枠線を、目的の位置までドラッグします。また、セル範囲のサイズを変更するには、枠線の隅をドラッグします。

参照 ▶ Q200

● セルまたはセル範囲の変更

1 数式が入力されている
セルをダブルクリックすると、

2 数式内のセル参照と参照している
セルの枠線が色分けされます。

3 変更するセルの枠線に
マウスポインターを合わせ、

4 変更後のセルにドラッグすると、

5 セル参照が変更されるので、

6 Enter を押すと、再計算されます。

● セル範囲のサイズの変更

1 数式が入力されている
セルをダブルクリックすると、

2 数式内のセル参照と参照している
セル範囲の枠線が色で表示されます。

3 セル範囲の四隅のハンドルに
マウスポインターを合わせ、

4 ドラッグすると、

5 セル範囲が変更されるので、

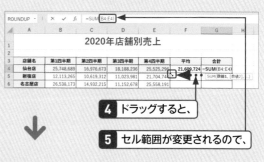

6 Enter を押すと、再計算されます。

序 印刷や色文書とは？　1 文書作成の基本　2 文書の入力　3 文書の編集　4 文字やセルの書式　5 罫線と表作成　6 数式の入力と編集　7 関数の利用　8 図形や画像の操作　9 グラフの作成　10 ファイルの保存と共有　11 文書の印刷

Q 203 表示桁数を変えたら、計算結果も変わるようにするには?

A <Excelのオプション>で設定を変更します。

小数の表示形式で、小数点以下の表示桁数を指定すると、入力されている値はそのままで、表示される数値が変更されます。小数の計算は、表示されている値ではなく、入力されている値で実行されるため、計算の元になっている値と計算結果が一致していないように見えることがあります。

このようなときに、実際に入力されている値ではなく、表示されている値で計算が実行されるようにするには、<ファイル>タブの<オプション>をクリックして<Excelのオプション>を表示し、<詳細設定>の<表示桁数で計算する>をオンにします。

参照 ▶ Q062, Q223

● 表示桁数の指定と計算結果

● 入力した値をそのまま表示している場合

	A	B	C	D	E	F	G
	B5			fx	=B2+B3+B4		
1	科目	平均点					
2	A	83.21					
3	B	89.48					
4	C	91.56					
5	合計	264.25					
6							
7							

セル[B2]から[B4]の合計を計算しています。

● 表示桁数を小数点以下第1位に指定した場合

表示形式で、小数点以下の表示桁数を小数第一位に指定しています。

	A	B	C	D	E	F	G
	B5			fx	=B2+B3+B4		
1	科目	平均点					
2	A	83.2					
3	B	89.5					
4	C	91.6					
5	合計	264.25					
6							
7							

セルに入力されている値で計算されます。

● 表示桁数で計算する

1 <Excelのオプション>を表示して、

2 <詳細設定>をクリックし、

3 <表示桁数で計算する>をオンにすると、

4 確認のメッセージが表示されるので、

Microsoft Excel
⚠ データの正確さが失われます。元に戻すことはできません。
OK

5 <OK>をクリックし、

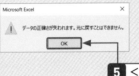

6 <OK>をクリックすると、

	A	B	C	D	E	F	G
	B5			fx	=B2+B3+B4		
1	科目	平均点					
2	A	83.2					
3	B	89.5					
4	C	91.6					
5	合計	264.3					
6							

7 セルに表示されている値で計算されます。

Q 204 ほかのワークシートの セルを参照するには？

A シート見出しをクリックして、 セルをクリックします。

セルにほかのワークシートのセルの値を表示したり、数式内でほかのワークシートのセルを参照するときは、目的のワークシートのシート見出しをクリックしてから、セルをクリックします。セルや数式バーには、「シート名!セル参照」の形式で表示されます。
下の手順では、ほかのワークシートのセルの値を表示しています。

1 セルに「=」を入力し、

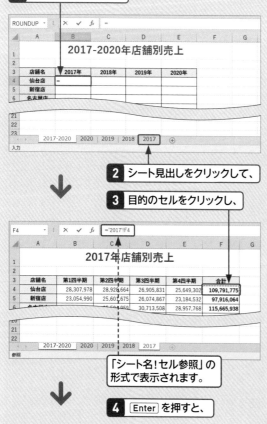

2 シート見出しをクリックして、

3 目的のセルをクリックし、

「シート名!セル参照」の形式で表示されます。

4 Enter を押すと、

5 指定したセルの値が表示されます。

Q 205 ほかのファイルのセルを 参照するには？

A 参照するファイルに切り替えて、 セルをクリックします。

ほかのファイルのセルを参照する場合は、参照するファイルをあらかじめ開いておきます。セルを参照するときに、目的のファイルに表示を切り替えて、セルをクリックします。セルや数式バーには、「[ファイル名]シート名!セル参照」の形式で表示されます。
なお、参照しているセルのファイルの保存場所は、変更しないようにします。

1 セルに「=」を入力し、

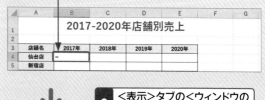

2 <表示>タブの<ウィンドウの切り替え>をクリックして、

3 参照するファイルをクリックし、

4 目的のセルをクリックして、

「[ファイル名]シート名!セル参照」の形式で表示されます。

5 Enter を押すと、

6 指定したセルの値が表示されます。

140

Q 206 複数のワークシートの同じ位置のセルを計算するには？

A 3-D参照を利用します。

複数のワークシートの表の同じ位置のセルを計算するには、「3-D参照」を利用します。「3-D参照」とは、連続して並んでいる複数のワークシートの同じセルまたはセル範囲を参照する参照方法です。

3-D参照を使用するときは、参照するセルを指定するときに、対象となる先頭のシート見出しをクリックして、Shift を押しながら最後のシート見出しをクリックし、セルをクリックします。

下の手順では、各店舗の売上表のワークシートと全店舗の合計を入力するワークシートが作成してあり、店舗合計を計算するために3-D参照を利用しています。

1 セルに「=SUM(」と入力して、

2 参照するワークシートの先頭のシート見出しをクリックし、

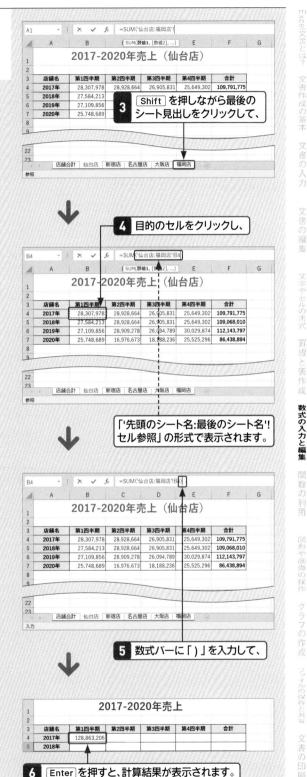

3 Shift を押しながら最後のシート見出しをクリックして、

4 目的のセルをクリックし、

「'先頭のシート名:最後のシート名'!セル参照」の形式で表示されます。

5 数式バーに「)」を入力して、

6 Enter を押すと、計算結果が表示されます。

Q 207 計算結果をすばやく確認するには？

A セル範囲を選択すると、ステータスバーに合計などが表示されます。

数式や関数を利用せずに、合計や平均などの計算結果を確認するには、数値が入力された目的のセル範囲を選択します。既定では、選択範囲の数値の平均、データの個数、合計が表示されますが、ステータスバーを右クリックすると、表示する項目を指定できます。

● 計算結果の確認

1 計算結果を確認したいセル範囲を選択すると、

2 ステータスバーに平均、データの個数、合計が表示されます。

● 表示項目の設定

1 ステータスバーを右クリックし、

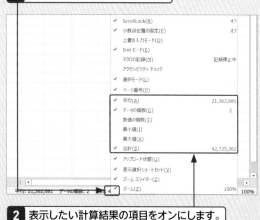

2 表示したい計算結果の項目をオンにします。

Q 208 データを変更しても計算結果が更新されない場合は？

A 再計算を実行するか、計算方法を＜自動＞に変更します。

数式や値を変更しても、計算結果が更新されない場合は、計算方法が＜手動＞に設定されている可能性があります。＜数式＞タブの＜再計算実行＞をクリックするか F9 を押すと、ファイル全体の計算が実行されます。また、＜シート再計算＞をクリックするか、Shift ＋ F9 を押すと、現在のワークシートのみ計算が実行されます。

計算方法を手動から自動に変更するには、＜数式＞タブの＜計算方法の設定＞をクリックし、＜自動＞をクリックします。

● 再計算の実行

＜再計算実行＞をクリックすると、ファイル全体の再計算が実行されます。

＜シート再計算＞をクリックすると、現在のワークシートの再計算が実行されます。

● 計算方法の設定

1 ＜数式＞タブの＜計算方法の設定＞をクリックし、

2 ＜自動＞をクリックします。

店舗別売上.xlsx

Q 209 セル範囲に名前を付けるには？

A <名前ボックス>または<名前の定義>を利用します。

セル範囲には、名前を付けることができます。名前を付けておくと、頻繁に同じセル範囲を選択したり、数式で参照したりする場合に便利です。

セル範囲に名前を付けるには、セル範囲を選択してから<名前ボックス>に名前を入力します。この場合、名前の適用範囲はファイルになります。

また、<数式>タブの<名前の定義>をクリックすると表示される<新しい名前>ダイアログボックスを利用しても、セル範囲に名前を付けることができます。この場合、名前の適用範囲をファイルまたはワークシートから選択できます。

● <名前ボックス>の利用

1 セル範囲を選択して、

2 <名前ボックス>に名前を入力して、Enterを押すと、

3 セル範囲に名前が設定されます。

● <名前の定義>の利用

1 セル範囲を選択して、
2 <数式>タブをクリックし、

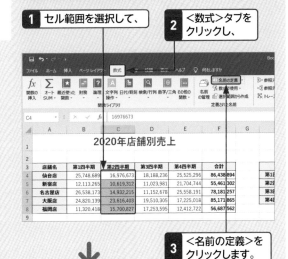

3 <名前の定義>をクリックします。

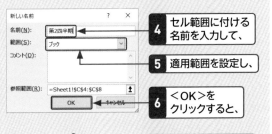

4 セル範囲に付ける名前を入力して、
5 適用範囲を設定し、
6 <OK>をクリックすると、
7 セル範囲に名前が設定されます。

Memo

セル範囲に付ける名前のルール

セル範囲に付ける名前には、次のようなルールがあります。

- 「A1」、「$A1」など、セル参照と同じ形式の名前は付けられない。
- 先頭に数字は使用できない。
- Excelの演算子として使用されている記号、スペース、「!」は使用できない。
- 同じファイル内で同じ名前は設定できない。

Q210 セル範囲に付けた名前を数式に使用するには？

A <数式>タブの<数式で使用>から名前を指定します。

数式でセル参照のかわりにセル範囲に付けた名前を使用するには、数式中に直接名前を入力するか、<数式>タブの<数式で使用>から、目的の名前をクリックします。
下の手順では、「第1四半期」と名前の付けたセル範囲の値の合計を求めています。

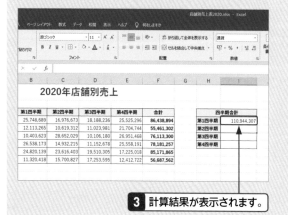

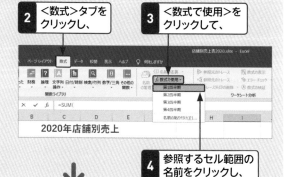
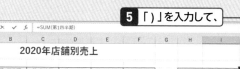

144

Q 211 名前を付けたセル範囲の範囲を変更する場合は？

A <名前の管理>ダイアログボックスで参照範囲を変更します。

名前を付けたセル範囲に、データを追加したり削除したりして、参照範囲を変更したい場合は、<数式>タブの<名前の管理>をクリックすると表示される<名前の管理>ダイアログボックスを利用します。<名前の管理>ダイアログボックスでは、参照範囲の変更だけでなく、削除や名前の変更なども行えます。
名前を数式に使用している場合は、参照範囲を変更すると、計算結果も自動的に更新されます。

1 <数式>タブをクリックして、

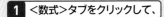

2 <名前の管理>をクリックし、

3 変更するセル範囲の名前をクリックして、

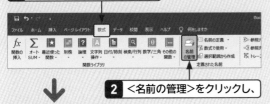

4 🔼 をクリックします。

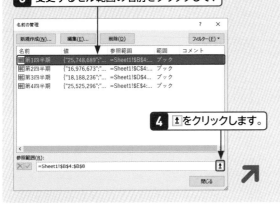

5 変更後のセル範囲をドラッグして選択し、

6 🔼 をクリックして、

参照範囲が変更されています。

7 <閉じる>をクリックし、

8 <はい>をクリックすると、セル範囲の変更が保存されます。

Q 212 セル範囲に付けた名前を削除するには？

A <名前の管理>ダイアログボックスで削除します。

セル範囲に付けた名前を削除するには、<数式>タブの<名前の管理>をクリックします。<名前の管理>ダイアログボックスが表示されるので、削除する名前をクリックして、<削除>をクリックし、確認のメッセージで<OK>をクリックします。

Q 213 セル参照に見出し行の項目名を使うには？

A 表をテーブルに変換すると使用できます。

表をテーブルに変換すると、表の見出し行の項目名をセル参照のかわりに使用できます。数式内で「[」を入力すると、見出し行の項目名の一覧が表示されるので、目的の項目名をクリックします。また、「[項目名]」の形式で入力して指定することもできます。

参照 ▶ Q183

1 数式内で「[」を入力すると、

2 見出し行の項目名の一覧が表示されるので、

3 目的の項目名をクリックして、

↓

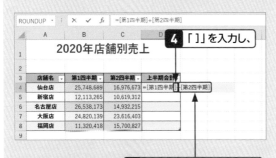

2020年店舗別売上

4 「]」を入力し、

5 同様に項目名を指定して、数式を完成させ、

↓

6 Enter を押すと、計算結果が表示されます。

Q 214 エラー値の意味は？

A 原因によって表示されるエラー値が異なります。

セルに入力された数式や関数の計算結果が正しく求められない場合には、セルにエラー値が表示されます。原因によって表示されるエラー値は異なるので、エラー値の意味を知っておくと、エラーの解決に役立ちます。

エラー値	原　因
#VALUE!	数式の参照先や関数の引数の型、演算子の種類などが間違っている場合に表示されます。間違っている参照先や引数などを修正すると、解決されます。
#####	セルの幅が狭くて計算結果を表示できない場合に表示されます。セルの幅を広げたり、表示する小数点以下の桁数を減らしたりすると、解決されます。また、表示形式が＜日付＞や＜時刻＞のセルに、負の数値が入力されている場合にも表示されます。
#NAME?	関数名やセル範囲の名前が間違っていたり、数式内の文字列を「" "」で囲まなかったり、セル範囲の参照に「:」抜けていたりした場合に表示されます。関数名や数式内の文字を修正すると、解決されます。
#DIV/0	除数（割り算の割る数）が「0（ゼロ）」か、未入力で空白のセルの場合に表示されます。除数の値、除数として参照するセルの値またはセルそのものを修正すると、解決されます。
#N/A	VLOOKUP関数、LOOKUP関数、HLOOKUP関数、MATCH関数などの検索／行列関数で、検索した値が検索範囲内に存在しない場合に表示されます。検索値を修正すると、解決されます。
#NULL!	セル参照が間違っていて、参照先のセルが存在しない場合に表示されます。参照しているセル範囲を修正すると、解決されます。
#NUM!	数式の計算結果がExcelで処理できる数値の範囲を超えている場合に表示されます。計算結果がExcelで処理できる範囲におさまるように修正すると、解決されます。
#REF!	数式中で参照しているセルがある行や列を削除した場合に表示されます。参照先を修正すると、解決されます。

Q 215 エラーの原因を調べるには？

A ＜エラーチェックオプション＞を利用します。

数式にエラーがあると、セルの左上にエラーインジケーターが表示されます。エラーが表示されたセルを選択すると、＜エラーチェックオプション＞が表示されるので、クリックして、エラーの原因を調べたり、エラーの内容に応じた修正を行ったりすることができます。また、エラーに関するヘルプを表示することもできます。

参照 ▶ Q214

1 エラーインジケーターが表示されているセルをクリックすると、

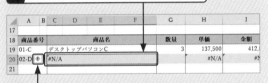

2 ＜エラーチェックオプション＞が表示されるので、クリックして、

3 ＜このエラーに関するヘルプ＞をクリックすると、

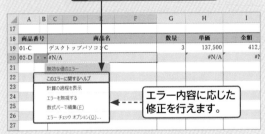

エラー内容に応じた修正を行えます。

4 ヘルプが表示され、エラーの原因と解決方法を調べることができます。

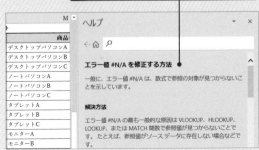

Q 216 エラーのセルを見つけるには？

A ＜数式＞タブの＜エラーチェック＞を利用します。

エラーのあるセルを見つけるには、＜数式＞タブの＜エラーチェック＞をクリックします。エラーが検索されると、エラーのあるセルが選択され、エラーの原因が表示されます。

1 ＜数式＞タブをクリックして、

2 ＜エラーチェック＞をクリックすると、

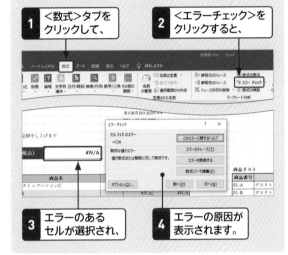

3 エラーのあるセルが選択され、

4 エラーの原因が表示されます。

Q 217 無視したエラーを再度確認するには？

A ＜Excelのオプション＞で無視したエラーをリセットします。

エラーを非表示にしたあと、再度確認できるようにするには、＜ファイル＞タブの＜オプション＞をクリックして表示される＜Excelのオプション＞で、無視したエラーをリセットします。

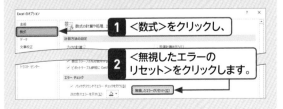

1 ＜数式＞をクリックし、

2 ＜無視したエラーのリセット＞をクリックします。

Q 218 循環参照のエラーが表示された場合は？

A 循環参照しているセルを確認し、数式を修正します。

「循環参照」とは、セルに入力した数式自体が、そのセル自身を直接または間接的に参照している状態のことを

いいます。特殊な場合を除いて正常な計算ができないため、間違えて循環参照をしている数式を入力した場合は、循環参照しているセルを確認し、数式を修正します。

> 参照範囲に、数式が入力されているセルも含まれています。

1 数式を入力して Enter を押し、

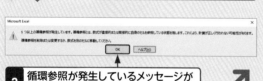

2 循環参照が発生しているメッセージが表示されたら、<OK>をクリックして、

3 <数式>タブの<エラーチェック>の をクリックし、

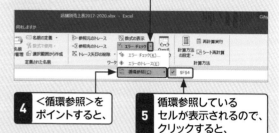

4 <循環参照>をポイントすると、

5 循環参照しているセルが表示されるので、クリックすると、

6 セルが選択され、参照を修正すると、計算結果が表示されます。

Q 219 数式をかんたんに検証するには？

A 数式バーで数式を選択して F9 を押すと、計算結果が表示されます。

数式が正しいかどうか、かんたんに確認するには、数式バーで確認する数式の部分を選択し、F9 を押します。計算結果が表示されるので、検証が終わったら、Esc を押して元に戻します。数式バーに計算結果が表示されている状態で Enter を押してしまうと、数式が数値に置き換わってしまうので、注意が必要です。

参照 ▶ Q220

1 検証する数式の部分を選択して、F9 を押すと、

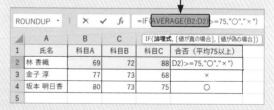

2 計算結果が表示されます。

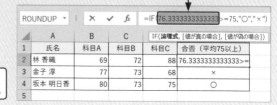

3 検証が終わったら、Esc を押して元に戻します。

Q 220

数式の計算過程を調べて
検証するには？

A <数式>タブの
<数式の検証>を利用します。

数式の各部分を1つずつ確認するには、<数式の検証>ダイアログボックスを利用します。数式の一部に下線が引かれて表示されるので、<検証>をクリックすると、下線部分の数式やセル参照が、計算結果やセルの値に切り替わり、次に検証する部分に下線が引かれます。順次検証していき、終わったら<閉じる>をクリックします。エラーの対処にも利用できます。

参照 ▶ Q219

1 検証する数式が入力されているセルを選択し、

2 <数式>タブをクリックして、

3 <数式の検証>をクリックすると、

🔹 Memo

<ステップイン>の利用

手順**4**で下線が引かれている箇所が、数式の入力されているセルの場合は、<ステップイン>がクリックできる状態になります。<ステップイン>をクリックすると、<検証>ボックスの下に、該当セルに入力されている数式が表示され、数式を検証できます。<ステップアウト>をクリックすると、元の数式の検証に戻ります。

4 数式が表示され、検証する部分に下線が引かれています。

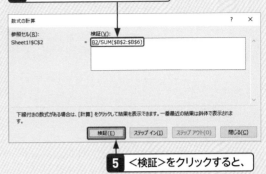

5 <検証>をクリックすると、

6 下線が引かれていた部分のセルの値が表示され、次に検証する部分に下線が引かれます。

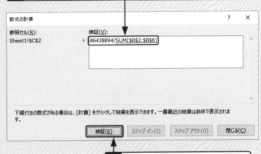

7 <検証>をクリックすると、

8 下線が引かれていた部分の計算結果が表示されるので、

9 検証が終わったら、<閉じる>をクリックします。

✎ エラーの対処

Q 221 文字列扱いの数値は計算に利用できる？

A 一部の関数などでは利用できません。

表示形式を＜文字列＞に設定してから入力した数値や、先頭に「'（シングルクォーテーション）」を付けて入力した数値は、文字列扱いの数値になります。
文字列扱いの数値は、本来計算に使うものではありませんが、使ってもほとんどの場合、正しい計算結果が得られます。ただし、SUM関数やAVERAGE関数などで参照した場合は、正しい計算結果は得られません。

✎ エラーの対処

Q 222 文字列を「0」とみなして計算するには？

A ＜Excelのオプション＞で計算方式を変更します。

数式で文字列を含むセルを参照すると、エラー値「#VALUE!」が表示されます。エラー値が表示されず、文字列を「0」とみなして計算されるようにするには、＜ファイル＞タブの＜オプション＞をクリックすると表示される＜Excelのオプション＞で設定を変更します。

1 ＜詳細設定＞をクリックして、

2 ＜計算方式を変更する＞をオンにし、

3 ＜OK＞をクリックします。

✎ エラーの対処

Q 223 小数の計算結果の誤差に対処するには？

A ROUND関数で数値を整数にします。

右上図では、列[D]に「列[C]-列[B]」の計算結果を表示しています。結果はすべて「0.1」になりますが、列[E]でIF関数を使用して「列[D]が1以上かどうか」判定すると、1未満と判定されるものもあります。これは、Excelが小数の計算を行う際に発生する誤差によるものです。このような誤差に対処するには、ROUND関数を使って数値を整数にする方法や、表示桁数で計算する方法があります。　**参照▶Q203**

● 小数そのままの場合

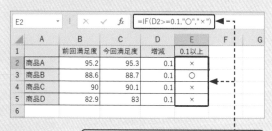

IF関数で判定すると、「0.1」以上にならないものがあります。

● ROUND関数を使って整数にした場合

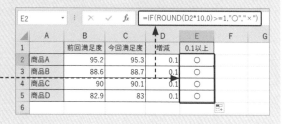

IF関数で判定すると、すべて「0.1」以上になります。

Q 224 関数とは？

A 特定の計算を行うためにあらかじめ定義された数式のことです。

Excelでは数式を利用してさまざまな計算を行うことができますが、複雑な計算になると、数式が長くなり、わかりづらくなる場合があります。また、算出方法を知らない場合もあります。

「関数」は、特定の計算を行うために、Excelであらかじめ定義された数式のことです。関数を利用すれば、複雑な数式を覚えたり、入力したりしなくても、計算に必要な値を指定するだけで、かんたんに計算結果を求めることができます。

● 数式を使って平均値を求める場合

=（B4+C4+D4+E4）/4

	A	B	C	D	E	F
			2020年店舗別売上			
3	店舗名	第1四半期	第2四半期	第3四半期	第4四半期	平均
4	仙台店	25748689	16976673	18188236	25525296	=(B4+C4+D4+E4)/4
5	大宮店	25600068	26651628	25096785	16230999	
6	柏店	19782635	17089025	23193225	19926330	
7	新宿店	12113265	10619312	11023981	21704744	
8	横浜店	10403623	28652029	10106180	26951468	
9	名古屋店	26538173	14932215	11152678	25558191	
10	大阪店	24820139	23616403	19510305	17225018	
11	福岡店	11320418	15700827	17253595	12412722	

● AVERAGE関数を使って平均値を求める場合

=AVERAGE（B4:E4）

	A	B	C	D	E	F
			2020年店舗別売上			
3	店舗名	第1四半期	第2四半期	第3四半期	第4四半期	平均
4	仙台店	25748689	16976673	18188236	25525296	=AVERAGE(B4:E4)
5	大宮店	25600068	26651628	25096785	16230999	
6	柏店	19782635	17089025	23193225	19926330	
7	新宿店	12113265	10619312	11023981	21704744	
8	横浜店	10403623	28652029	10106180	26951468	
9	名古屋店	26538173	14932215	11152678	25558191	
10	大阪店	24820139	23616403	19510305	17225018	
11	福岡店	11320418	15700827	17253595	12412722	

Q 225 関数を入力するときのルールは？

A 「=」と関数名を入力し、引数を「( )」で囲みます。

関数は、数式と同様、セルまたは数式バーに入力します。関数は、先頭に「=」を付けて関数名を入力し、引数（ひきすう）を「( )」で囲んで指定します。「引数」とは、計算に必要な値のことです。また、計算結果として返ってくる値を「戻り値（もどりち）」といいます。

引数の種類や指定方法は、関数によって異なります。引数が複数の場合は、引数を「,（カンマ）」で区切り、引数に連続する範囲を指定する場合は、開始セルと終了セルを「:（コロン）」で区切ります。

関数の記号や数値は、すべて半角で入力する必要があります。

● 複数の引数を「,（カンマ）」で区切る場合

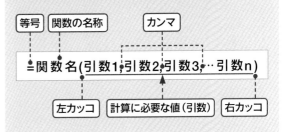

=AVERAGE（B4,B6,B8）

セル[B4]、[B6]、[B8]の平均値を求めます。

● 引数にセル範囲を指定する場合

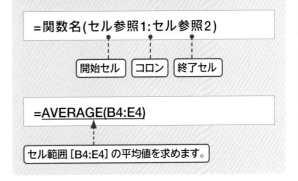

=関数名(セル参照1:セル参照2)

開始セル コロン 終了セル

=AVERAGE(B4:E4)

セル範囲[B4:E4]の平均値を求めます。

Q 226 関数を入力するには？

A <数式>タブや<関数の挿入>ダイアログボックスを利用します。

関数を入力するには、次の3つの方法があります。

- <数式>タブの<関数ライブラリ>グループのコマンドを利用する。
- <数式>タブの<関数の挿入>または<数式バーの<関数の挿入>から、<関数の挿入>ダイアログボックスを利用する。
- セルや数式バーに直接関数を入力する。

<関数ライブラリ>グループは、関数が分類されたコマンドが用意されており、コマンドをクリックすると、その分類に含まれる関数の一覧が表示されます。
目的の関数がどこに分類されているかわからない場合は、<関数の挿入>ダイアログボックスの<関数の分類>で<すべて表示>を選択すると、すべての関数の一覧が表示されます。
下の手順では、AVERAGE関数を利用して、平均値を求めています。

● <数式>タブのコマンドの利用

1 計算結果を表示するセルを選択して、

2 <数式>タブをクリックし、

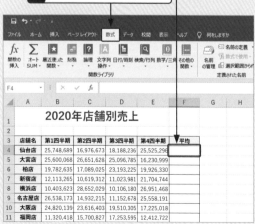

3 関数の分類をクリックして、

4 項目をポイントし、

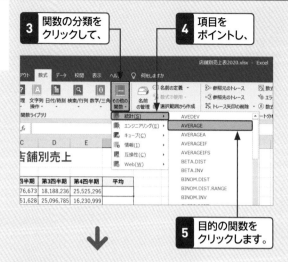

5 目的の関数をクリックします。

6 必要な引数を入力し、

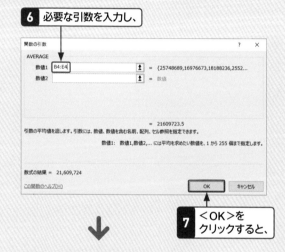

7 <OK>をクリックすると、

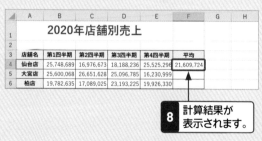

8 計算結果が表示されます。

◎ Memo

引数が自動的に入力される場合もある

手順**6**で、引数が自動的に入力されることがあります。その場合は、引数が正しいかどうか確認し、間違っているときは、正しい引数を入力します。セル参照の場合は、目的のセルをクリックするか、セル範囲をドラッグして指定することもできます。

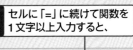

● <関数の挿入>ダイアログボックスの利用

1 計算結果を表示するセルを選択して、

2 <数式>タブをクリックし、

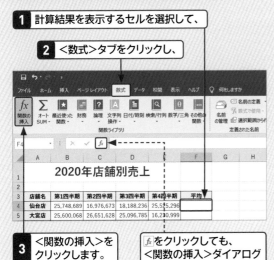

3 <関数の挿入>を
クリックします。

f_x をクリックしても、
<関数の挿入>ダイアログ
ボックスが表示されます。

4 関数の分類を
選択して、

5 目的の関数を
クリックし、

6 <OK>をクリックすると、<関数の引数>
ダイアログボックスが表示されるので、
同様に引数を指定します。

● セルや数式バーへの入力

1 セルに「=」に続けて関数を
1文字以上入力すると、

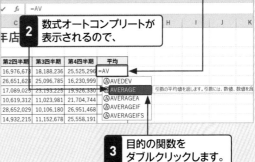

2 数式オートコンプリートが
表示されるので、

3 目的の関数を
ダブルクリックします。

4 関数名と「(」が
入力されるので、

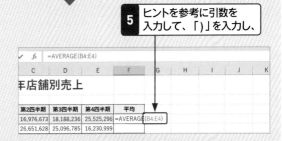

5 ヒントを参考に引数を
入力して、「)」を入力し、

6 Enter を押すと、
計算結果が表示されます。

🔵 Memo

数式オートコンプリート

「=」に続けて関数を1文字以上入力すると、該当す
る関数のリストがセルの下に表示されます。この機
能を「数式オートコンプリート」といいます。
目的の関数を選択すると、関数のヒントが表示され
ます。

153

Q 227 どの関数を使えばいいのか わからない場合は？

A ＜関数の挿入＞ダイアログボックスの ＜関数の検索＞を利用します。

どの関数を使えばいいのかわからない場合は、＜関数の挿入＞ダイアログボックスを表示して、＜関数の検索＞に目的を入力します。該当する関数が表示されるので、関数をクリックすると、下に説明が表示されます。

参照▶Q226

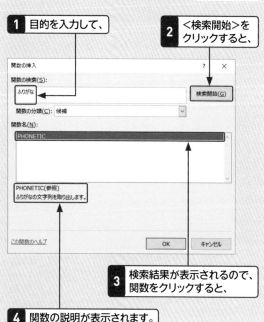

1 目的を入力して、

2 ＜検索開始＞をクリックすると、

3 検索結果が表示されるので、関数をクリックすると、

4 関数の説明が表示されます。

Q 228 関数や引数に何を指定するのか わからない場合は？

A 数式オートコンプリートや ヒントを利用します。

セルや数式バーに関数を直接入力する場合、関数や引数に何を指定するのかわからないときは、数式オートコンプリートやヒントを利用します。

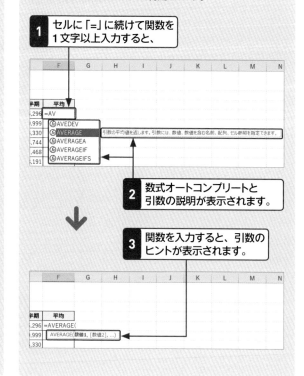

1 セルに「=」に続けて関数を 1文字以上入力すると、

2 数式オートコンプリートと 引数の説明が表示されます。

3 関数を入力すると、引数の ヒントが表示されます。

Q 229 使用したい関数が コマンドにない場合は？

A セルや数式バーに 関数を直接入力します。

DATEDIF関数などの一部の関数は、＜数式＞タブの＜関数ライブラリ＞グループのコマンドや、＜関数の挿入＞ダイアログボックスから入力できません。このような関数は、セルや数式バーに直接入力します。

セルや数式バーに 直接関数を入力します。

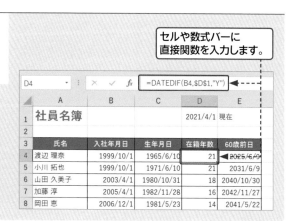

📝 関数の基礎

📝 関数の基礎

📝 関数の基礎

📝 関数の基礎

📝 関数の基礎

📝 関数の基礎

📝 関数の基礎

Q 230　合計を計算するには？

A 　＜オートSUM＞を利用します。

数値の合計を求めるには、「SUM関数」を利用します。SUM関数は、＜数式＞タブの＜数学／三角＞から挿入できますが、＜ホーム＞タブや＜数式＞タブの＜オートSUM＞を利用すると、よりかんたんに挿入できます。

1 合計を表示するセルをクリックして選択し、

2 ＜数式＞タブをクリックして、

3 ＜オートSUM＞の上部をクリックすると、

4 対象となるセル範囲が自動的に選択されるので確認し、

5 Enter を押すと、

6 合計が表示されます。

● Memo

SUM関数 (数学／三角)

=SUM(数値1,数値2,)
セル範囲に含まれる数値をすべて合計します。

Q 231　合計対象のセル範囲が正しく選択されない場合は？

A 　正しいセル範囲をドラッグするか、破線の四隅をドラッグします。

＜オートSUM＞を利用すると、合計対象となるセル範囲が自動的に選択されますが、セル範囲が正しく選択されない場合は、正しい選択範囲をドラッグして選択し直すか、破線の四隅をドラッグして選択範囲を変更してから、Enter を押します。

参照 ▶ Q230

1 選択されたセル範囲の四隅にマウスポインターを合わせ、

2 ドラッグします。

Q 232 平均を計算するには？

A ＜オートSUM＞から AVERAGE関数を利用します。

数値の平均を求めるには、「AVERAGE関数」を利用します。AVERAGE関数は、＜数式＞タブの＜その他＞の＜統計＞から挿入できますが、＜ホーム＞タブや＜数式＞タブの＜オートSUM＞の＜平均＞を利用すると、よりかんたんに挿入できます。

1 平均を表示するセルをクリックして選択し、

2 ＜数式＞タブをクリックして、

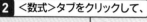

3 ＜オートSUM＞の下部をクリックして、

4 ＜平均＞をクリックすると、

5 対象となるセル範囲が自動的に選択されるので確認し、

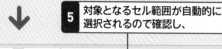

6 Enter を押すと、

7 平均が表示されます。

○ Memo

AVERAGE関数（統計）

=AVERAGE(数値1,数値2,)
引数の平均値を返します。

Q 233 消費税額を計算するには？

A INT関数を利用して、小数点以下を切り捨てます。

消費税額を計算するには、本体価格に消費税率（0.08または0.1）をかけます。INT関数を利用すると、小数点以下を切り捨てることができます。なお、切り上げる場合はROUNDUP関数、四捨五入する場合はROUND関数を利用します。

参照 ▶ Q234, Q235

1 結果を表示するセルをクリックして選択し、

2 ＜数式＞タブをクリックして、

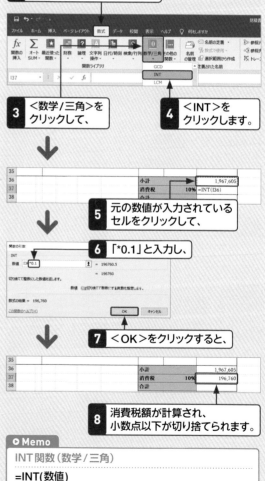

3 ＜数学/三角＞をクリックして、

4 ＜INT＞をクリックします。

5 元の数値が入力されているセルをクリックして、

6 「*0.1」と入力し、

7 ＜OK＞をクリックすると、

8 消費税額が計算され、小数点以下が切り捨てられます。

○ Memo

INT関数（数学/三角）

=INT(数値)
小数点以下を切り捨てて整数にした数値を返します。

Q 234 数値を四捨五入するには？

A ROUND関数を利用します。

数値を四捨五入するには、「ROUND関数」を利用します。引数の「桁数」では、四捨五入する位を指定します。たとえば、小数第1位を四捨五入する場合は「0」、小数第2位は「1」、1の位は「-1」となります。

1 結果を表示するセルをクリックして選択し、

2 <数式>タブをクリックして、

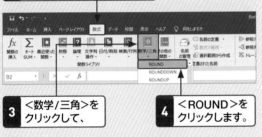

3 <数学/三角>をクリックして、

4 <ROUND>をクリックします。

5 元の数値が入力されているセルをクリックして、

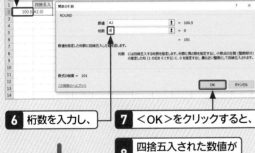

6 桁数を入力し、

7 <OK>をクリックすると、

8 四捨五入された数値が表示されます。

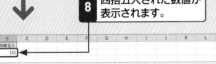

> **Memo**
> ROUND関数（数学/三角）
>
> =ROUND(数値,桁数)
> 数値を指定した桁数に四捨五入した値を返します。

Q 235 数値を切り上げ/切り捨てするには？

A ROUNDUP関数またはROUNDDOWN関数を利用します。

数値を切り上げる場合は「ROUNDUP関数」、切り捨てる場合は「ROUNDDOWN関数」を利用します。引数の「桁数」では、切り上げ/切り捨てする位を指定します。たとえば、小数第1位は「0」、小数第2位は「1」、1の位は「-1」となります。

● 数値を切り上げる

1 「=ROUNDUP(A2,0)」と入力して、Enterを押すと、

2 数値が小数第1位で切り上げられます。

> **Memo**
> ROUNDUP関数（数学/三角）
>
> =ROUNDUP(数値,桁数)
> 数値を指定した桁数で切り上げます。

● 数値を切り捨てる

1 「=ROUNDDOWN(A2,0)」と入力して、Enterを押すと、

2 数値が小数第1位で切り捨てられます。

> **Memo**
> ROUNDDOWN関数（数学/三角）
>
> =ROUNDDOWN(数値,桁数)
> 数値を指定した桁数で切り捨てます。

Q236 離れたセルの合計を計算するには？

A <オートSUM>を利用し、Ctrl を押しながらセルをクリックします。

離れたセルの合計を計算するには、計算結果を表示するセルをクリックして、<数式>タブの<オートSUM>をクリックし、計算対象となるセルを Ctrl を押しながらクリックします。

1 結果を表示するセルをクリックして選択し、

2 <数式>タブをクリックして、

3 <オートSUM>の上部をクリックします。

4 計算対象となる最初のセルをクリックし、

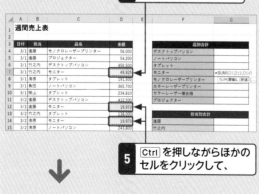

5 Ctrl を押しながらほかのセルをクリックして、

6 Enter を押すと、計算結果が表示されます。

Q237 小計と総計を同時に計算するには？

A 小計と総計を表示するセルを選択し、<オートSUM>を利用します。

表内に小計と総計がある場合は、それらを同時に計算することができます。小計と総計の計算結果を表示するセルを Ctrl を押しながら選択し、<数式>タブの<オートSUM>をクリックします。

1 小計と総計を表示するセルを Ctrl を押しながらクリックして選択し、

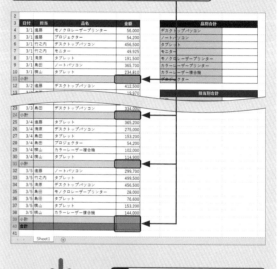

2 <数式>タブをクリックして、

3 <オートSUM>の上部をクリックすると、

4 小計と総計が同時に計算されます。

Q 238 データを追加したときに合計が更新されるようにするには？

A SUM関数の引数に「列番号:列番号」と指定します。

SUM関数で合計を求めている場合、データを追加しても、参照範囲がそのままで、計算結果が更新されないことがあります。このようなときは、引数に「D:D」のように、「列番号:列番号」と指定すると、データを追加したときに計算結果も更新されます。

1 SUM関数の引数に「列番号:列番号」と指定し、　　=SUM (D:D)

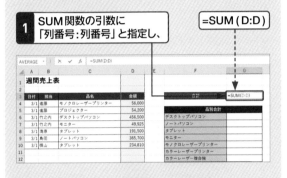

2 Enter を押すと、計算結果が表示されます。

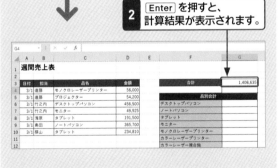

3 データを追加して、Enter を押すと、

4 自動的に計算結果が更新されます。

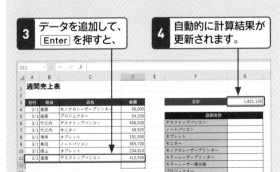

Q 239 列と行の合計をまとめて計算するには？

A 計算結果を表示するセル範囲と計算対象のセル範囲を選択します。

各列、各行の合計をまとめて計算するには、計算結果を表示するセル範囲と、計算の対象となるセル範囲をまとめて選択し、＜数式＞タブの＜オートSUM＞をクリックします。

1 計算結果を表示するセル範囲と計算対象のセル範囲を選択し、

2 ＜数式＞タブをクリックして、

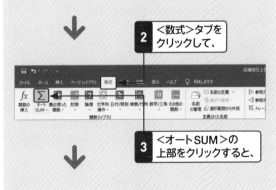

3 ＜オートSUM＞の上部をクリックすると、

4 行と列の合計と総計がまとめて計算されます。

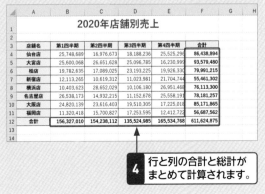

Q 240 非表示の行を合計に含めないようにするには？

A SUBTOTAL関数を利用します。

非表示にした行の値を除外して合計を求めるには、SUBTOTAL関数を利用して、引数の「集計方法」に「109」を指定します。

1 セルに「=SUBTOTAL (109,B4:B11)」と入力して、Enter を押すと、

	2020年店舗別売上		
店舗名	第1四半期	第2四半期	第3四半期	第4四半期	合計
仙台店	25,748,689	16,976,673	18,188,236	25,525,296	86,438,894
名古屋店	26,538,173	14,932,215	11,152,678	25,558,191	78,181,257
大阪店	24,820,139	23,616,403	19,510,305	17,225,018	85,171,865
福岡店	11,320,418	15,700,827	17,253,595	12,412,722	56,687,562
合計	=SUBTOTAL(109,B4:B11)				

2 非表示の行の値を除いた合計が表示されます。

店舗名	第1四半期	第2四半期			
仙台店	25,748,689	16,976,67			
名古屋店	26,538,173	14,932,215	11,152,678	25,558,191	78,181,257
大阪店	24,820,139	23,616,403	19,510,305	17,225,018	85,171,865
福岡店	11,320,418	15,700,827	17,253,595	12,412,722	56,687,562
合計	88,427,419				

● 引数「集計方法」

引数（非表示の値を含める）	引数（非表示の値を無視する）	関数
1	101	AVERAGE
2	102	COUNT
3	103	COUNTA
4	104	MAX
5	105	MIN
6	106	PRODUCT
7	107	STDEV
8	108	STDEVP
9	109	SUM
10	110	VAR
11	111	VARP

⊙ Memo

SUBTOTAL関数（統計）

=SUBTOTAL(集計方法,範囲1,範囲2,)
リストまたはデータベースの集計値を返します。

Q 241 「0」を除いて平均値を計算するには？

A SUM関数とCOUNTIF関数を組み合わせます。

平均値を求めるときに、AVERAGE関数を使用すると、「0」が入力されたセルも1個のデータとして計算されます。「0」を除いて平均値を計算したい場合は、SUM関数とCOUNTIF関数を使用します。
下の例では、まず、「SUM(B4:E4)」でセル範囲[B4:E4]の合計を求めています。「COUNTIF(B4:E4,"<>0")」でセル範囲[B4:E4]の中から「0」ではないセルの個数を求め、SUM関数で求めた合計を割っています。
なお、「<>」は、左辺と右辺が等しくないという意味を表す比較演算子です。比較演算子を検索条件に指定する場合は、「"（ダブルクォーテーション）」で囲みます。比較演算子には、ほかに下表のようなものがあります。

$$=SUM(B4:E4)/COUNTIF(B4:E4,"<>0")$$

	2020年店舗別売上					
店舗名	第1四半期	第2四半期	第3四半期	第4四半期	合計	平均
仙台店	0	16,976,673	18,188,236	25,525,296	60,690,205	20,230,068
大宮店	25,600,068	26,651,628	25,096,785	16,230,999	93,579,480	
柏店	19,782,635	17,089,025	23,193,225	19,926,330	79,991,215	
新宿店	12,113,265	10,619,312	11,023,981	21,704,744	55,461,302	
横浜店	10,403,623	28,652,029	10,106,180	26,951,468	76,113,300	
名古屋店	26,538,173	14,932,215	11,152,678	25,558,191	78,181,257	
大阪店	24,820,139	23,616,403	19,510,305	17,225,018	85,171,865	
福岡店	11,320,418	15,700,827	17,253,595	12,412,722	56,687,562	
合計	130,578,321	154,238,112	135,524,985	165,534,768	585,876,186	

● 比較演算子

記号	意味
=	左辺と右辺が等しい
>	左辺が右辺より大きい
<	左辺が右辺より小さい
>=	左辺が右辺以上
<=	左辺が右辺以下
<>	左辺と右辺が等しくない

⊙ Memo

COUNTIF関数（統計）

=COUNTIF(範囲,検索条件)
指定された範囲に含まれるセルのうち、検索条件に一致するセルの個数を返します。

個数や合計の計算

Q 242 累計を計算するには？

A SUM関数で参照範囲の最初の セルを絶対参照にしてコピーします。

表内に累計の列がある場合は、SUM関数を利用して、参照範囲を最初のセルから該当セルまでに指定します。このとき、最初のセルを絶対参照にしておくと、数式をコピーするだけで、それぞれの累計が計算されます。

1 累計を表示するセルに 「=SUM(」と入力して、

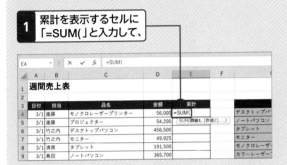

2 参照範囲の最初の セル番地を入力し、

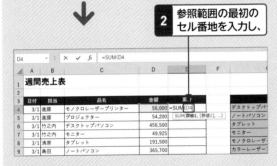

3 [F4]を押して 絶対参照に切り替えます。

4 「:」のあとに参照範囲の 最後のセル番地を入力して、

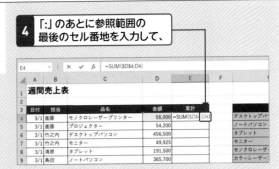

5 [Enter]を押すと、

6 累計が表示されます。

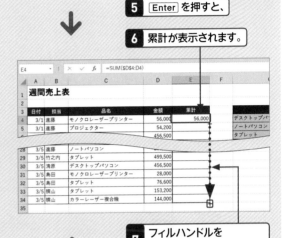

7 フィルハンドルを ドラッグしてコピーすると、

8 数式がコピーされ、 累計が表示されます。

9 セルをクリックすると、 参照範囲を確認できます。

161

Q243 データの個数を求めるには？

A COUNT関数またはCOUNTA関数を利用します。

データの個数を数えるには、数値が入力されているセルを数える「COUNT関数」や、空白でないセルを数える「COUNTA関数」を利用します。
COUNT関数は、数値以外のデータが入力されているセルは数えないため、文字列扱いの数字もカウントされません。また、COUNTA関数は、スペースが入力されているセルもカウントされます。
下の手順では、COUNT関数を利用して、列[A]で数値が入力されているセルを数えているため、セル[A3]の「申込日」はカウントされません。

1 セルに「=COUNT(A:A)」と入力して、Enter を押すと、

2 計算結果が表示されます。

◯ Memo

COUNT関数（統計）

=COUNT(値1,値2,)
範囲内のセルのうち、数値が含まれるセルの個数を返します。

◯ Memo

COUNTA関数（統計）

=COUNTA(値1,値2,)
範囲内のセルのうち、空白でないセルの個数を返します。

Q244 条件に一致するデータの個数を求めるには？

A COUNTIF関数を利用します。

「『○○』と入力されたセルの個数」のように、条件に一致するデータの個数を数えるには、「COUNTIF関数」を利用します。検索条件に文字列を指定する場合は、「"(ダブルクォーテーション)」で囲みます。
下の手順では、セル範囲[D4:D38]で「Word 基礎」と入力されているセルの個数を求めています。

参照 ▶ Q241

1 セルに「=COUNTIF(D4:D38,"Word 基礎")」と入力して、Enter を押すと、

2 計算結果が表示されます。

◯ Memo

引数の指定

上の手順では、このあと数式をコピーすることを考えて、引数の「D4:D38」を絶対参照に切り替え、「"Word 基礎"」を「F6」にすると、効率がよくなります。

162

Q 245 「○○以上」の条件を満たす データの個数を求めるには？

A COUNTIF関数の検索条件に 比較演算子を使用します。

「○○以上」の条件を満たすデータの個数を数えるには、「COUNTIF関数」の検索条件に、比較演算子を使用します。検索条件に比較演算子を指定する場合は、「"(ダブルクォーテーション)」で囲みます。
下の手順では、セル範囲[B4:B28]で「70以上」の数値が入力されているセルの個数を求めています。

参照 ▶ Q241

1 セルに「=COUNTIF(B4:B28,">=70")」と入力して、Enter を押すと、

2 計算結果が表示されます。

Q 246 「○○」を含む文字列の データの個数を求めるには？

A COUNTIF関数の検索条件に ワイルドカードを使用します。

「○○」を含む文字列が入力されたデータの個数を数えるには、「COUNTIF関数」の検索条件に、「?」や「*」などのワイルドカードを使用します。「?」は任意の1文字を、「*」は0文字以上の任意の文字列を表します。検索条件に文字列を指定する場合は、「"(ダブルクォーテーション)」で囲みます。
下の手順では、セル範囲[D4:D38]で、「Word」で始まる文字列が入力されているセルの個数を求めています。

参照 ▶ Q241

1 セルに「=COUNTIF(D4:D38,"Word*")」と入力して、Enter を押すと、

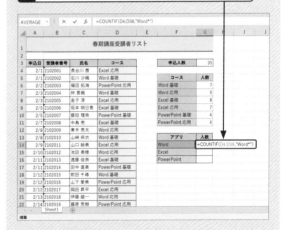

2 計算結果が表示されます。

Q 247 「○以上△未満」の条件を満たすデータの個数を求めるには？

A COUNTIFS関数を利用します。

複数の条件を満たすデータの個数を数えるには、「COUNTIFS関数」を利用します。検索条件に比較演算子を指定する場合は、「"（ダブルクォテーション）」で囲みます。

下の手順では、セル範囲［B4:B28］で「40以上70未満」の数値が入力されているセルの個数を求めています。

1 セルに「=COUNTIFS（B4:B28, ">=40",B4:B28,"<70"）」と入力して、Enter を押すと、

2 計算結果が表示されます。

● Memo

COUNTIFS関数（統計）

=COUNTIFS(検索条件範囲1,検索条件1,検索条件範囲2,検索条件2,)
指定された範囲に含まれるセルのうち、複数の検索条件に一致するセルの個数を返します。

Q 248 条件を満たすデータの合計を計算するには？

A SUMIF関数を利用します。

「売上表の特定の商品の合計を計算したい」といったように、指定した条件に一致するセルの値を合計するには、「SUMIF関数」を利用します。SUMIF関数は、指定した範囲から検索条件に一致するセルを検索し、そのセルに対応した数値の合計を計算します。

下の手順では、検索対象となるセル範囲［C4:C34］から、検索条件にセル［F4］の「デスクトップパソコン」に一致するセルを検索し、合計範囲となるセル範囲［D4:D34］に入力されている数値を合計しています。

1 セルに「=SUMIF（$C$4:$C$34, F4,$D$4:$D$34）」と入力して、Enter を押すと、

範囲　　合計範囲　　検索条件

2 計算結果が表示されます。

● Memo

引数の指定

上の手順では、数式をコピーすることを考えて、範囲を絶対参照で指定しています。

● Memo

SUMIF関数（数学／三角）

=SUMIF(範囲,検索条件,合計範囲)
指定された範囲に含まれるセルのうち、条件に一致するセルの値を合計します。

Excelと文書とは？　文書作成の基本　文書の入力　文書の編集　文字やセルの書式　罫線と表作成　数式の入力と編集　関数の利用　図形や画像の操作　グラフの作成　ファイルの保存と共有　文書の印刷

序　1　2　3　4　5　6　7　8　9　10　11

✎ 条件分岐

Q 249 条件によって表示する文字を変えるには？

A IF関数を利用します。

「70以上の場合は『合格』、それ以外は『不合格』と表示する」といったように、指定した条件を満たすかどうかで処理を2つに分けるには、「IF関数」を利用します。引数の「論理式」に「もし○○ならば」という条件を指定し、条件を満たす場合は「値が真の場合」の処理を、満たさない場合は「値が偽の場合」の処理を実行します。
下の手順では、点数が70以上の場合に「合格」、それ以外の場合は「不合格」と表示しています。

=IF (B4>=70,"合格","不合格")

	A	B	C	D	E	F	G	H
	C4		×		=IF(B4>=70,"合格","不合格")			
1	試験結果							
2								
3	氏名	点数	合否					
4	青木 亮太	63	不合格					
5	山崎 麻衣	81	合格					
6	山口 絵美	56	不合格					
7	池田 美穂	42	不合格					
8	遠藤 佳奈	92	合格					

◎ Memo

IF関数（論理）

=IF(論理式,値が真の場合,値が偽の場合)
論理式の結果（真または偽）によって、指定された値を返します。

✎ 条件分岐

Q 250 IF関数で結果が合わない場合は？

A 論理式に指定したセルの値が正しいかどうか確認します。

IF関数を使用して、たとえば論理式を「A1>=70」と指定した場合、セル [A1] に「70」と表示されているのに、「偽」と判定されることがあります。これは、小数点以下を非表示にするなどの設定によって、実際には「69.9」と入力されているためです。

✎ 条件分岐

Q 251 IF関数で3段階の評価をするには？

A IF関数を2つ組み合わせます。

IF関数では、1つの条件に対して処理を2つに分けます。3つに分けたい場合は、IF関数の中にさらにIF関数を指定します。
下の手順では、点数が70以上の場合は「A」、40以上70未満の場合は「B」、40未満の場合は「C」と表示しています。最初のIF関数で、70以上かどうかを判定し、70以上（TRUE）なら「A」を表示します。70未満（FALSE）の場合は、2番目のIF関数で40以上かどうかを判定し、40以上（TRUE）なら「B」、40未満（FALSE）なら「C」を表示するように指定しています。

=IF (B4>=70,"A",IF (B4>=40,"B","C"))

	A	B	C	D	E	F	G	H
	C4		×		=IF(B4>=70,"A",IF(B4>=40,"B","C"))			
1	試験結果							
2								
3	氏名	点数	ランク					
4	青木 亮太	63	B					
5	山崎 麻衣	81	A					
6	山口 絵美	56	B					
7	池田 美穂	42	B					
8	遠藤 佳奈	92	A					
9	田中 直美	83	A					
10	前田 千尋	77	A					
11	山下 愛美	60	B					
12	岡田 昇平	37	C					
13	伊藤 健一	40	B					
14	藤原 秀樹	49	B					
15	渡辺 陽子	90	A					
16	近藤 祥	55	B					
17	吉田 智子	38	C					

=IF (B4>=70,"A",IF (B4>=40,"B","C"))
❶ ❷ ❸ ❹ ❺

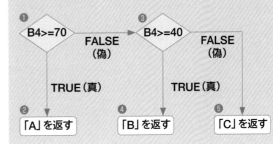

❶ B4>=70 → FALSE（偽） → ❸ B4>=40 → FALSE（偽） → ❺「C」を返す
❷ TRUE（真） → 「A」を返す
❹ TRUE（真） → 「B」を返す

Q 252 複数の条件によって処理を変えるには？

A IF関数にAND関数やOR関数を組み合わせます。

複数の条件を設定し、判定の結果によって処理を変えるには、IF関数とAND関数、またはIF関数とOR関数を組み合わせます。

AND関数は複数の条件のすべてを満たすかどうか判定し、OR関数は複数の条件のいずれかを満たすかどうか判定します。

下の手順のAND関数を利用した例では、2つの点数が両方70点以上の場合に「合格」を表示し、それ以外の場合は空白にしています。OR関数を利用した例では、2つの点数のいずれかが70点以上の場合に「合格」を表示し、それ以外の場合は空白にしています。空白にする場合は、引数に「"（ダブルクォテーション）」を2つ入力し、「""」と指定します。

● IF関数とAND関数の場合

=IF (AND (B4>=70,C4>=70) ,"合格"," ")

	A	B	C	D	E	F	G	H
D4				=IF(AND(B4>=70,C4>=70),"合格","")				
1	試験結果							
2				両方70以上				
3	氏名	筆記	実技	合否				
4	青木 亮太	63	72					
5	山崎 麻衣	81	78	合格				
6	山口 絵美	56	68					
7	池田 美穂	42	55					
8	遠藤 佳奈	92	80	合格				
9	田中 直美	83	72	合格				
10	前田 千尋	77	69					
11	山下 愛美	60	71					
12	岡田 昇平	37	59					
13	伊藤 健一	80	67					
14	藤原 秀樹	49	73					
15	渡辺 陽子	90	82	合格				
16	近藤 祥	55	60					
17	吉田 智子	38	57					
18	高橋 由美子	72	74	合格				
19								

● AND関数

AND関数は、条件Aと条件Bを両方満たす（下図の色部分）かどうかを判定します。

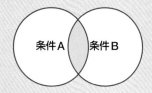

● IF関数とOR関数の場合

=IF (OR (B4>=70,C4>=70) ,"合格"," ")

	A	B	C	D	E	F	G	H
D4				=IF(OR(B4>=70,C4>=70),"合格","")				
1	試験結果							
2				どちらか70以上				
3	氏名	筆記	実技	合否				
4	青木 亮太	63	72	合格				
5	山崎 麻衣	81	78	合格				
6	山口 絵美	56	68					
7	池田 美穂	42	55					
8	遠藤 佳奈	92	80	合格				
9	田中 直美	83	72	合格				
10	前田 千尋	77	69	合格				
11	山下 愛美	60	71	合格				
12	岡田 昇平	37	59					
13	伊藤 健一	80	67	合格				
14	藤原 秀樹	49	73	合格				
15	渡辺 陽子	90	82	合格				
16	近藤 祥	55	60					
17	吉田 智子	38	57					
18	高橋 由美子	72	74	合格				
19								

● OR関数

OR関数は、条件Aまたは条件Bのいずれかを満たす（下図の色部分）かどうかを判定します。

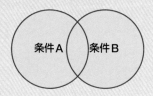

Memo
AND関数（論理）

=AND(論理式1,論理式2,…)
指定した条件をすべて満たす場合に「TRUE」を、1つでも満たさない場合に「FALSE」を表示します。

Memo
OR関数（論理）

=OR(論理式1,論理式2,…)
指定した条件を1つでも満たす場合に「TRUE」を、すべてを満たさない場合に「FALSE」を表示します。

Q 253 「上位○%」に含まれる数値に印を付けるには?

A IF関数とPERCENTILE.INC関数を組み合わせます。

売上表や試験結果などで、上位(下位)○%以内に含まれるデータを判定したい場合は、IF関数とPERCENTILE.INC関数を組み合わせます。
PERCENTILE.INC関数は、パーセンタイル値を求める関数です。パーセンタイル値とは、値を小さい順に並べて100等分したときの各分割点の位置にある値で、百分位数ともいいます。引数の[配列]には順位の元になる数値のセル範囲を指定し、[率]には割合を指定します。
下の手順では、点数が上位20%に含まれるデータに「○」を表示しています。PERCENTILE.INC関数は小さい順に並べるため、引数の[率]には、「0.2」ではなく「0.8」を指定します。また、[配列]のセル範囲は絶対参照にしています。

```
=IF ( PERCENTILE.INC ( $B$4:$B$18,0.8 )
<=B4," ○ "," ")
```

C4	▼	:	×	✓	=IF(PERCENTILE.INC($B$4:$B$18,0.8)<=B4,"○","")	

▲	A	B	C	D	E	F	G	H
1	試験結果							
2								
3	氏名	点数	上位20%					
4	青木 亮太	63						
5	山崎 麻衣	81						
6	山口 絵美	56						
7	池田 美穂	42						
8	遠藤 佳奈	92	○					
9	田中 直美	83	○					
10	前田 千尋	77						
11	山下 愛美	60						
12	岡田 昇平	37						
13	伊藤 健一	80						
14	藤原 秀樹	49						
15	渡辺 陽子	90	○					
16	近藤 祥	55						
17	吉田 智子	38						
18	髙橋 由美子	72						
19								

◎ Memo
PERCENTILE.INC 関数(統計)

=PERCENTILE.INC(配列,率)
[配列]に指定した数値を小さいほうから並べたときに、指定した[率]の位置にある「値」を求めます。

Q 254 エラー値を表示しないようにするには?

A IFERROR関数を利用します。

セルに表示されるエラー値を空白にしたり、任意の文字列を表示させたりするには、IFERROR関数を利用します。
下の手順では、エラー値のかわりに空白にしています。文字列を表示する場合は、文字列を「" (ダブルクォーテーション)」で囲みます。

```
=VLOOKUP(A21,$L$19:$N$36,2,FALSE)
```

C21	▼	:	×	✓	=VLOOKUP(A21,$L$19:$N$36,2,FALSE)	

▲	A	B	C	D	E	F	G	H	I	J
16										
17										
18	商品番号		商品名				数量	単価	金額	
19	01-C		デスクトップパソコンC				3	137,500	412,500	
20	02-B		ノートパソコンB				6	121,900	731,400	
21			#N/A					#N/A	#N/A	
22			#N/A					#N/A	#N/A	
23			#N/A					#N/A	#N/A	
24			#N/A					#N/A	#N/A	

1 数式が入力されているセルを選択し、

```
=IFERROR ( VLOOKUP ( A21,
$L$19:$N$36,2,FALSE)," " )
```

C21	▼	:	×	✓	=IFERROR(VLOOKUP(A21,$L$19:$N$36,2,FALSE),"")	

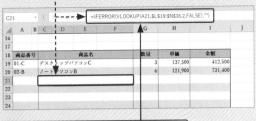

▲	A	B	C	D	E	F	G	H	I	J
16										
17										
18	商品番号		商品名				数量	単価	金額	
19	01-C		デスクトップパソコンC				3	137,500	412,500	
20	02-B		ノートパソコンB				6	121,900	731,400	
21										
22										
23										
24										

2 「=」と数式の間に「IFERROR(」、数式の末尾に「," "」を入力します。

◎ Memo
IFERROR 関数(論理)

=IFERROR(値,エラーの場合の値)
式がエラーの場合に、指定した値を表示します。エラーでない場合は、計算結果を表示します。

Q 255 参照セルが空白のときに「0」を表示しないようにするには？

A IF関数とISBLANK関数を組み合わせます。

数式によっては、参照セルが空白のときに「0」が表示されることがあります。「0」を表示しないようにするには、IF関数とISBLANK関数を組み合わせます。ISBLANK関数は、セルの内容が空白かどうか判定する関数です。

下の手順では、金額のセル [D2] に単価×数量の数式「=B2*C2」が入力されていますが、数量のセル [C2] が空白のため、計算結果に「0」が表示されています。この「0」を空白にします。また、任意の文字列を表示する場合は、文字列を「"（ダブルクォーテーション）」で囲みます。

=B2*C2

	A	B	C	D	E	F	G
	商品名	単価	数量	金額			
2	デスクトップパソコンC	137,500		0			
3	ノートパソコンB	121,900	6	731,400			
4	タブレットA	27,600	5	138,000			
5	タブレットC	78,270	5	391,350			

1 数式が入力されているセルを選択し、

=IF (ISBLANK (C2) ," ",B2*C2)

	A	B	C	D	E	F	G
1	商品名	単価	数量	金額			
2	デスクトップパソコンC	137,500					
3	ノートパソコンB	121,900	6	731,400			
4	タブレットA	27,600	5	138,000			
5	タブレットC	78,270	5	391,350			

2 「=」と数式の間に「IF (ISBLANK (C2) ," ",」、数式の末尾に「)」を入力します。

○ Memo

ISBLANK 関数（情報）

=ISBLANK(テストの対象)
指定したセルの内容が空白の場合に「TRUE」と表示します。

Q 256 データが入力されている場合のみ合計を表示するには？

A IF関数とCOUNT関数、SUM関数を組み合わせます。

SUM関数を利用しているとき、参照セルがすべて空白の場合は「0」が表示されます。データが入力されているときだけ合計が表示されるようにするには、IF関数にCOUNT関数とSUM関数を組み合わせます。
COUNT 関数で、指定したセル範囲にデータが入力されているか確認し、入力されているときだけSUM関数で合計を表示します。

参照 ▶ Q243, Q249

=SUM (B4:E4)

1 数式が入力されているセルを選択し、

=IF (COUNT (B4:E4) =0," ",SUM (B4:E4))

2 「=」と数式の間に「IF (COUNT (B4:E4) =0," ",」、数式の末尾に「)」を入力します。

3 数値を入力すると、

4 合計が表示されます。

Q 257 今日の日付を入力するには？

A TODAY関数やNOW関数を利用します。

現在の日付を入力するには、TODAY関数を利用します。また、現在の日付と時刻を入力するには、NOW関数を利用します。これらの関数は、ファイルを開くたびに更新されるので、入力時の日付を残しておきたい場合は、関数を使わず、直接入力します。

参照 ▶ Q070

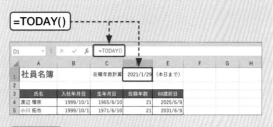

`=TODAY()`

● Memo

TODAY関数（日付 / 時刻）

`=TODAY()`
現在の日付を表示します。引数には何も入力しません。

● Memo

NOW関数（日付 / 時刻）

`=NOW()`
現在の日付と時刻を表示します。引数には何も入力しません。

Q 258 経過日数や経過時間を求めるには？

A 終了日（時刻）から開始日（時刻）を引きます。

経過日数や経過時間を求めるには、「=D8-C8」のように、終了日（時刻）から開始日（時刻）を引く数式を入力します。

日付の引き算を行ったときに、セルの表示形式が＜日付＞に設定された場合は、＜標準＞に変更します。時刻の引き算の場合は、計算結果が24時間以内であれば、表示形式は＜時刻＞のままで問題ありません。

`=D8-C8`

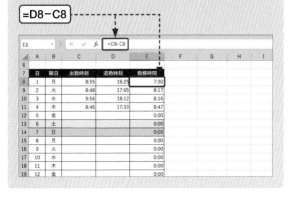

Q 259 数式に時間を直接入力して計算するには？

A 日付や時刻を表す文字列を「"」で囲みます。

数式に日付や時刻のデータを直接入力するには、日付や時刻を表す文字列を「"（ダブルクォーテーション）」で囲みます。

下の手順では、勤務時間を計算するため、退勤時刻から出勤時刻を引き、さらに休憩時間の「1:00」を、数式に直接入力して引いています。

`=D8-C8-"1:00"`

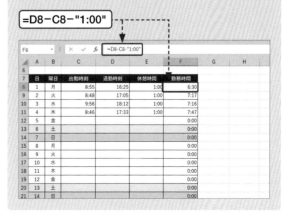

📎 日付や時間の計算

Q 260 日付や時間の計算結果が「####…」と表示される場合は？

日付の計算や時間の計算を行ったときに、計算結果が「####…」のエラー値で表示される場合は、計算結果が負の値になっているか、セルの幅が狭くて値を表示しきれなくなっていることが原因です。
数式に間違いがないか確認し、問題なければセル幅を広げます。

A 計算結果が負の値になっているか、セル幅が不足しています。

📎 日付や時間の計算

Q 261 日付から「年」「月」「日」の数値を取り出すには？

A YEAR関数、MONTH関数、DAY関数を利用します。

日付が入力されているセルから「年」を取り出すにはYEAR関数、「月」を取り出すにはMONTH関数、「日」を取り出すにはDAY関数を利用します。

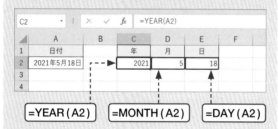

セルの表示形式は＜標準＞になっています。

=YEAR(A2) =MONTH(A2) =DAY(A2)

○Memo
YEAR関数（日付／時刻）
=YEAR(シリアル値)
年を1900～9999の範囲の整数で返します。

○Memo
MONTH関数（日付／時刻）
=MONTH(シリアル値)
月を1～12の範囲の整数で返します。

○Memo
DAY関数（日付／時刻）
=DAY(シリアル値)
日を1～31の範囲の整数で返します。

📎 日付や時間の計算

Q 262 時刻から「時」「分」「秒」の数値を取り出すには？

A HOUR関数、MINUTE関数、SECOND関数を利用します。

時刻が入力されているセルから「時」を取り出すにはHOUR関数、「分」を取り出すにはMINUTE関数、「秒」を取り出すにはSECOND関数を利用します。

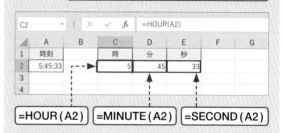

セルの表示形式は＜標準＞になっています。

=HOUR(A2) =MINUTE(A2) =SECOND(A2)

○Memo
HOUR関数（日付／時刻）
=HOUR(シリアル値)
時刻を0～23の範囲の整数で返します。

○Memo
MINUTE関数（日付／時刻）
=MINUTE(シリアル値)
分を0～59の範囲の整数で返します。

○Memo
SECOND関数（日付／時刻）
=SECOND(シリアル値)
秒を0～59の範囲の整数で返します。

✎ 日付や時間の計算

✎ 日付や時間の計算

✎ 日付や時間の計算

✎ 日付や時間の計算

✎ 日付や時間の計算

✎ 日付や時間の計算

✎ 日付や時間の計算

✎ 日付や時間の計算

出勤管理表.xlsx

Q263 別のセルの数値から日付や時刻を表すには？

A DATE関数または TIME関数を利用します。

別々のセルに入力された「年」「月」「日」の数値から日付を表すにはDATE関数、「時」「分」「秒」から時刻を表すにはTIME関数を利用します。

右の手順では、DATE関数を利用して、年と月の数値を変更すると、日と曜日が自動的に更新されるようにしています。予定表や勤務管理表などに利用すると便利です。

○ Memo

DATE関数（日付 / 時刻）

=DATE(年,月,日)
年、月、日の3つの数値から日付を作成します。

○ Memo

TIME関数（日付 / 時刻）

=TIME(時,分,秒)
時、分、秒の3つの数値から時刻を作成します。

● DATE関数とTIME関数

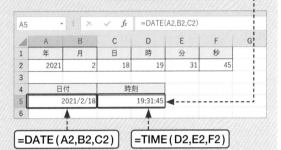

表示形式を＜時刻＞の＜*13:30:55＞に設定しています。

=DATE(A2,B2,C2)　　=TIME(D2,E2,F2)

● DATE関数を利用した出勤管理表

年、月の数値を変更すると、セル[A8]の日付と[B8]の曜日が更新されます。

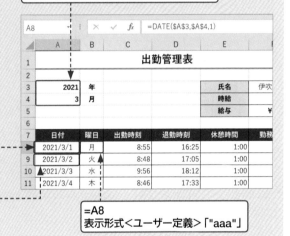

=DATE($A$3,$A$4,1)
表示形式＜日付＞

=A8+1

=A8
表示形式＜ユーザー定義＞「"aaa"」

✎ 日付や時間の計算

Q264 生年月日から満60歳になる日を求めるには？

A DATE関数、YEAR関数、MONTH関数、DAY関数を組み合わせます。

退職日の計算などに用いるために、生年月日から満60歳に達する日の前日や、月末日を求めるには、DATE関数、YEAR関数、MONTH関数、DAY関数を組み合わせます。

下の手順では、満60歳に達する前日の日付を求めています。満60歳に達する月末日を求める場合の数式は、「DATE(YEAR(C4)+60,MONTH(C4)+1,0)」となります。

=DATE(YEAR(C4)+60,MONTH(C4),DAY(C4)-1)

Q 265 「○カ月後」の日付を求めるには？

A EDATE関数を利用します。

特定の日付から、指定した数カ月後、または数カ月前の日付を求めるには、EDATE関数を利用します。
計算結果にはシリアル値が表示されるので、あらかじめセルの表示形式を＜日付＞に設定しておきます。
下の手順では、「納品予定日」に「開始日」の2カ月後の日付を表示しています。

セルの表示形式を＜日付＞にしています。

	A	B	C	D	E	F	G
1	納品管理						
2							
3	受注No	受注日	開始日	納品予定日	納品日	作業日数	請求日
4	2021001	2021/1/12	2021/1/15	2021/3/15	2021/3/12	39	2021/4/30
5	2021002	2021/1/21	2021/1/26	2021/3/26	2021/3/24	40	2021/4/30
6	2021003	2021/1/29	2021/2/3	2021/4/3	2021/3/31	39	2021/4/30
7	2021004	2021/2/4	2021/2/9	2021/4/9	2021/4/12	43	2021/5/31
8	2021005	2021/2/15	2021/2/26	2021/4/26	2021/4/23	41	2021/5/31
9	2021006	2021/2/23	2021/2/25	2021/4/25	2021/4/21	40	2021/5/31
10	2021007	2021/3/3	2021/3/8	2021/5/8	2021/5/11	43	2021/6/30
11	2021008	2021/3/8	2021/3/12	2021/5/12	2021/5/14	42	2021/6/30
12							

D4 =EDATE(C4,2)

=EDATE(C4,2)

● Memo

EDATE関数（日付／時刻）

=EDATE(開始日,月)
開始日から起算して、指定した月だけ前または後の日付を求めます。前の月を求める場合は、**負**の値を指定します。

Q 266 「○カ月後の月末」の日付を求めるには？

A EOMONTH関数を利用します。

特定の日付から、指定した数カ月後、または数カ月前の月の最終日を求めるには、EOMONTH関数を利用します。
計算結果にはシリアル値が表示されるので、あらかじめセルの表示形式を＜日付＞に設定しておきます。
下の手順では、「請求日」に「納品日」の1カ月後の月の最終日を表示しています。

セルの表示形式を＜日付＞にしています。

	A	B	C	D	E	F	G
1	納品管理						
2							
3	受注No	受注日	開始日	納品予定日	納品日	作業日数	請求日
4	2021001	2021/1/12	2021/1/15	2021/3/15	2021/3/12	39	2021/4/30
5	2021002	2021/1/21	2021/1/26	2021/3/26	2021/3/24	40	2021/4/30
6	2021003	2021/1/29	2021/2/3	2021/4/3	2021/3/31	39	2021/4/30
7	2021004	2021/2/4	2021/2/9	2021/4/9	2021/4/12	43	2021/5/31
8	2021005	2021/2/15	2021/2/26	2021/4/26	2021/4/23	41	2021/5/31
9	2021006	2021/2/23	2021/2/25	2021/4/25	2021/4/21	40	2021/5/31
10	2021007	2021/3/3	2021/3/8	2021/5/8	2021/5/11	43	2021/6/30
11	2021008	2021/3/8	2021/3/12	2021/5/12	2021/5/14	42	2021/6/30

G4 =EOMONTH(E4,1)

=EOMONTH(E4,1)

● Memo

EOMONTH関数（日付／時刻）

=EOMONTH(開始日,月)
開始日から起算して、指定した月だけ前または後の月末の日付を求めます。前の月を求める場合は、**負**の値を指定します。

Q 267 「○カ月後の1日」の日付を求めるには？

A EOMONTH関数を利用します。

特定の日付から指定した数カ月後の1日の日付を求めるには、EOMONTH関数を利用して、目的の前の月末

の日付を求め、それに「1」を加算します。
たとえば、セル［A1］に入力されている日付の2カ月後の1日の日付を求める場合は、「=EOMONTH(A1,1)+1」となります。「=EOMONTH(A1,1)」で、1カ月後の末日の日付を求めています。
計算結果にはシリアル値が表示されるので、あらかじめセルの表示形式を＜日付＞に設定しておきます。

参照 ▶ Q266

Q 268 2つの日付の期間を求めるには？

A DATEDIF関数を利用します。

在籍年数や加入期間など、2つの日付の経過年数や経過月数を求めるには、DATEDIF関数を利用します。DATEDIF関数は、＜数式＞タブの＜関数ライブラリ＞グループや＜関数の挿入＞ダイアログボックスからは入力できないので、セルに直接入力します。

DATEDIF関数では、下表のように戻り値の単位と種類を引数「単位」で指定することによって、期間を年数、月数、日数で求めることができます。

右の手順では、入社年月日からセル [D4] の日付（2021年4月1日）までの在籍年数を求めています。

単位	戻り値の単位と種類
"Y"	期間内の満年数
"M"	期間内の満月数
"D"	期間内の満日数
"YM"	1年未満の月数
"YD"	1年未満の日数
"MD"	1カ月未満の日数

D4 | ✕ ✓ fx =DATEDIF(B4,$D$1,"Y")

	A	B	C	D	
1	社員名簿			2021/4/1	現在
2					
3	氏名	入社年月日	生年月日	在籍年数	60歳
4	渡辺 理奈	1999/10/1	1965/6/10	21	20
5	小川 拓也	1999/10/1	1971/6/10	21	20
6	山田 久美子	2003/4/1	1980/10/31	18	2040
7	加藤 淳	2005/4/1	1982/11/28	16	2042
8	岡田 恵	2006/12/1	1981/5/23	14	204
9	田中 明日香	2008/4/1	1986/10/27	13	2046
10	藤井 達哉	2010/10/16	1984/4/21	10	204
11	前田 拓海	2013/4/1	1988/6/15	8	204
12	福田 裕子	2013/4/1	1990/6/14	8	205
13	佐々木 千尋	2015/6/1	1991/8/22	5	205
14	山本 美咲	2015/12/1	1985/4/3	5	20
15	斉藤 彩	2016/4/1	1993/9/23	5	205
16	村上 愛美	2017/4/1	1994/5/22	4	205
17	佐々木 翼	2019/6/1	1995/6/7	1	20
18	森 沙織	2020/4/1	1998/2/2	1	20
19					
20					

=DATEDIF (B4,$D$1,"Y")

● Memo

DATEDIF関数（日付 / 時刻）

=DATEDIF(開始日 , 終了日 , 単位)
開始日から終了日までの期間を、指定した単位で求めます。

Q 269 期間を「○年△カ月」と表示するには？

A DATEDIF関数を 2つ組み合わせます。

2つの日付の期間を、1つのセルに「○年△カ月」と表示するには、2つのDATEDIF関数で年数と月数を別々に求め、「&」で結合します。

右の手順では、前半のDATEDIF関数で在籍期間の満年数を、後半のDATEDIF関数で在籍期間のうち1年未満の月数を求めています。

参照 ▶ Q268

D4 | ✕ ✓ fx =DATEDIF(B4,$D$1,"Y")&"年"&DATEDIF(B4,$D$1,"YM")&"カ月"

	A	B	C	D	E	F	G
1	社員名簿			2021/4/1 現在			
2							
3	氏名	入社年月日	生年月日	在籍期間	60歳前日		
4	渡辺 理奈	1999/10/1	1965/6/10	21年6カ月	2025/6/9		
5	小川 拓也	1999/10/1	1971/6/10	21年6カ月	2031/6/9		
6	山田 久美子	2003/4/1	1980/10/31	18年0カ月	2040/10/30		
7	加藤 淳	2005/4/1	1982/11/28	16年0カ月	2042/11/27		
8	岡田 恵	2006/12/1	1981/5/23	14年4カ月	2041/5/22		
9	田中 明日香	2008/4/1	1986/10/27	13年0カ月	2046/10/26		
10	藤井 達哉	2010/10/16	1984/4/21	10年5カ月	2044/4/20		
11	前田 拓海	2013/4/1	1988/6/15	8年0カ月	2048/6/14		
12	福田 裕子	2013/4/1	1990/6/14	8年0カ月	2050/6/13		
13	佐々木 千尋	2015/6/1	1991/8/22	5年10カ月	2051/8/21		
14	山本 美咲	2015/12/1	1985/4/3	5年4カ月	2045/4/2		
15	斉藤 彩	2016/4/1	1993/9/23	5年0カ月	2053/9/22		
16	村上 愛美	2017/4/1	1994/5/22	4年0カ月	2054/5/21		
17	佐々木 翼	2019/6/1	1995/6/7	1年10カ月	2055/6/6		
18	森 沙織	2020/4/1	1998/2/2	1年0カ月	2058/2/1		
19							

=DATEDIF (B4,$D$1,"Y") &"年"&
DATEDIF (B4,$D$1,"YM") &"カ月 "

Excel文書とは？ 序

文書作成の基本 1

文書の入力 2

文書の編集 3

文字やセルの書式 4

罫線と表作成 5

数式の入力と編集 6

関数の利用 7

図形や画像の操作 8

クラフの作成 9

ファイルの保存と共有 10

文書の印刷 11

Q 270 「○営業日後」の日付を求めるには？

A WORKDAY関数を利用します。

業務開始日から○営業日後に納品する場合など、土日、祝日などを除いた稼働日数後の日付を求めるには、WORKDAY関数を利用します。引数「祭日」は省略できますが、指定する場合は、あらかじめ祝日や休業日などの一覧表を作成し、そのセル範囲を指定します。「祭日」を指定しない場合は、土日のみ除外されます。計算結果にはシリアル値が表示されるので、あらかじめセルの表示形式を＜日付＞に設定しておきます。

下の手順では、祝日の一覧（セル範囲［F4:F11］）を作成しておき、「開始日」から、土日、祝日を除いた20営業日後を「納品予定日」として求めています。

セルの表示形式を＜日付＞にしています。

D4　｜　fx　=WORKDAY(C4,20,$F$4:$F$11)

納品管理

	A	B	C	D	E	F
1	納品管理					
2						
3	受注No	受注日	開始日	納品予定日		祝日
4	2021001	2021/1/12	2021/1/15	2021/2/15		2021/1/1
5	2021002	2021/1/21	2021/1/26	2021/2/25		2021/1/11
6	2021003	2021/1/29	2021/2/3	2021/3/3		2021/2/11
7	2021004	2021/2/4	2021/2/9	2021/3/11		2021/2/23
8	2021005	2021/2/15	2021/2/26	2021/3/26		2021/4/29
9	2021006	2021/2/23	2021/2/25	2021/3/25		2021/5/3
10	2021007	2021/3/3	2021/3/8	2021/4/5		2021/5/4
11	2021008	2021/3/8	2021/3/12	2021/4/9		2021/5/5
12						
13						

=WORKDAY (C4,20,$F$4:$F$11)

● Memo

WORKDAY 関数（日付／時刻）

=WORKDAY(開始日,日数,祭日)
開始日から起算して、土日と祝日などを除く指定した営業（稼働）日数後または前の日付を求めます。前の日付を求める場合は負の値を指定します。

Q 271 2つの日付の間の営業日数を求めるには？

A NETWORKDAYS関数を利用します。

2つの日付の期間のうち、土日、祝日などを除いた稼働日数を求めるには、NETWORKDAYS関数を利用します。引数「祭日」は省略できますが、指定する場合は、あらかじめ祝日や休業日などの一覧表を作成し、そのセル範囲を指定します。「祭日」を指定しない場合は、土日のみ除外されます。計算結果にはシリアル値が表示されるので、あらかじめセルの表示形式を＜日付＞に設定しておきます。

下の手順では、祝日の一覧を作成しておき、「納品日」から「開始日」の期間のうち、土日、祝日を除いた日数を「作業日数」として求めています。

セルの表示形式を＜日付＞にしています。

F4　｜　fx　=NETWORKDAYS(C4,E4,$I$4:$I$11)

=NETWORKDAYS (C4,E4,$I$4:$I$11)

● Memo

NETWORKDAYS関数（日付／時刻）

=NETWORKDAYS(開始日,終了日,祭日)
開始日から終了日までの、土日と祝日などを除く営業（稼働）日数を求めます。

Q 272 時間を30分単位で切り捨てるには？

A FLOOR.MATH関数を利用します。

時給の計算などで、時間を30分単位で切り捨てる場合は、FLOOR.MATH関数を利用します。引数「基準値」に「"0:30"」と直接時間を指定すると、30分単位で表示できます。計算結果にはシリアル値が表示されるので、セルの表示形式を時刻に設定しておきます。

参照 ▶ Q080

> 表示形式を<ユーザー定義>の「[h]:mm」に設定しています。

F40			fx	=FLOOR.MATH(F39,"0:30")	
	A	B	C	D	E	F
7	日	曜日	出勤時刻	退勤時刻	休憩時間	勤務時間
8	1	月	8:55	16:25	1:00	6:30
9	2	火	8:48	17:05	1:00	7:17
10	3	水	9:56	18:12	1:00	7:16
11	4	木	8:46	17:33	1:00	7:47
12	5	金				0:00
13	6	土				0:00
14	7	日				0:00
15	8	月				0:00
16	9	火				0:00
29	22	月				0:00
30	23	火				0:00
31	24	水				0:00
32	25	木				0:00
33	26	金				0:00
34	27	土				0:00
35	28	日				0:00
36	29	月				0:00
37	30	火				0:00
38	31	水				0:00
39					合計	28:50
40					30分単位	28:30
41						

Sheet1 ⊕
準備完了

=FLOOR.MATH (F39,"0:30")

● Memo

FLOOR.MATH関数（数学／三角）

=FLOOR.MATH(数値,基準値,モード)
数値を基準値の倍数の中で、もっとも近い数値に切り捨てます。「モード」は、「数値」が負の場合に利用します。

Q 273 時給を計算するには？

A 時刻を表すシリアル値に「24」を掛けます。

「時給×時間」で給与を計算する場合、時間が「10:30」のように入力されていると、正しく計算されません。これは、計算にシリアル値が使われており、シリアル値では、1日（24時間）を1で表すためです。そこで、シリアル値に24を掛けて、1時間を1にすると、時給が正しく計算されます。

> 表示形式を<通貨>に設定しています。　　　=F4*F39

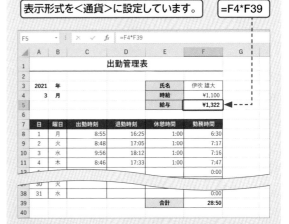

1 「時給×時間」では正しく計算されませんが、

↓

2 「時給×時間×24」にすると、正しく計算されます。　　=F4*F39*24

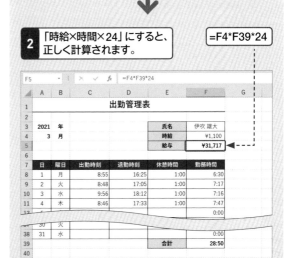

Q 274 商品番号を入力して商品名を取り出すには？

A VLOOKUP関数を利用します。

商品番号を入力すると、対応する商品名や価格などがセルに表示されるようにするには、VLOOKUP関数を利用します。VLOOKUP関数は、キーワードを元に表内を検索し、キーワードに該当する値を表示する関数です。VLOOKUP関数で検索する表は、下記のルールに従って作成します。

- 表の左端の列に検索対象のデータを入力し、VLOOKUP関数が返す値を検索対象の列よりも右側の列に入力する。

- 検索範囲の列のデータを重複させない。重複するデータがある場合は、より上の行にあるデータが検索されます。

- 検索対象のデータが数値の場合は、昇順に並べ替えるか、引数「検索方法」を「FALSE(0)」に指定します。

また、引数の「検索方法」には、「TRUE」（あるいは「1」）または「FALSE」（あるいは「0」）を指定することで、検索方法を使い分けることができます。引数「検索値」と

完全に一致する値だけを得る場合は「FALSE」、完全に一致する値がない場合に、近い値を得る場合は「TRUE」を指定します。詳細は、下の表のとおりです。

下の手順では、商品リストの表から、セル[A19]に入力した商品番号に該当する商品名と単価を表示しています。

引数	FALSE/0	TRUE/1/省略
検索の種類	一致検索	近似検索
検索値と完全に一致するデータがある場合	検索値と完全に一致したデータが表示される。	
検索値と完全に一致するデータがない場合	エラー値「#N/A」が表示される。	検索値未満でもっとも大きい値が表示される。
データの並べ方	検索範囲の左端列のデータを昇順に並べ替えておく必要はない。	検索範囲の左端列のデータを昇順に並べ替えておく。

▶ Memo

VLOOKUP関数（検索/行列）

=VLOOKUP(検索値,範囲,列番号,検索方法)
指定した範囲から、特定の値を検索し、指定した列のデータを取り出します。
「列番号」は、「範囲」の左端を1列目と数え、取り出したいデータが入力されている列を数値で指定します。

=VLOOKUP (A19,$L$19:$N$36,2,FALSE)

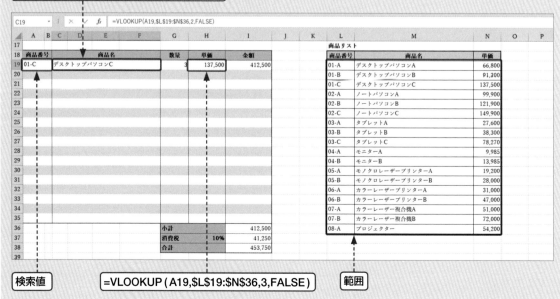

=VLOOKUP (A19,$L$19:$N$36,3,FALSE)　　検索値　　範囲

Q 275 VLOOKUP関数で「#N/A」が表示されないようにするには？

A IFERROR関数を利用します。

VLOOKUP関数で検索を行ったときに、検索値が存在しないとエラー値「#N/A」が表示されます。エラー値が表示されないようにするには、IFERROR関数を利用し、検索値が存在するときは検索結果を表示し、検索値が存在しないときにはエラーが表示されないようにします。

下の手順では、検索値が存在しない場合に空白になるように指定しています。　参照 ▶ Q254, Q274

```
=IFERROR ( VLOOKUP ( A20,
$L$19:$N$36,2,FALSE),"")
```

```
=VLOOKUP ( A21,
$L$19:$N$36,2,FALSE )
```

Q 276 異なるセル範囲から検索するには？

A VLOOKUP関数とINDIRECT関数を組み合わせます。

検索対象の表を切り替えながら検索したい場合は、文字列をセル範囲に付けた名前に変換できるINDIRECT関数を組み合わせます。あらかじめ検索する表の範囲に名前を付けておき、この範囲の名前を利用することで、検索する表を切り替えられるようにします。

下の手順では、検索する2つの範囲にそれぞれ「PC」、「周辺機器」と名前を付けています。VLOOKUP関数の引数「範囲」にINDIRECT関数を指定し、セル [A19] の文字列をセル範囲に変換して、商品番号を一致する商品名や単価を取り出します。　参照 ▶ Q274

● Memo

INDIRECT関数（検索／行列）

=INDIRECT(参照文字列,参照形式)
文字列を、セル範囲に付けた名前やテーブル名に変換したり、文字として入力されたセル参照を、計算に利用できるセル参照に変換したりします。

```
=VLOOKUP ( B19,INDIRECT (A19) ,2,FALSE )
```

```
=VLOOKUP ( B20,INDIRECT (A20) ,2,FALSE )
```

商品番号	商品名	単価
	パソコン	
01-A	デスクトップパソコンA	66,800
01-B	デスクトップパソコンB	91,300
01-C	デスクトップパソコンC	137,500
02-A	ノートパソコンA	99,900
02-B	ノートパソコンB	121,900
02-C	ノートパソコンC	149,900
	周辺機器	
01-A	モニターA	9,985
01-A	モニターB	13,985
02-B	モノクロレーザープリンターA	19,200
02-B	モノクロレーザープリンターB	28,000
03-A	カラーレーザープリンターA	31,000
03-B	カラーレーザープリンターB	47,000
04-A	カラーレーザー複合機A	51,000
04-B	カラーレーザー複合機B	72,000
05-A	プロジェクター	54,200

		小計	230,355
	消費税	10%	23,035
	合計		253,390

Q 277 最大値や最小値を求めるには？

A MAX関数やMIN関数を利用します。

売上の最高額や、試験の最高点などを求めたい場合は、MAX関数を利用します。また、最低額や最低点を求めたい場合はMIN関数を利用します。

`=MAX(B4:B10)` `=MIN(B4:B10)`

氏名	点数
青木 亮太	63
山崎 麻衣	83
山口 絵美	56
池田 美穂	42
遠藤 佳奈	92
田中 直美	83
前田 千尋	77

最高点 92 / 最低点 42

Memo MAX関数（統計）

`=MAX(数値1,数値2,…)`
引数の最大値を返します。

Memo MIN関数（統計）

`=MIN(数値1,数値2,…)`
引数の最小値を返します。

Q 278 順位を求めるには？

A RANK.EQ関数やRANK.AVG関数を利用します。

データを並べ替えずに、試験の点数や売上高に順位を付けたい場合は、RANK.EQ関数やRANK.AVG関数を利用します。
RANK.EQ関数は、複数の数値が同じ順位にある場合に、もっとも高い順位が表示されます。
RANK.AVG関数は、複数の数値が同じ順位にある場合に、順位の平均が表示されます。
なお、数値の大きい順に順位を付ける場合は、引数の「順序」は省略できます。小さい順にする場合は、「0」以外の数値を指定します。

● RANK.EQ関数の利用

`=RANK.EQ(B4,$B$4:$B$10)`

氏名	点数	順位
青木 亮太	63	5
山崎 麻衣	83	2
山口 絵美	56	6
池田 美穂	42	7
遠藤 佳奈	92	1
田中 直美	83	2
前田 千尋	77	4

● RANK.AVG関数の利用

`=RANK.AVG(B4,$B$4:$B$10)`

氏名	点数	順位
青木 亮太	63	5
山崎 麻衣	83	2.5
山口 絵美	56	6
池田 美穂	42	7
遠藤 佳奈	92	1
田中 直美	83	2.5
前田 千尋	77	4

Memo RANK.EQ関数（統計）

`=RANK.EQ(数値,参照,順序)`
順序に従って範囲内の数値を並べ替えたときに、数値が何番目に相当するのかという順位を求めます。数値が同じ順位にある場合は、その中でもっとも高い順位が表示されます。

Memo RANK.AVG関数（統計）

`=RANK.AVG(数値,参照,順序)`
順序に従って範囲内の数値を並べ替えたときに、数値が何番目に相当するのかという順位を求めます。数値が同じ順位にある場合は、順位の平均が表示されます。

Q 279 ふりがなを取り出すには？

A PHONETIC関数を利用します。

ほかのセルにふりがなを表示したい場合は、PHONETIC関数を利用します。PHONETIC関数を利用すると、漢字を入力したときの読み情報を取り出して、ふりがなとして表示できます。入力したときに、本来の読みとは異なる読みで入力した場合は、その読みが表示されるので、参照セルのふりがなを編集する必要があります。

参照▶Q151

	A	B	C	D	E	F	G
1	会員番号	氏	名	シ	メイ	生年月日	年齢
2	0001	村上	遥	ムラカミ	ハルカ	1994/10/22	26
3	0002	佐藤	明美	サトウ	アケミ	1965/6/10	55
4	0003	加藤	大輔	カトウ	ダ		
5	0004	山田	健太郎	ヤマダ	=PHONETIC (B2)		
6	0005	阿部	彩	アベ	アヤ	1987/7/18	33

D2 = =PHONETIC(B2)

> **◑ Memo**
>
> PHONRTIC関数（情報）
>
> =PHONETIC(参照)
> ふりがなの文字列を取り出します。

Q 280 文字列の文字数を数えるには？

A LEN関数を利用します。

文字列の文字数を数えたい場合は、LEN関数を利用します。文字数は、大文字や小文字、全角や半角、記号などの区別に関係なく、スペース（空白）も含めて1文字としてカウントされます。

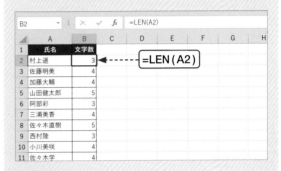

B2 = =LEN(A2)

	A	B	C	D	E	F	G	H
1	氏名	文字数						
2	村上遥	3		=LEN (A2)				
3	佐藤明美	4						
4	加藤大輔	4						
5	山田健太郎	5						
6	阿部彩	3						
7	三浦美香	4						
8	佐々木直樹	5						
9	西村陸	3						
10	小川美咲	4						
11	佐々木学	4						

> **◑ Memo**
>
> LEN関数（文字列操作）
>
> =LEN(文字列)
> 文字列の長さ（文字数）を返します。

Q 281 全角文字を半角文字に変換するには？

A ASC関数を利用します。

データに半角文字と全角文字が混在している場合は、全角の英数カナを半角の英数カナに変換するASC関数を利用すると、まとめて変換できます。
Excelには、ほかにも文字を変換する関数が用意されており、書式はASC関数と同じです。

> **◑ Memo**
>
> ASC関数（文字列操作）
>
> =ASC(文字列)
> 全角の英数カナを半角の英数カナに変換します。

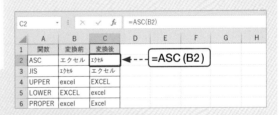

C2 = =ASC(B2)

	A	B	C	D	E	F	G	H
1	関数	変換前	変換後					
2	ASC	エクセル	ｴｸｾﾙ		=ASC (B2)			
3	JIS	ｴｸｾﾙ	エクセル					
4	UPPER	excel	EXCEL					
5	LOWER	EXCEL	excel					
6	PROPER	excel	Excel					

● 文字を変換するおもな関数

関数	説　明
ASC	全角の英数カナを半角の英数カナに変換します。
JIS	半角の英数カナを全角の英数カナに変換します。
UPPER	文字列に含まれる英字をすべて大文字に変換します。
LOWER	文字列に含まれる英字をすべて小文字に変換します。
PROPER	文字列の各単語の先頭文字を大文字に変換します。

Excel文書とは？

序

文書作成の基本 1

文書の入力 2

文書の編集 3

文字やセルの書式 4

罫線と表作成 5

数式の入力と編集 6

関数の利用 7

図形や画像の操作 8

クラフの作成 9

ファイルの保存と共有 10

文書の印刷 11

Q 282 住所から都道府県名だけを取り出すには？

A IF関数にMID関数とLEFT関数を組み合わせます。

都道府県名の文字数は、神奈川県、和歌山県、鹿児島県だけが4文字で、ほかはすべて3文字です。このことを利用して、IF関数と、文字列の任意の位置から指定数分の文字を取り出すMID関数で、先頭から4文字目が「県」かどうかを調べます。

そして、LEFT関数を利用して、4文字目が「県」ならば先頭から4文字分を取り出し、そうでなければ先頭から3文字分を取り出します。都道府県名を除いた残りは、文字列を置換するSUBSTITUTE関数を使って取り出すことができます。　　　　　　　　　参照▶ Q249

○ Memo
MID関数（文字列操作）

=MID(文字列,開始位置,文字数)
文字列の指定された位置から、指定された数の文字列を返します。

○ Memo
LEFT関数（文字列操作）

=LEFT(文字列,文字数)
文字列の先頭から指定された数の文字列を返します。

○ Memo
SUBSTITUTE関数（文字列操作）

=SUBSTITUTE(文字列,検索文字列,置換文字列,置換対象)
文字列の指定した文字を新しい文字列で置き換えます。

	A	B	C	D	E	F	G
	姓	名	郵便番号	住所		都道府県	住所
2	吉田	美里	380-0837	長野県長野市南長野幅下9-9-9	▶	長野県	長野市南長野幅下9-9-9
3	伊本	康弘	500-8384	岐阜県岐阜市薮田南9-9-9		岐阜県	岐阜市薮田南9-9-9
4	山際	一樹	330-0063	埼玉県さいたま市浦和区高砂9-9-9		埼玉県	さいたま市浦和区高砂9-9-9
5	田中	勲	812-0045	福岡県福岡市博多区東公園9-9-9		福岡県	福岡市博多区東公園9-9-9
6	岡本	希	640-8269	和歌山県和歌山市小松原通9-9-9		和歌山県	和歌山市小松原通9-9-9
7	奥山	春菜	064-0821	北海道札幌市中央区北一条西29-9-9		北海道	札幌市中央区北一条西29-9-9
8	柳下	健太郎	210-0004	神奈川県川崎市川崎区宮本町9-9-9		神奈川県	川崎市川崎区宮本町9-9-9

`=IF ( MID ( D2,4,1 ) ="県",LEFT ( D2,4),LEFT ( D2,3 ) )`

`=SUBSTITUTE ( D2,F2," " )`

Q 283 重複データをチェックするには？

A IF関数とCOUNTIF関数を組み合わせます。

同じ値のデータが入力されているときに、セルに「重複」などと表示させるには、IF関数とCOUNTIF関数を組み合わせます。

右の手順では、列 [A] の各セルに入力されているデータが、セル範囲 [$A$4:$A$19] の中に何個あるか求め、1より多い場合は「重複」と表示するように指定しています。　　　　　　　　　参照▶ Q241, Q249

`=IF ( COUNTIF ($A$4:$A$19,A4 ) >1,"重複"," " )`

F4　=IF(COUNTIF($A$4:$A$19,A4)>1,"重複","")

	A	B	C	D	E	F	G
1	社員名簿			2021/4/1 現在			
2							
3	氏名	入社年月日	生年月日	在籍年数	60歳前日	重複確認	
4	渡辺 理奈	1999/10/1	1965/6/10	21	2025/6/9		
5	小川 拓也	1999/10/1	1971/6/10	21	2031/6/9	重複	
6	山田 久美子	2003/4/1	1980/10/31	18	2040/10/30		
7	加藤 淳	2005/4/1	1982/11/28	16	2042/11/27		
8	小川 拓也	1999/10/1	1971/6/10	21	2031/6/9	重複	
9	岡田 恵	2006/12/1	1981/5/23	14	2041/5/22		
10	田中 明日香	2008/4/1	1986/10/27	13	2046/10/26		
11	藤井 達哉	2010/10/16	1984/4/21	10	2044/4/20		
12	前田 拓海	2013/4/1	1988/6/15	8	2048/6/14		
13	福田 裕子	2013/4/1	1990/6/14	8	2050/6/13		
14	佐々木 千尋	2015/6/1	1991/8/22	5	2051/8/21		
15	山本 美咲	2015/12/1	1985/4/3	5	2045/4/2		
16	斉藤 彩	2016/4/1	1993/9/23	5	2053/9/22		
17	村上 愛美	2017/4/1	1994/5/22	4	2054/5/21		
18	佐々木 翼	2019/6/1	1995/6/7	2	2055/6/6		
19	森 沙織	2020/4/1	1998/2/2	1	2058/2/1		
20							

Q 284 図形を描くには？

A <挿入>タブの<図形>で図形の種類を選択して、ドラッグします。

図形を描くには、<挿入>タブの<図形>をクリックして、図形の種類を選択します。ワークシート上を描きたい大きさでドラッグすると、図形が作成されます。

1 <挿入>タブをクリックして、

2 <図形>をクリックし、

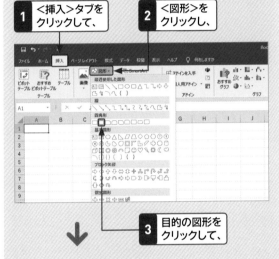

3 目的の図形をクリックして、

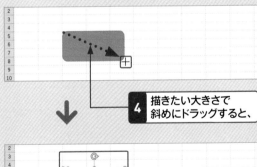

4 描きたい大きさで斜めにドラッグすると、

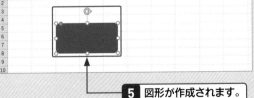

5 図形が作成されます。

⊙ Hint 図形を削除するには？
作成した図形を削除するには、図形をクリックして選択し、Delete または BackSpace を押します。

Q 285 正円や正方形を描くには？

A Shift を押しながらドラッグします。

正円を描くには、<挿入>タブの<図形>をクリックして、<楕円>（Excel 2013では<円/楕円>）をクリックして、Shift を押しながらドラッグします。
また、正方形を描くには、<挿入>タブの<図形>をクリックして、<正方形/長方形>をクリックして、Shift を押しながらドラッグします。

Q 286 図形を移動するには？

A 図形を目的の位置までドラッグします。

図形を移動するには、図形にマウスポインターを合わせ、目的の位置までドラッグします。このとき、Shift を押しながらドラッグすると、水平・垂直方向に移動できます。

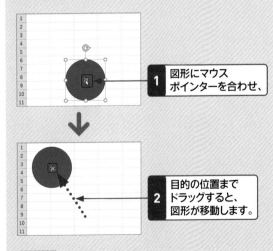

1 図形にマウスポインターを合わせ、

2 目的の位置までドラッグすると、図形が移動します。

⊙ Hint セルの枠線に合わせて図形を配置するには？
図形をセルの枠線に合わせて配置するには、Alt を押しながらドラッグします。

序 1 2 3 4 5 6 7 8 9 10 11

Excel文書とは？ 文書作成の基本 文書の入力 文書の編集 文字やセルの書式 罫線と表作成 数式の入力と編集 関数の利用 図形や画像の操作 グラフの作成 ファイルの保存と共有 文書の印刷

Q 287 図形をコピーするには?

A Ctrl を押しながら、目的の位置まで図形をドラッグします

図形をコピーするには、図形にマウスポインターを合わせ、Ctrl を押しながら目的の位置までドラッグします。また、Shift と Ctrl を押しながらドラッグすると、垂直・水平方向にコピーできます。

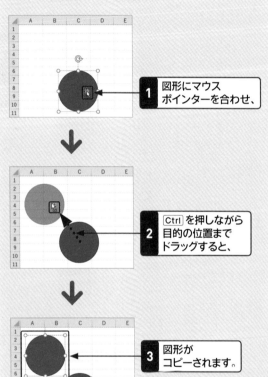

1 図形にマウスポインターを合わせ、

2 Ctrl を押しながら目的の位置までドラッグすると、

3 図形がコピーされます。

● Memo

ショートカットキーの利用

図形をクリックして選択し、Ctrl + C を押すとコピー、Ctrl + V を押すと貼り付けることができます。また、図形をクリックして選択し、Ctrl + D を押すと、図形が複製されます。
コピーした場合はクリップボードにデータが保存されますが、複製の場合は保存されないため、必要に応じて使い分けます。

Q 288 図形のサイズを変更するには?

A 図形の周囲の白いハンドルをドラッグします。

図形のサイズを変更するには、図形をクリックして選択し、周囲に表示される白いハンドルにマウスポインターを合わせて、目的の大きさになるまでドラッグします。このとき、Shift を押しながら四隅のハンドルをドラッグすると、縦横比を保持したままサイズを変更できます。

参照 ▶ Q302

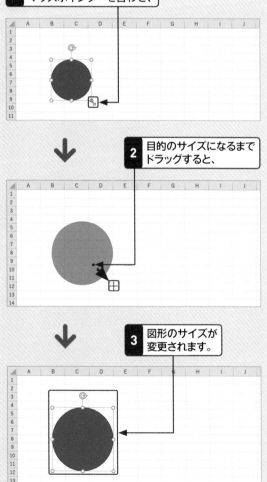

1 図形クリックすると表示される白いハンドルにマウスポインターを合わせ、

2 目的のサイズになるまでドラッグすると、

3 図形のサイズが変更されます。

Q 289 直線や矢印を引くには？

A <線>や<線矢印>を選択してドラッグします。

直線や矢印を引くには、<挿入>タブの<図形>をクリックして、<線>や<線矢印>を選択し、ワークシート上をドラッグします。このとき、Shift を押しながらドラッグすると、水平、垂直、斜め45度の線が描けます。

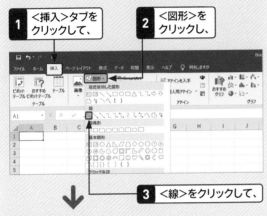

1 <挿入>タブをクリックして、

2 <図形>をクリックし、

3 <線>をクリックして、

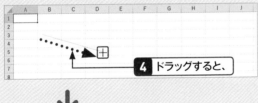

4 ドラッグすると、

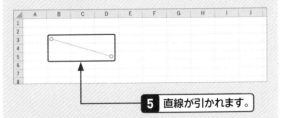

5 直線が引かれます。

● Hint

直線を矢印に変更するには？

直線を矢印に変更するには、直線をクリックして選択し、<描画ツール>の<書式>タブをクリックして、<図形の枠線>をクリックし、<矢印>をポイントして、目的の矢印のスタイルをクリックします。

Q 290 曲線を描くには？

A <曲線>を利用します。

曲線を引くには、<挿入>タブの<図形>をクリックして、<曲線>をクリックします。始点と頂点でクリックし、終点でダブルクリックします。

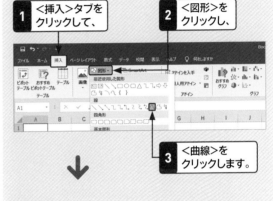

1 <挿入>タブをクリックして、

2 <図形>をクリックし、

3 <曲線>をクリックします。

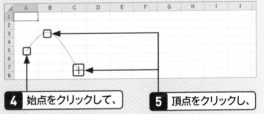

4 始点をクリックして、

5 頂点をクリックし、

6 終点をダブルクリックします。

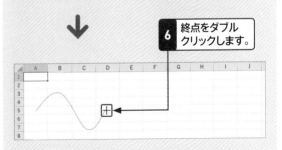

● Hint

曲線を編集するには？

曲線を編集するには、曲線を右クリックし、<頂点の編集>をクリックします。■をドラッグすると、頂点の位置を変更できます。また、■をクリックすると表示されるハンドルをドラッグすると、カーブの大きさや方向を変更できます。

Q 291 図形の塗りつぶしの色を変更するには？

A ＜描画ツール＞の＜書式＞タブの＜図形の塗りつぶし＞を利用します。

図形の塗りつぶしの色を変更するには、図形をクリックして選択し、＜描画ツール＞の＜書式＞タブの＜図形の塗りつぶし＞をクリックして、目的の色をクリックします。また、画像やグラデーション、テクスチャを設定することもできます。

1 図形をクリックして選択し、

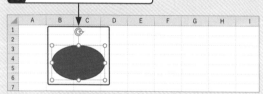

2 ＜描画ツール＞の＜書式＞タブをクリックして、

3 ＜図形の塗りつぶし＞をクリックし、

4 目的の色をクリックすると、

5 塗りつぶしの色が変更されます。

● Hint 一覧に目的の色がない場合は？

＜図形の塗りつぶし＞の一覧に表示される色は、テーマによって異なります。目的の色がない場合は、＜塗りつぶしの色＞をクリックします。＜色の設定＞ダイアログボックスが表示されるので、目的の色を指定し、＜OK＞をクリックします。

Q 292 図形の枠線の色を変更するには？

A ＜描画ツール＞の＜書式＞タブの＜図形の枠線＞を利用します。

図形の枠線や、直線・曲線などの色を変更するには、図形をクリックして選択し、＜描画ツール＞の＜書式＞タブの＜図形の枠線＞をクリックして、目的の色をクリックします。

1 図形をクリックして選択し、

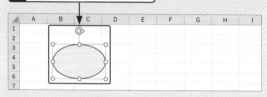

2 ＜描画ツール＞の＜書式＞タブをクリックして、

3 ＜図形の枠線＞をクリックし、

4 目的の色をクリックすると、

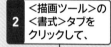

5 枠線の色が変更されます。

● Hint 枠線の太さや種類を変更するには？

＜図形の枠線＞からは、枠線の太さを変更したり、枠線の種類を点線や破線に変更したりすることができます。また、直線や曲線を矢印に変更したりすることもできます。

184

Q 293 図形に影や反射を設定するには？

A ＜描画ツール＞の＜書式＞タブの＜図形の効果＞を利用します。

図形には、影や反射、光彩、ぼかし、面取り、3-D回転といった効果を設定することができます。効果を設定するには、図形をクリックして選択し、＜描画ツール＞の＜書式＞タブをクリックして、＜図形の効果＞をクリックし、目的の効果の種類を指定します。

1 図形をクリックして選択し、

2 ＜描画ツール＞の＜書式＞タブをクリックして、

3 ＜図形の効果＞をクリックし、

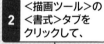

4 効果の種類を指定すると、

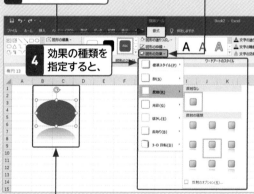

5 図形に効果が設定されます。

💡 Hint

効果のオプションを設定するには？

影の色や大きさ、反射の角度など、効果のオプションを設定することができます。図形を右クリックして、＜図形の書式設定＞をクリックします。＜図形の書式設定＞作業ウィンドウが表示されるので、＜図形のオプション＞をクリックして、＜効果のオプション＞をクリックし、目的の効果のオプションを設定します。

Q 294 図形にスタイルを設定するには？

A ＜描画ツール＞の＜書式＞タブの＜図形のスタイル＞を利用します。

「スタイル」とは、塗りつぶしや線の色、影などの書式が組み合わされたものです。Excelには、図形のスタイルが用意されているため、図形のデザインをかんたんに整えることができます。スタイルを設定するには、図形をクリックして選択し、＜描画ツール＞の＜書式＞タブをクリックして、＜図形のスタイル＞から目的のスタイルをクリックします。

1 図形をクリックして選択し、

2 ＜描画ツール＞の＜書式＞タブをクリックして、

3 ＜図形のスタイル＞グループの▼をクリックし、

4 目的のスタイルをクリックすると、

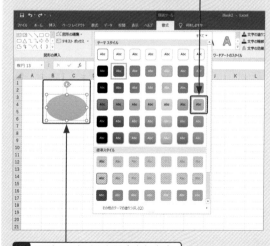

5 図形にスタイルが設定されます。

Q 295 図形の既定の書式を変更するには？

A 書式を設定し、＜既定の図形に設定＞を利用します。

図形を描画したときに適用される書式は、設定しているテーマによって異なります。図形の既定の書式を変更するには、図形の書式を設定し、図形を右クリックして、ショートカットメニューの＜既定の図形に設定＞（線の場合は＜既定の線に設定＞）をクリックします。なお、既定の図形の設定は、同じファイルにのみ適用されます。

チラシ.xlsx

Q 296 図形に文字を入力するには？

A 図形をクリックして選択し、文字を入力します。

図形に文字を入力するには、図形をクリックして選択し、そのまま文字を入力します。文字の書式は、セル内の文字同様、＜ホーム＞タブの＜フォント＞グループや＜配置＞グループで変更できます。また、＜描画ツール＞の＜書式＞タブの＜ワードアートのスタイル＞グループでワードアートを設定することもできます。

参照 ▶ Q012, Q013

1 図形をクリックして選択し、

2 文字を入力します。

	A	B	C	D	E
1					
2					
3	主催：株式会社ゆうひ水産				
4					
5					
6					
7					
8					

Q 297 図形の文字の縦の配置を変更するには？

A ＜ホーム＞タブの＜配置＞グループを利用します。

図形の文字の縦位置を、上下中央や下揃えに変更するには、図形をクリックして選択し、＜ホーム＞タブの＜上下中央揃え＞または＜下揃え＞をクリックします。

Q 298 図形の種類をあとから変更するには？

A ＜描画ツール＞の＜書式＞タブの＜図形の編集＞を利用します。

図形を作成したあとに、図形の種類を変更するには、図形をクリックして選択し、＜描画ツール＞の＜書式＞タブをクリックして、＜図形の編集＞をクリックし、＜図形の変更＞をポイントして、変更後の図形の種類をクリックします。設定した書式や入力した文字は保持されます。

1 図形をクリックして選択し、

2 ＜描画ツール＞の＜書式＞タブをクリックして、

3 ＜図形の編集＞をクリックし、

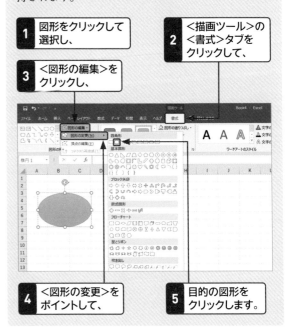

4 ＜図形の変更＞をポイントして、

5 目的の図形をクリックします。

Q 299 図形を回転させるには？

A 回転ハンドルをドラッグします。

図形を回転させるには、図形をクリックして選択し、回転ハンドルを目的の方向にドラッグします。このとき Shift を押しながらドラッグすると、15度単位で角度を維持できます。

1 図形をクリックして選択し、

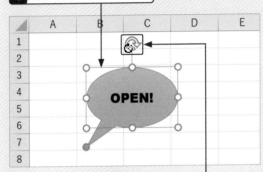

2 回転ハンドルにマウスポインターを合わせて、

3 目的の方向にドラッグします。

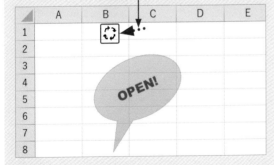

○ Memo

回転角度を指定する

図形を回転させるときに角度を指定するには、図形をクリックして選択し、＜描画ツール＞の＜書式＞タブの＜回転＞をクリックし、＜その他の回転オプション＞をクリックします。＜図形の書式設定＞作業ウィンドウの＜回転＞に角度を入力します。

Q 300 図形を反転させるには？

A ＜描画ツール＞の＜書式＞タブの＜回転＞を利用します。

図形を反転させるには、図形をクリックして選択し、＜描画ツール＞の＜書式＞タブをクリックして、＜回転＞をクリックし、＜上下反転＞または＜左右反転＞をクリックします。

Q 301 図形内にセルと同じ内容を表示させるには？

A 数式バーに「=」とセル番地を入力します。

図形の中にセルの内容を表示させるには、図形をクリックして選択し、数式バーに「=」と入力して、目的のセルをクリックし、Enter を押します。

1 図形をクリックして選択し、

2 数式バーに「=」と入力して、

3 目的のセルをクリックして、Enter を押すと、

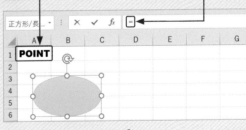

4 セルの内容が表示されます。

Q302 セルの幅や高さを変えても図形が変形しないようにするには？

A ＜図形の書式設定＞作業ウィンドウの＜プロパティ＞で設定します。

図形を描画したあとに、セルの幅や高さを変更すると、図形の幅や高さ、位置もセルに合わせて変わります。図形のサイズや位置が変更されないようにするには、＜図形の書式設定＞作業ウィンドウの＜図形のオプション＞の＜プロパティ＞で、＜セルに合わせて移動するがサイズ変更はしない＞または＜セルに合わせて移動やサイズ変更をしない＞をクリックします。

1 図形をクリックして選択し、

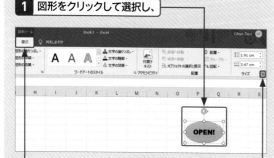

2 ＜描画ツール＞の＜書式＞タブをクリックして、

3 ＜サイズ＞グループの▢をクリックし、

4 ＜プロパティ＞をクリックして、

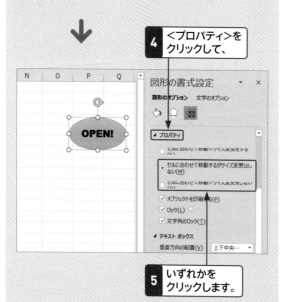

5 いずれかをクリックします。

Q303 背面に隠れた図形を選択するには？

A ＜選択＞ウィンドウを利用するか、Tabを押して選択します。

複数の図形が重なっているときに、背面に隠れた図形を選択するには、＜描画ツール＞の＜書式＞タブの＜オブジェクトの選択と表示＞をクリックして、＜選択＞ウィンドウを表示します。ワークシートに配置されたオブジェクトが一覧で表示されるので、目的の図形をクリックすると、図形を選択できます。
また、前面に配置されている図形を選択して、Tabを押すと、選択する図形を順次切り替えることができます。

1 ＜描画ツール＞の＜書式＞タブをクリックして、

2 ＜オブジェクトの選択と表示＞をクリックすると、

3 オブジェクトの一覧が表示されるので、目的の図形をクリックすると、

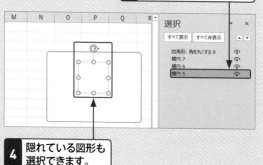

4 隠れている図形も選択できます。

Q 304 図形の重なり順を変更するには？

A <前面へ移動>または<背面へ移動>を利用します。

図形は、新しく作成したものが上に配置されます。図形の重なり順を変更するには、目的の図形をクリックして選択し、<描画ツール>の<書式>タブの<前面へ移動>または<背面へ移動>を利用します。1つ前面（背面）に移動、もしくは最前面（最背面）に移動することができます。

1 図形をクリックして選択し、

2 <描画ツール>の<書式>タブをクリックして、　　**3** <背面へ移動>の ⏷ をクリックし、

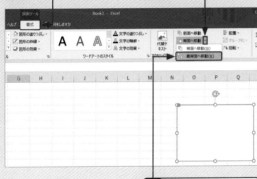

4 <最背面へ移動>をクリックすると、

5 図形が最背面へ移動します。

○ Memo

<選択>ウィンドウの利用

図形の重なり順は、<選択>ウィンドウでも変更できます。<描画ツール>の<書式>タブの<オブジェクトの選択と表示>をクリックすると、<選択>ウィンドウが表示されます。オブジェクトの一覧が重なっている順に表示されるので、重なり順を変更したい図形を目的の位置までドラッグします。

Q 305 複数の図形をまとめて選択するには？

A <オブジェクトの選択>で複数の図形を囲むようにドラッグします。

複数の図形をまとめて選択するには、<ホーム>タブの<検索と選択>をクリックして、<オブジェクトの選択>をクリックします。マウスポインターの形が矢印に変わるので、選択したい図形をすべて囲むようにドラッグします。このとき、図形の一部だけを囲むようにすると選択されません。Esc を押すと、マウスポインターの形が元に戻ります。

1 <ホーム>タブの<検索と選択>をクリックして、

2 <オブジェクトの選択>をクリックし、

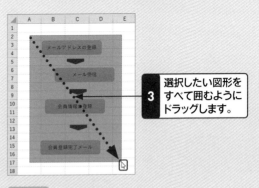

3 選択したい図形をすべて囲むようにドラッグします。

○ Hint

一部の図形の選択を解除するには？

複数の図形を選択したあと、一部の図形の選択を解除するには、Ctrl を押しながら選択を解除する図形をクリックします。

図形の操作　チラシ.xlsx

Q 306 複数の図形の位置を揃えるには？

A ＜描画ツール＞の＜書式＞タブの＜配置＞を利用します。

複数の図形で図表などを作成する場合は、図形のレイアウトにも注意します。図形の端や中央で揃えると、見やすく、見映えもよくなります。複数の図形の位置を揃えるには、目的の図形をすべて選択し、＜描画ツール＞の＜書式＞タブの＜配置＞をクリックして、揃える位置を指定します。

1 揃える図形をすべて選択し、

2 ＜描画ツール＞の＜書式＞タブの＜配置＞をクリックして、

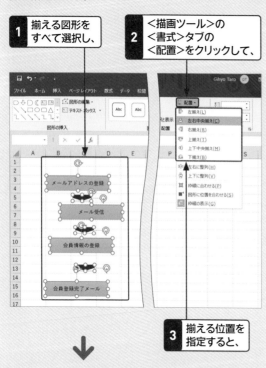

3 揃える位置を指定すると、

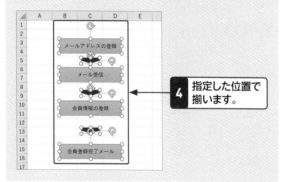

4 指定した位置で揃います。

図形の操作　チラシ.xlsx

Q 307 複数の図形の間隔を揃えるには？

A ＜描画ツール＞の＜書式＞タブの＜配置＞を利用します。

図表などを作成するときに、図形の間隔がバラバラだと見映えがよくありません。複数の図形の位置を揃えるには、目的の図形をすべて選択し、＜描画ツール＞の＜書式＞タブの＜配置＞をクリックして、＜左右に整列＞または＜上下に整列＞をクリックします。

1 揃える図形をすべて選択し、

2 ＜描画ツール＞の＜書式＞タブの＜配置＞をクリックして、

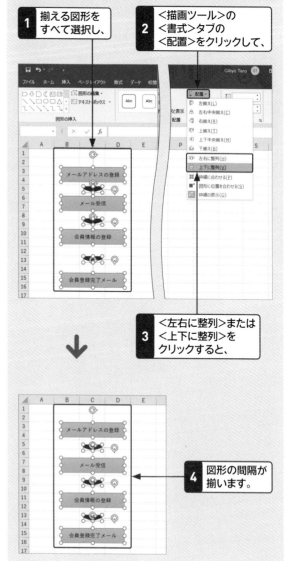

3 ＜左右に整列＞または＜上下に整列＞をクリックすると、

4 図形の間隔が揃います。

Q308 図形をグループ化してまとめるには？

A <描画ツール>の<書式>タブの<グループ化>を利用します。

複数の図形を組み合わせて地図や図表などを作成したときは、図形をグループ化しておくと、移動などの操作をスムーズに行え、レイアウトがくずれることもなくなります。複数の図形をグループ化するには、すべての図形を選択し、<描画ツール>の<書式>タブの<グループ化>をクリックして、<グループ化>をクリックします。グループ化を解除するには、<グループ化>をクリックして、<グループ解除>をクリックします。

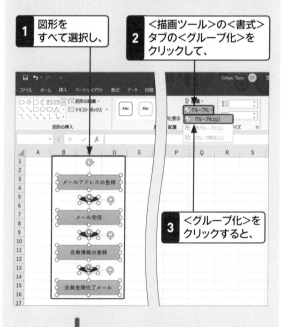

1 図形をすべて選択し、

2 <描画ツール>の<書式>タブの<グループ化>をクリックして、

3 <グループ化>をクリックすると、

4 図形がグループ化されます。

◎ Hint

図形を個別に編集するには？

目的の図形をクリックするとグループ全体が、再度クリックすると、その図形が選択されます。

Q309 アイコンを挿入するには？

A <挿入>タブの<アイコン>を利用します。

Excelには、「アイコン」とよばれるかんたんなイラストを挿入できる機能があります。アイコンを挿入するには、<挿入>タブの<アイコン>をクリックし、ジャンルごとに分類されているアイコンから目的のものを選択します。また、キーワードから検索することもできます。

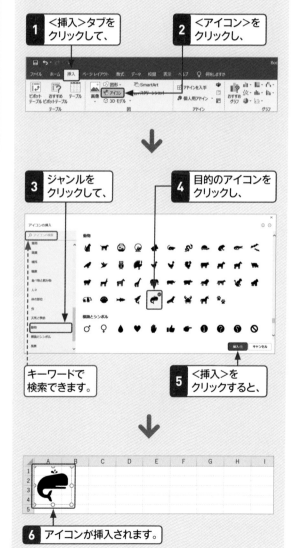

1 <挿入>タブをクリックして、

2 <アイコン>をクリックし、

3 ジャンルをクリックして、

4 目的のアイコンをクリックし、

キーワードで検索できます。

5 <挿入>をクリックすると、

6 アイコンが挿入されます。

Q 310 アイコンの色を変更するには？

A ＜グラフィックの塗りつぶし＞を利用します。

アイコンは既定では黒ですが、色を変更することができます。その場合は、＜グラフィックツール＞の＜書式＞タブの＜グラフィックの塗りつぶし＞をクリックし、目的の色をクリックします。
また、アイコンのサイズの変更や移動などは、図形と同様の操作で行えます。

参照▶Q286, Q288

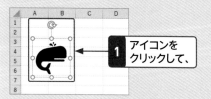
アイコンをクリックして、

＜グラフィックツール＞の＜書式＞タブをクリックし、

＜グラフィックの塗りつぶし＞をクリックして、

目的の色をクリックすると、

アイコンの色が変更されます。

◎ Hint

アイコンの枠線の書式を変更するには？

アイコンの枠線の色や太さ、種類は、＜グラフィックツール＞の＜書式＞タブの＜グラフィックの枠線＞から変更できます。

Q 311 アイコンのパーツごとに色を変更するには？

A 図形に変換してから、目的のパーツの色を変更します。

アイコンのパーツごとに色を変更したい場合は、まず、＜グラフィックツール＞の＜書式＞タブの＜図形に変換＞をクリックします。グループ化された図形に変換されるので、目的のパーツをクリックして選択し、＜描画ツール＞の＜書式＞タブの＜図形の塗りつぶし＞から色を変更します。

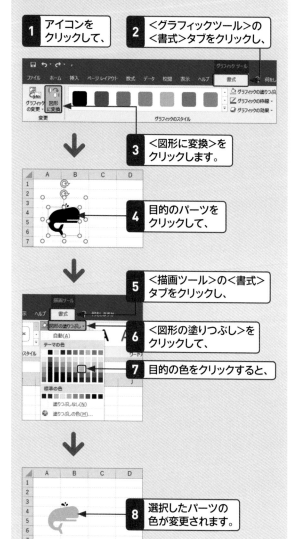

1 アイコンをクリックして、

2 ＜グラフィックツール＞の＜書式＞タブをクリックし、

3 ＜図形に変換＞をクリックします。

4 目的のパーツをクリックして、

5 ＜描画ツール＞の＜書式＞タブをクリックし、

6 ＜図形の塗りつぶし＞をクリックして、

7 目的の色をクリックすると、

8 選択したパーツの色が変更されます。

Q 312 自由な位置に文字を配置するには？

A テキストボックスを利用します。

セルに関係なく、自由な位置に文字を配置するには、「テキストボックス」を利用します。テキストボックスを挿入するには、＜挿入＞タブの＜テキストボックス＞の下部をクリックし、横書きの場合は＜横書きテキストボックスの描画＞を、縦書きの場合は＜縦書きテキストボックス＞をクリックします。テキストボックスの作成には、ワークシート上をクリックして文字を入力する方法と、ワークシート上を斜めにドラッグしてから文字を入力する方法の2種類あり、必要に応じて使い分けます。

● ワークシート上をクリックする方法

1 ＜挿入＞タブの＜テキストボックス＞の下部をクリックして、

2 ＜横書きテキストボックスの描画＞をクリックし、

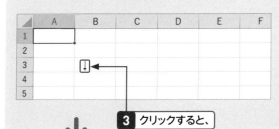

3 クリックすると、

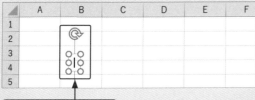

4 テキストボックスが作成されるので、

5 文字を入力します。

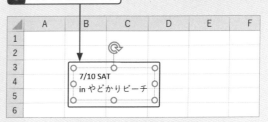

```
7/10 SAT
in やどかりビーチ
```

Memo

テキストに合わせて図形のサイズが調整される

ワークシート上をクリックしてテキストボックスを作成すると、テキストボックスのサイズは文字数に合わせて自動的に調整されます。改行しない限り、文字は折り返されません。

● ワークシート上をドラッグする方法

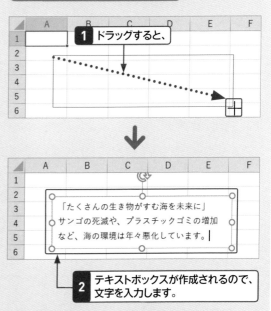

1 ドラッグすると、

2 テキストボックスが作成されるので、文字を入力します。

```
「たくさんの生き物がすむ海を未来に」
サンゴの死滅や、プラスチックゴミの増加
など、海の環境は年々悪化しています。
```

Memo

図形のサイズに合わせて文字が折り返される

ワークシート上をドラッグしてテキストボックスを作成すると、テキストボックスの幅に合わせて文字が折り返されます。また、テキストボックスのサイズを図形と同様の操作で変更することができます。

Hint

文字の書式を変更するには？

テキストボックスの文字の書式は、セルの文字と同様、＜ホーム＞タブで設定できます。

Q 313 テキストボックスの枠と文字の間隔を変更するには？

A ＜図形の書式設定＞作業ウィンドウで余白を変更します。

テキストボックスの枠線と文字の間隔を変更するには、＜図形の書式設定＞作業ウィンドウの＜文字のオプション＞の＜テキストボックス＞で、＜左余白＞＜右余白＞＜上余白＞＜下余白＞をそれぞれ指定します。

1 テキストボックスをクリックして選択し、

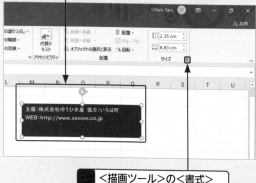

2 ＜描画ツール＞の＜書式＞タブの＜サイズ＞グループの■をクリックして、

3 ＜テキストボックス＞をクリックし、

4 上下左右の余白を数値で指定すると、

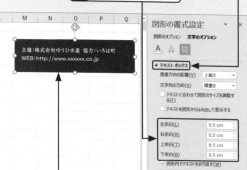

5 余白が変更されます。

Q 314 テキストボックスの線を変更するには？

A ＜描画ツール＞の＜書式＞タブの＜図形の枠線＞を利用します。

テキストボックスの枠線の色や太さ、種類を変更するには、テキストボックスを選択し、＜描画ツール＞の＜書式＞タブの＜図形の枠線＞をクリックして、目的の色や太さを指定します。テキストボックスの塗りつぶしや効果、スタイルも、図形と同様の操作で変更できます。

参照 ▶ Q291, Q293, Q294

1 テキストボックスをクリックして選択し、

2 ＜描画ツール＞の＜書式＞タブをクリックして、

3 ＜図形の枠線＞をクリックし、

4 目的の色をクリックすると、

5 枠線の色が変更されます。

Q315 テキストボックスの文字を2段組みにするには？

A <図形の書式設定>作業ウィンドウから段組みを設定します。

テキストボックス内の文章を2段組みにするには、<図形の書式設定>作業ウィンドウの<段組み>をクリックし、段数と段の間隔を指定します。

1 テキストボックスをクリックして選択し、

2 <描画ツール>の<書式>タブの<サイズ>グループの □をクリックして、

3 <文字のオプション>をクリックし、

4 <テキストボックス>をクリックして、

5 <段組み>をクリックします。

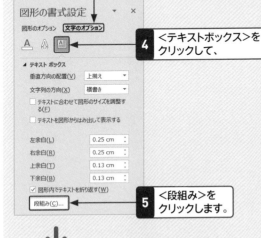

6 段組みの数と段の間隔を指定し、

7 <OK>をクリックします。

Q316 メモ書きを印刷されないようにするには？

A テキストボックスを挿入して、印刷されないようにします。

文書内にメモ書きや注意事項などを入れて、なおかつそれが印刷されないようにするには、テキストボックスを挿入して文字を入力し、<図形の書式設定>作業ウィンドウの<プロパティ>で、オブジェクトを印刷しないように設定します。

参照▶Q312

1 テキストボックスをクリックして選択し、

2 <描画ツール>の<書式>タブの<サイズ>グループの □をクリックして、

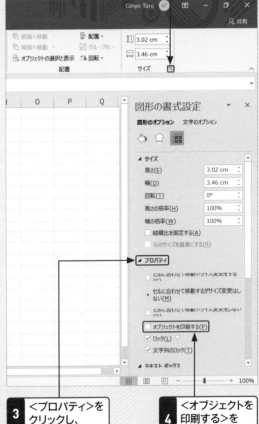

3 <プロパティ>をクリックし、

4 <オブジェクトを印刷する>をオフにします。

195

Q 317 見映えのする図表を作るには？

A SmartArtを挿入して、文字や画像を配置します。

Excel では、SmartArt を利用すると、リストや手順、階層構造、ピラミッドなどの図表をかんたんに作成できます。SmartArt を挿入するには、<挿入>タブの<SmartArt>をクリックし、レイアウトを選択します。図表が作成されるので、各図形に文字や画像を配置します。文字の書式は、<ホーム>タブで変更できます。

1 <挿入>タブをクリックして、

2 <SmartArt>をクリックし、

3 目的の図表の種類をクリックして、

4 目的のレイアウトをクリックし、

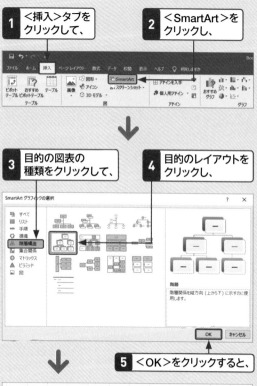

5 <OK>をクリックすると、

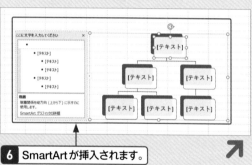

6 SmartArt が挿入されます。

7 図形が選択されているので、文字を入力し、

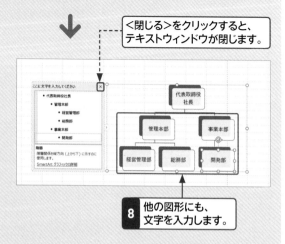

テキストウィンドウに文字を入力しても、該当する図形に表示されます。

<閉じる>をクリックすると、テキストウィンドウが閉じます。

8 他の図形にも、文字を入力します。

Memo 画像入りのSmartArt

SmartArt のレイアウトには、画像を配置できるものも用意されています。SmartArt に画像を配置するには、テキストウィンドウまたは図形のアイコンをクリックします。<図の挿入>が表示されるので、<ファイルから><オンライン画像><アイコンから>のいずれかをクリックして、配置する画像を指定します。

Hint あとからSmartArtのレイアウトを変更するには？

SmartArt のレイアウトをあとから変更するには、SmartArt をクリックして選択し、<SmartArtツール>の<デザイン>タブの<レイアウト>グループから目的のレイアウトをクリックします。一覧に表示されない場合は、<その他のレイアウト>をクリックすると、<SmartArtグラフィックの選択>ダイアログボックスが表示されます。

Q 318 SmartArtに図形を追加するには？

A <SmartArtツール>の<デザイン>タブの<図形の追加>を利用します。

SmartArtに図形を追加するには、追加する隣の図形をクリックして選択し、<SmartArtツール>の<デザイン>タブをクリックして、<図形の追加>をクリックし、図形を追加する場所をクリックします。

1 追加する隣の図形をクリックして選択し、

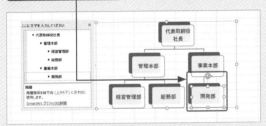

2 <SmartArtツール>の<デザイン>タブをクリックして、

3 <図形の追加>の▾をクリックし、

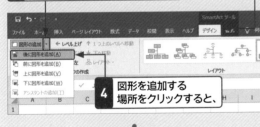

4 図形を追加する場所をクリックすると、

5 図形が追加されます。

Q 319 SmartArtの色を変更するには？

A <SmartArtツール>の<デザイン>タブの<色の変更>を利用します。

SmartArt全体の色を変更するには、SmartArtをクリックして選択し、<SmartArtツール>の<デザイン>タブをクリックして、<色の変更>をクリックし、目的のカラーバリエーションをクリックします。各図形の色を個別に変更したい場合は、目的の図形を選択し、図形と同様の手順で行えます。

参照 ▶ Q291, Q292

1 SmartArtをクリックして選択し、

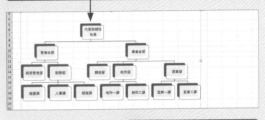

2 <SmartArtツール>の<デザイン>タブをクリックして、

3 <色の変更>をクリックし、

4 目的の色をクリックすると、

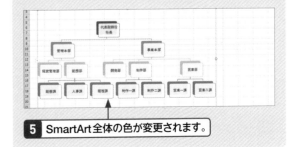

5 SmartArt全体の色が変更されます。

Q 320 SmartArtの サイズを変更するには？

A SmartArtの周囲のハンドルを ドラッグします。

SmartArt全体のサイズを変更するには、SmartArtを選択すると周囲に表示される白いハンドルをドラッグします。また、各図形のサイズを個別に変更する場合は、図形と同様の操作で行えます。

参照▶Q288

1 SmartArtをクリックして選択し、

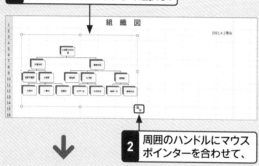

2 周囲のハンドルにマウスポインターを合わせて、

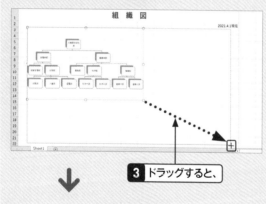

3 ドラッグすると、

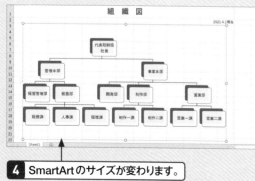

4 SmartArtのサイズが変わります。

Q 321 タイトルにデザインされた 文字を使うには？

A ワードアートを挿入します。

ワードアートを利用すると、影付きや縁どりなどのデザインされた文字をかんたんに作成できるので、文書のタイトルやチラシなどで目立たせたいときに利用します。ワードアートを挿入するには、＜挿入＞タブの＜ワードアート＞をクリックして、目的のスタイルをクリックします。ワークシートにワードアートが挿入されるので、文字を入力します。ワードアートの文字の塗りつぶしや枠線の色、スタイルなどは、＜描画ツール＞の＜書式＞タブの＜ワードアートのスタイル＞グループで変更できます。

1 ＜挿入＞タブの＜ワードアート＞をクリックして、

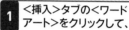

2 目的のスタイルをクリックすると、

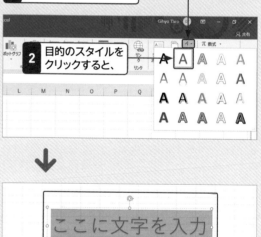

ここに文字を入力

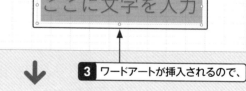

3 ワードアートが挿入されるので、

キレイな海プロジェクト

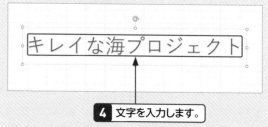

4 文字を入力します。

序　Excel文書とは？　1 文書作成の基本　文書の入力　2　文書の編集　3　文字やセルの書式　4　罫線と表作成　5　数式の入力と編集　6　関数の利用　7　8 図形や画像の操作　グラフの作成　9　スタイルの保存・共有　10　文書の印刷　11

Q 322 文書に写真やイラストの画像を挿入するには？

A ＜挿入＞タブの＜画像＞を利用します。

パソコンに保存されている画像を文書に挿入するには、＜挿入＞タブの＜画像＞をクリックして、＜このデバイス＞をクリックします。また、＜オンライン画像＞をクリックすると、インターネット上の画像を検索して挿入できます。その場合は、著作権や利用条件に注意しましょう。

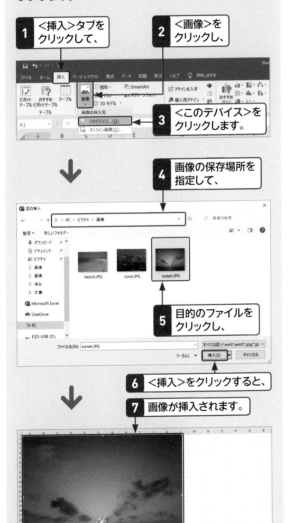

1 ＜挿入＞タブをクリックして、

2 ＜画像＞をクリックし、

3 ＜このデバイス＞をクリックします。

4 画像の保存場所を指定して、

5 目的のファイルをクリックし、

6 ＜挿入＞をクリックすると、

7 画像が挿入されます。

Q 323 画像のサイズを変更するには？

A 画像の周囲のハンドルをドラッグします。

画像のサイズを変更するには、画像を選択し、周囲に表示される白いハンドルを目的のサイズになるようにドラッグします。このとき、四隅のハンドルをドラッグすると、縦横比を保持できます。

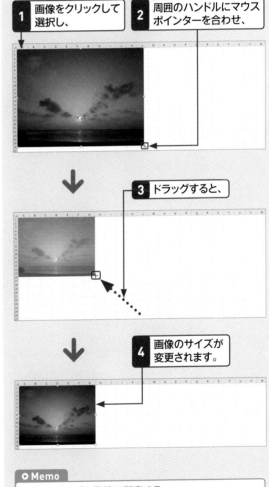

1 画像をクリックして選択し、

2 周囲のハンドルにマウスポインターを合わせ、

3 ドラッグすると、

4 画像のサイズが変更されます。

○ Memo
画像のサイズを数値で指定する

画像のサイズを数値で指定するには、画像を選択し、＜図ツール＞の＜書式＞タブの＜図形の高さ＞または＜図形の幅＞のいずれかに数値を入力し、Enter を押すと、自動的にもう一方の数値も変更されます。

序　PDF文書とは？　文書作成の基本　1　文書の入力　2　文書の編集　3　文字やセルの書式　4　罫線と表作成　5　数式の入力と編集　6　関数の利用　7　**図形や画像の操作　8**　グラフの作成　9　ファイルの保存と共有　10　文書の印刷　11

Q 324 画像を移動するには？

A 画像を目的の位置まで
ドラッグします。

画像を移動するには、画像にマウスポインターを合わせ、目的の位置までドラッグします。このとき、[Shift] を押しながらドラッグすると、水平・垂直方向に移動できます。また、[Alt] を押しながらドラッグすると、セルの境界線に合わせて配置できます。

1 画像にマウス
ポインターを合わせ、

2 ドラッグすると、

3 画像が移動します。

Q 325 画像の明るさや
コントラストを調整するには？

A ＜図ツール＞の＜書式＞タブの
＜修整＞を利用します。

画像の明るさやコントラストを調整するには、画像を選択し、＜図ツール＞の＜書式＞タブの＜修整＞をクリックして、目的の明るさ・コントラストの組み合わせをクリックします。明るさとコントラストは20％単位になっているので、微調整したい場合は、＜図の修整オプション＞をクリックして、数値を指定します。

1 画像をクリックして
選択し、

2 ＜図ツール＞の＜書式＞
タブをクリックして、

3 ＜修整＞を
クリックし、

4 明るさと
コントラストを
指定すると、

5 明るさと
コントラストが
変更されます。

Q 326 画像に効果を設定するには？

A ＜図ツール＞の＜書式＞タブの＜図の効果＞を利用します。

画像には、影、反射、光彩、ぼかし、面取り、3-D回転の6種類の効果を設定することができます。画像に効果を設定するには、画像を選択し、＜図ツール＞の＜書式＞タブの＜図の効果＞をクリックして、効果の種類を指定します。また、＜図のスタイル＞ギャラリーを利用すると、枠線や回転、影などの効果が組み合わされたスタイルを設定することができます。

1 画像をクリックして選択し、

2 ＜図ツール＞の＜書式＞タブをクリックして、

3 ＜図の効果＞をクリックし、

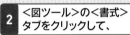

スタイルを設定できます。

4 目的の効果の種類をクリックすると、

5 画像に効果が設定されます。

Q 327 画像の一部を切り抜くには？

A ＜図ツール＞の＜書式＞タブの＜トリミング＞を利用します。

画像に不要なものが写り込んでしまった場合など、画像の一部を切り抜くには、トリミングを利用します。画像を選択し、＜図ツール＞の＜書式＞タブの＜トリミング＞の上部をクリックすると、画像の周囲に黒いハンドルが表示されます。表示したい部分が黒いハンドルに囲まれるように、黒いハンドルをドラッグします。

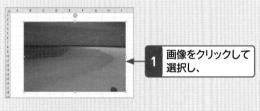

1 画像をクリックして選択し、

2 ＜図ツール＞の＜書式＞タブの＜トリミング＞の上部をクリックして、

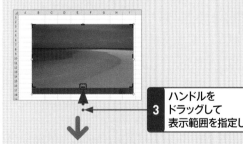

3 ハンドルをドラッグして表示範囲を指定し、

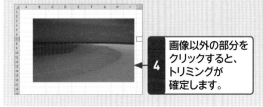

4 画像以外の部分をクリックすると、トリミングが確定します。

序
Excel文書とは？
1 文書作成の基本
文書の入力
2 文書の編集
3 文字やセルの書式
4 罫線と表作成
5 数式の入力と編集
6 関数の利用
7
8 図形や画像の操作
グラフの作成
9
10 ファイルの保存と共有
11 文書の印刷

Q 328 画像を好きな形で切り抜くには？

A <図形に合わせてトリミング>を利用します。

画像を楕円や星、雲などの形で切り抜くには、画像を選択して、<図ツール>の<書式>タブの<トリミング>の下部をクリックし、<図形に合わせてトリミング>をポイントして、目的の図形をクリックします。

1 画像をクリックして選択し、

2 <図ツール>の<書式>タブの<トリミング>の下部をクリックして、

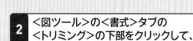

3 <図形に合わせてトリミング>をポイントし、

4 目的の図形をクリックすると、

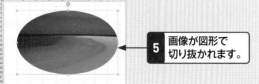

5 画像が図形で切り抜かれます。

Q 329 画像を変更するには？

A <図の変更>を利用します。

挿入した画像をほかの画像に変更する場合は、<図ツール>の<書式>タブの<図の変更>を利用します。画像のサイズや枠線、効果などの書式は保持されます。

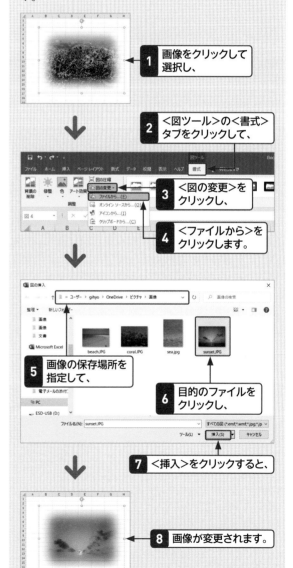

1 画像をクリックして選択し、

2 <図ツール>の<書式>タブをクリックして、

3 <図の変更>をクリックし、

4 <ファイルから>をクリックします。

5 画像の保存場所を指定して、

6 目的のファイルをクリックし、

7 <挿入>をクリックすると、

8 画像が変更されます。

序　Excel文書とは？　1　文書作成の基本　2　文書の入力　3　文書の編集　4　文字やセルの書式　5　罫線と表作成　6　数式の入力と編集　7　関数の利用　8　図形や画像の操作　9　グラフの作成　10　ファイルの保存や共有　11　文書の印刷

Q 330 グラフを作成するには？

A データを入力し、＜挿入＞タブの ＜グラフ＞グループを利用します。

グラフを作成するには、はじめに元となるデータを入力して、データを選択します。＜挿入＞タブの＜おすすめグラフ＞を利用すると、選択したデータに適したグラフが表示されます。また、作成するグラフの種類があらかじめ決まっている場合は、＜挿入＞タブの＜グラフ＞グループの各コマンドから目的のグラフを選択します。

参照 ▶ Q331, Q333

● ＜おすすめグラフ＞の利用

1 元となるデータをドラッグして選択し、

2 ＜挿入＞タブをクリックして、

3 ＜おすすめグラフ＞をクリックし、

4 目的のグラフをクリックして、

5 ＜OK＞をクリックすると、

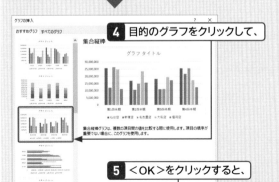

6 グラフが作成されます。

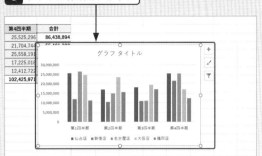

● グラフの種類を指定して作成

1 元となるデータをドラッグして選択し、

2 ＜挿入＞タブの＜グラフ＞グループの作成するグラフの種類のコマンドをクリックして、

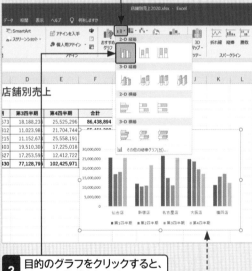

3 目的のグラフをクリックすると、グラフが作成されます。

グラフの種類をポイントすると、作成されるグラフのプレビューが表示されます。

⦿ Memo
グラフを削除するには？

グラフを削除するには、グラフエリアをクリックして選択し、Delete を押します。

Excel文書とは？ 序

文書作成の基本 1

文書の入力 2

文書の編集 3

文字やセルの書式 4

罫線と表作成 5

数式の入力と編集 6

関数の利用 7

図形や画像の操作 8

グラフの作成 9

ファイルの保存と共有 10

文書の印刷 11

Q331 コマンドに目的のグラフがない場合は？

A ＜グラフの挿入＞ダイアログボックスの＜すべてのグラフ＞を利用します。

＜おすすめグラフ＞や、＜挿入＞タブの＜グラフ＞グループの各コマンドに、作成したいグラフが表示されない場合は、＜グラフの挿入＞ダイアログボックスの＜すべてのグラフ＞からグラフの種類を選択します。＜グラフの挿入＞ダイアログボックスの＜おすすめグラフ＞を表示しているときは、＜すべてのグラフ＞をクリックします。＜挿入＞タブの＜グラフ＞グループの各コマンドからは、＜その他の○○グラフ＞をクリックするか、＜グラフ＞グループのダイアログボックス起動ツール ⬚ をクリックすると、＜グラフの挿入＞ダイアログボックスの＜すべてのグラフ＞が表示されます。

1 ＜グラフの挿入＞ダイアログボックスを表示して、

2 ＜すべてのグラフ＞をクリックし、

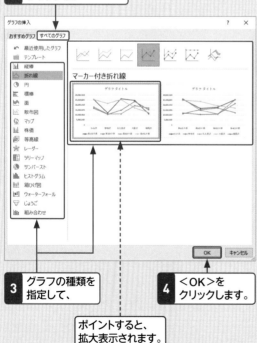

3 グラフの種類を指定して、

4 ＜OK＞をクリックします。

ポイントすると、拡大表示されます。

Q332 文書にグラフだけを挿入するには？

A データとグラフのワークシートをわけて、グラフを移動します。

グラフは、元となるデータと同じワークシートに作成されます。文書にデータは入れずにグラフだけを挿入したい場合は、文書とは別のワークシートにグラフの元となるデータを入力しておき、グラフを作成してから、グラフを文書のワークシートに移動します。グラフを移動するには、グラフをクリックして選択し、＜グラフツール＞の＜デザイン＞タブの＜グラフの移動＞をクリックします。＜オブジェクト＞をクリックし、移動するワークシートを指定して、＜OK＞をクリックします。

1 グラフをクリックして選択し、

2 ＜グラフツール＞の＜デザイン＞タブをクリックして、

3 ＜グラフの移動＞をクリックします。

4 ＜オブジェクト＞をクリックして、

5 移動先のワークシートを指定し、

6 ＜OK＞をクリックすると、グラフが移動します。

Q 333 ほかのワークシートから グラフを作成するには？

A データのないグラフを作成し、 ＜データの選択＞でデータを指定します。

ほかのワークシートのデータを元にグラフを作成する場合は、データを選択せずに、＜挿入＞タブの＜グラフ＞グループのコマンドから、目的のグラフの種類を選択します。データのない空のグラフが作成されるので、グラフを選択し、＜グラフツール＞の＜デザイン＞タブの＜データの選択＞をクリックして、グラフの元となるデータ範囲を指定します。

1 データのないグラフを作成して選択し、

2 ＜グラフツール＞の＜デザイン＞タブをクリックして、

3 ＜データの選択＞をクリックすると、

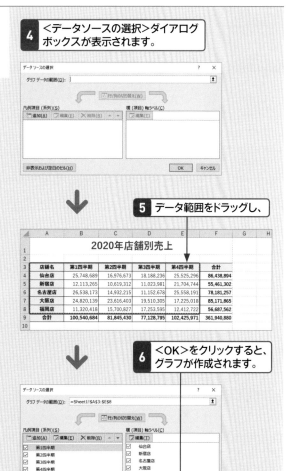

4 ＜データソースの選択＞ダイアログボックスが表示されます。

5 データ範囲をドラッグし、

	A	B	C	D	E	F	G	H
1			2020年店舗別売上					
2								
3	店舗名	第1四半期	第2四半期	第3四半期	第4四半期	合計		
4	仙台店	25,748,689	16,976,673	18,188,236	25,525,296	86,438,894		
5	新宿店	12,113,265	10,619,312	11,023,981	21,704,744	55,461,302		
6	名古屋店	26,538,173	14,932,215	11,152,678	25,558,191	78,181,257		
7	大阪店	24,820,139	23,616,403	19,510,305	17,225,018	85,171,865		
8	福岡店	11,320,418	15,700,827	17,253,595	12,412,722	56,687,562		
9	合計	100,540,684	81,845,430	77,128,795	102,425,971	361,940,880		
10								

6 ＜OK＞をクリックすると、グラフが作成されます。

Q 334 グラフの種類を 変更するには？

A ＜グラフの種類の変更＞ ダイアログボックスを利用します。

グラフを作成したあとにグラフの種類を変更する場合は、グラフをクリックして選択し、＜グラフツール＞の＜デザイン＞タブの＜グラフの種類の変更＞をクリックします。＜グラフの種類の変更＞ダイアログボックスが表示されるので、＜グラフの挿入＞ダイアログボックスと同様に、グラフの種類を指定して、＜OK＞をクリックします。

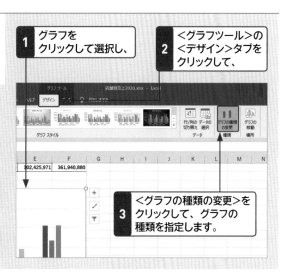

1 グラフをクリックして選択し、

2 ＜グラフツール＞の＜デザイン＞タブをクリックして、

3 ＜グラフの種類の変更＞をクリックして、グラフの種類を指定します。

Q 335 グラフのレイアウトを変更するには？

A <クイックレイアウト>を利用します。

表示するグラフ要素や凡例の位置など、グラフ全体のレイアウトは、<クイックレイアウト>を利用すると、かんたんに変更できます。グラフを選択し、<グラフツール>の<デザイン>タブの<クイックレイアウト>をクリックして、目的のレイアウトをクリックします。

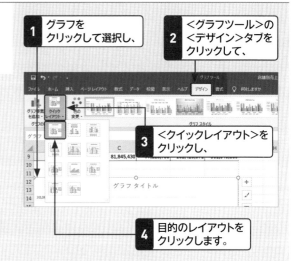

1 グラフをクリックして選択し、

2 <グラフツール>の<デザイン>タブをクリックして、

3 <クイックレイアウト>をクリックし、

4 目的のレイアウトをクリックします。

Q 336 グラフの各要素の名称は？

A グラフ要素をポイントすると、名前が表示されます。

グラフを構成する要素のことを「グラフ要素」といいます。おもなグラフ要素は下図のとおりです。グラフ要素にマウスポインターを合わせると、該当するグラフ要素の名前が表示されます。

グラフ要素を選択するには、目的のグラフ要素をクリックするか、<グラフツール>の<書式>タブの<グラフ要素>ボックスで目的のグラフ要素を選択します。また、グラフ要素の表示/非表示は、切り替えることができます。

縦(値)軸ラベル　グラフタイトル　データ系列

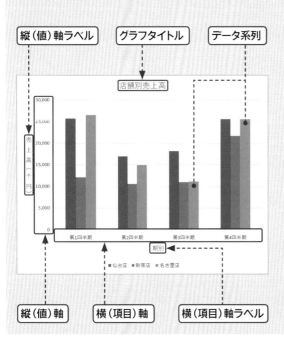

縦(値)軸　横(項目)軸　横(項目)軸ラベル

グラフエリア　データマーカー　プロットエリア

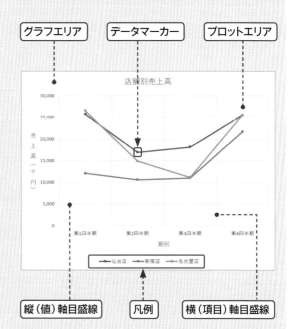

縦(値)軸目盛線　凡例　横(項目)軸目盛線

Q 337 グラフ内の文字サイズや線の色などを変更するには？

A 文字は＜ホーム＞タブ、線などは＜書式＞タブを利用します。

グラフの内の文字の書式は、セル内の文字と同様、＜ホーム＞タブの＜フォント＞グループから変更できます。また、グラフエリアの塗りつぶしの色や、目盛線の太さなどの書式は、＜グラフツール＞の＜書式＞タブの＜図形のスタイル＞グループから変更できます。いずれも、目的のグラフ要素を選択してから、書式を変更します。

● 文字の書式変更

<ホーム>タブの<フォント>グループを利用します。

● 線や塗りつぶしなどの書式変更

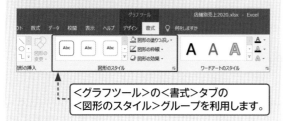

<グラフツール>の<書式>タブの<図形のスタイル>グループを利用します。

Q 338 グラフのサイズを変更するには？

A グラフエリアを選択して、周囲の白いハンドルをドラッグします。

グラフのサイズを変更するには、グラフエリアをクリックして選択し、周囲に表示される白いハンドルを、目的のサイズになるまでドラッグします。また、グラフを移動するには、グラフエリアにマウスポインターを合わせてドラッグします。

Q 339 グラフのスタイルを変更するには？

A ＜グラフスタイル＞を利用します。

＜グラフスタイル＞には、グラデーションや影など、さまざまな効果が組み合わされたスタイルが用意されており、かんたんにグラフ全体のデザインをととのえることができます。グラフのスタイルを変更するには、グラフを選択し、＜グラフツール＞の＜デザイン＞タブの＜グラフスタイル＞からスタイルを選択します。

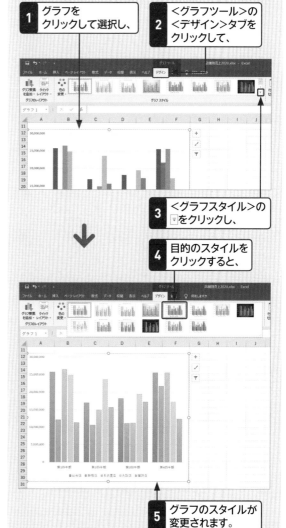

1 グラフをクリックして選択し、

2 ＜グラフツール＞の＜デザイン＞タブをクリックして、

3 ＜グラフスタイル＞の▽をクリックし、

4 目的のスタイルをクリックすると、

5 グラフのスタイルが変更されます。

序　Excel文書とは？　1　文書作成の基本　文書の入力　2　文書の入力　3　文書の編集　4　文字やセルの書式　5　罫線と表作成　6　数式の入力と編集　7　関数の利用　8　図形や画像の操作　9　グラフの作成　10　ファイルの保存と共有　11　文書の印刷

Q 340 データ系列やデータ要素を選択するには？

A クリックするとデータ系列、再度クリックするとデータ要素が選択されます。

データ系列を選択するには、目的のデータ系列をクリックします。同じデータ系列すべてにハンドルが表示されて、選択された状態になったら、目的のデータ要素をクリックすると、データ要素が選択されます。

1 データ系列をクリックすると、同じデータ系列が選択され、

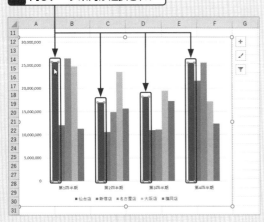

↓

2 再度クリックすると、データ要素が選択されます。

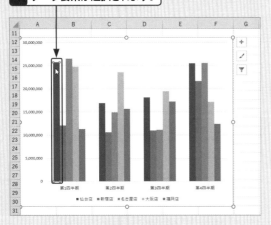

Q 341 凡例を移動するには？

A ドラッグして移動するか、＜グラフ要素＞で場所を指定します。

凡例を移動するには、凡例を目的の位置までドラッグします。また、グラフを選択すると右上に表示される＜グラフ要素＞ ＋ をクリックして、＜凡例＞をポイントし、▶をクリックして場所を指定することもできます。

● **ドラッグして移動**

凡例にマウスポインターを合わせ、目的の位置までドラッグします。

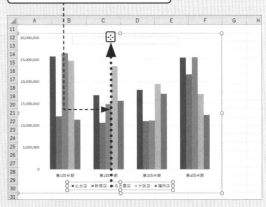

● **場所を指定**

1 ＋ をクリックして、

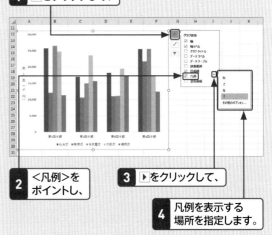

2 ＜凡例＞をポイントし、

3 ▶をクリックして、

4 凡例を表示する場所を指定します。

Q 342 グラフタイトルに表の タイトルを表示するには？

A 数式バーに「=」を入力して、表の タイトルのセルをクリックします。

表のタイトルとグラフのタイトルを、数式を利用して
リンクすると、グラフのタイトルが表のタイトルと同
じものになります。

グラフタイトルに表のタイトルを表示するには、グラ
フタイトルを選択し、数式バーに「=」を入力して、リン
クさせるセルをクリックし、Enter を押します。

1 グラフタイトルを クリックして選択し、

2 数式バーに「=」を 入力して、

3 目的のセルを クリックし、

4 Enter を押すと、

5 選択したセルの 内容が表示されます。

Q 343 グラフタイトルを 非表示にするには？

A ＜グラフ要素＞で 表示/非表示を切り替えます。

グラフタイトルを非表示にするには、グラフを選択す
ると右上に表示される＜グラフ要素＞ ＋ をクリック
して、＜グラフタイトル＞をオフにします。また、グラ
フタイトルをクリックして選択し、Delete を押しても
非表示にできます。凡例や軸ラベルなどのほかのグラ
フ要素も、同様の操作で非表示にできます。

1 ＋ をクリックして、

2 ＜グラフタイトル＞をオフにします。

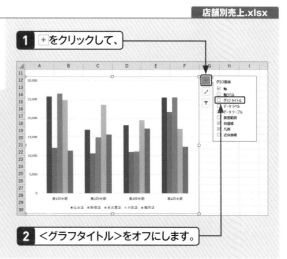

Q 344 軸ラベルを追加するには？

A ＜グラフ要素を追加＞を利用します。

軸ラベルを追加するには、グラフを選択し、＜グラフツール＞の＜デザイン＞タブの＜グラフ要素を追加＞をクリックして、＜軸ラベル＞をポイントし、表示する軸ラベルの種類をクリックします。軸ラベルが表示されるので、文字を入力します。また、グラフを選択すると右上に表示される＜グラフ要素＞ + をクリックして、＜軸ラベル＞をオンにしても軸ラベルを表示できます。

1 ＜グラフツール＞の＜デザイン＞タブをクリックして、

2 ＜グラフ要素を追加＞をクリックし、

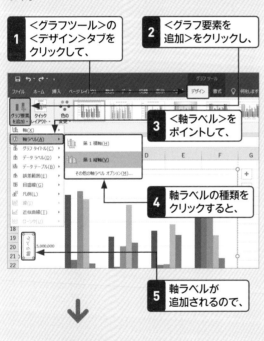

3 ＜軸ラベル＞をポイントして、

4 軸ラベルの種類をクリックすると、

5 軸ラベルが追加されるので、

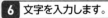

6 文字を入力します。

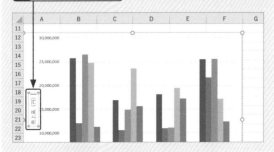

Q 345 縦（値）軸の表示単位を千単位にするには？

A ＜軸の書式設定＞作業ウィンドウで表示単位を設定します。

数値の桁数が大きい場合は、縦（値）軸の表示単位を千や万、億単位などに変えると見やすくなります。その場合は、縦（値）軸を選択して、＜グラフツール＞の＜書式＞タブの＜選択対象の書式設定＞をクリックします。＜軸の書式設定＞作業ウィンドウが表示されるので、＜軸のオプション＞の＜表示単位＞で、表示単位を設定します。このとき、＜表示単位のラベルをグラフに表示する＞をオンにすると、軸に「千」や「万」などの表示単位が表示されます。

1 縦（値）軸をクリックして選択し、

2 ＜グラフツール＞の＜書式＞タブをクリックして、

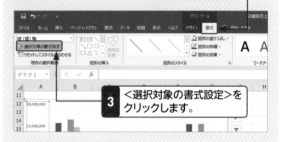

3 ＜選択対象の書式設定＞をクリックします。

4 表示単位を指定して、

5 ＜表示単位のラベルをグラフに表示する＞をオンにすると、

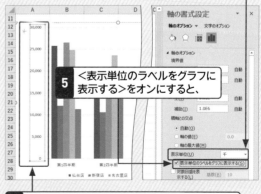

6 表示単位が設定され、ラベルが表示されます。

Q 346 縦（値）軸の範囲を変更するには？

A ＜軸の書式設定＞作業ウィンドウで最大値や最小値を変更します。

グラフで数値の差が小さく、違いがわかりづらい場合は、グラフの縦（値）軸の最小値と最大値を変更すると、見やすくなります。その場合は、縦（値）軸を選択して、＜グラフツール＞の＜書式＞タブの＜選択対象の書式設定＞をクリックします。＜軸の書式設定＞作業ウィンドウが表示されるので、＜軸のオプション＞の＜最大値＞と＜最小値＞を変更します。

1 縦（値）軸をクリックして選択し、

2 ＜グラフツール＞の＜書式＞タブをクリックして、

3 ＜選択対象の書式設定＞をクリックします。

4 最大値や最小値を変更すると、

5 縦（値）軸の目盛の数値範囲が変更されます。

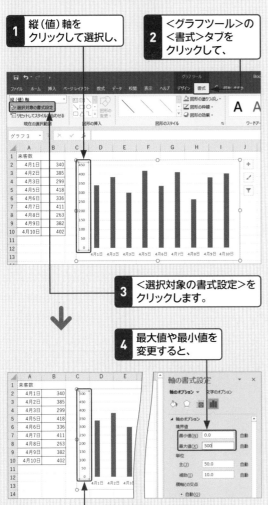

Q 347 縦（値）軸ラベルの文字を縦書きにするには？

A ＜ホーム＞タブの＜方向＞で＜縦書き＞に変更します。

縦（値）軸の文字の向きを縦書きに変更するには、＜縦（値）軸ラベル＞をクリックして選択し、＜ホーム＞タブの＜方向＞をクリックして、＜縦書き＞をクリックします。
また、＜軸ラベルの書式設定＞作業ウィンドウの＜文字オプション＞の＜テキストボックス＞で、＜文字列の方向＞を＜縦書き＞にしても、縦書きに変更することができます。

1 縦（値）軸ラベルをクリックして選択し、

2 ＜ホーム＞タブをクリックして、

3 ＜方向＞をクリックし、

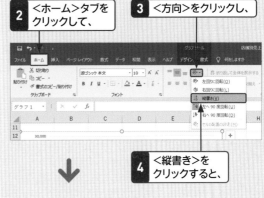

4 ＜縦書き＞をクリックすると、

5 縦書きに変更されます。

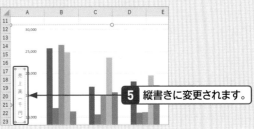

211

序

Excel/文書とは?

1 文書作成の基本

2 文書の入力

3 文書の編集

4 文字やセルの書式

5 罫線と表作成

6 数式の入力と編集

7 関数の利用

8 図形や画像の操作

9 グラフの作成

10 ファイルの保存と共有

11 文書の印刷

✏ 軸の書式設定

Q 348 横(項目)軸に目盛線を表示するには?

A <グラフ要素>を利用します。

横(項目)軸に目盛線を表示するには、グラフを選択すると右上に表示される<グラフ要素> + をクリックして、<目盛線>をポイントし、▶をクリックして、<第1主縦軸>をオンにします。また、グラフを選択し、<グラフツール>の<デザイン>タブの<グラフ要素を追加>をクリックして、<目盛線>をポイントし、<第1主縦軸>をクリックしても、横(項目)軸に目盛線が表示されます。

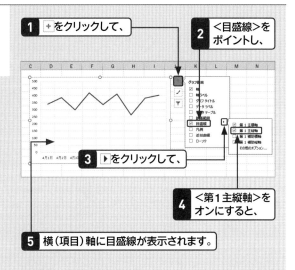

1 + をクリックして、

2 <目盛線>をポイントし、

3 ▶をクリックして、

4 <第1主縦軸>をオンにすると、

5 横(項目)軸に目盛線が表示されます。

✏ 軸の書式設定

Q 349 抜けている日付データをグラフで非表示にするには?

A <軸の種類>を<日付軸>から<テキスト軸>に変更します。

項目に日付が入力されているデータをグラフにすると、データに日付が抜けている場合も、グラフに表示されてしまいます。これは、軸の種類が自動的に<日付軸>に設定されているためです。抜けている日付のデータが、グラフに表示されないようにするには、横(項目)軸を選択し、<グラフツール>の<書式>タブの<選択対象の書式設定>をクリックします。<軸のオプション>の<軸の種類>で<テキスト軸>をクリックします。

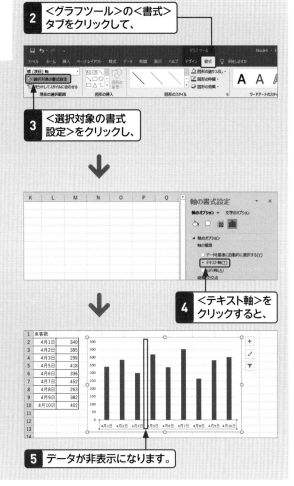

2 <グラフツール>の<書式>タブをクリックして、

3 <選択対象の書式設定>をクリックし、

4 <テキスト軸>をクリックすると、

5 データが非表示になります。

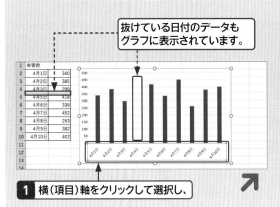

抜けている日付のデータもグラフに表示されています。

1 横(項目)軸をクリックして選択し、

Q 350 棒グラフの棒の幅を変更するには？

A ＜要素の間隔＞で設定します。

棒グラフの棒の幅を変更するには、データ系列を選択し、＜グラフツール＞の＜書式＞タブの＜選択対象の書式設定＞をクリックします。＜データ系列の書式設定＞作業ウィンドウが表示されるので、＜要素の間隔＞の数値を変更します。数値を小さくすると棒の幅が大きくなり、数値を大きくすると棒の幅が小さくなります。

1 データ系列をクリックして選択し、

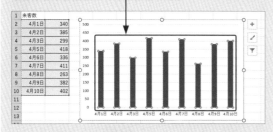

2 ＜グラフツール＞の＜書式＞タブをクリックして、

3 ＜選択対象の書式設定＞をクリックします。

4 ＜要素の間隔＞の数値を変更すると、

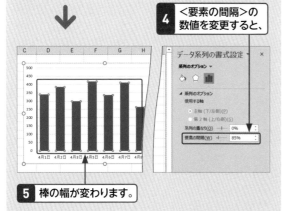

5 棒の幅が変わります。

Q 351 棒グラフの棒の間隔を変更するには？

A ＜系列の重なり＞で設定します。

棒グラフの棒の間隔を変更するには、データ系列を選択し、＜グラフツール＞の＜書式＞タブの＜選択対象の書式設定＞をクリックします。＜データ系列の書式設定＞作業ウィンドウが表示されるので、＜系列の重なり＞の数値を変更します。数値を小さくすると間隔が大きくなり、数値を大きくすると間隔が小さくなります。

1 データ系列をクリックして選択し、

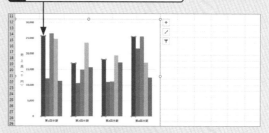

2 ＜グラフツール＞の＜書式＞タブをクリックして、

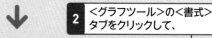

3 ＜選択対象の書式設定＞をクリックします。

4 ＜系列の重なり＞の数値を変更すると、

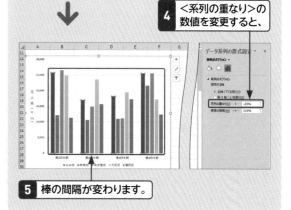

5 棒の間隔が変わります。

序
Excel文書とは？
1 文書作成の基本
2 文書の入力
3 文書の編集
4 文字やセルの書式
5 罫線と表作成
6 数式の入力と編集
7 関数の利用
8 図形や画像の操作
9 グラフの作成
10 ファイルの保存と共有
11 文書の印刷

グラフの書式設定

Q 352 棒グラフの並び順を変更するには？

A <データソースの選択>ダイアログボックスを利用します。

元のデータの並び順を変更せずに、棒グラフのデータ系列の並び順を変更するには、グラフを選択し、<グラフツール>の<デザイン>タブの<データの選択>をクリックします。<凡例項目（系列）>の一覧で、順序を変更したい系列をクリックし、<上へ移動>または<下へ移動>をクリックします。

1 グラフをクリックして選択し、

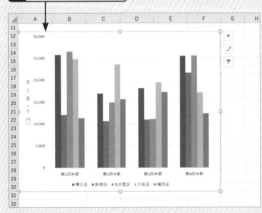

2 <グラフツール>の<デザイン>タブをクリックして、

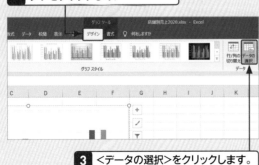

3 <データの選択>をクリックします。

4 並べ替える系列をクリックし、

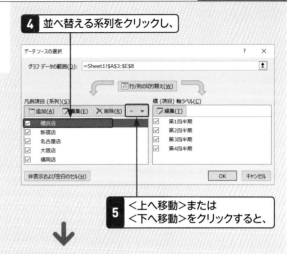

5 <上へ移動>または<下へ移動>をクリックすると、

6 系列の順序が変わります。

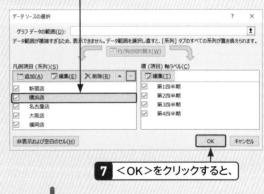

7 <OK>をクリックすると、

8 系列が並べ替えられます。

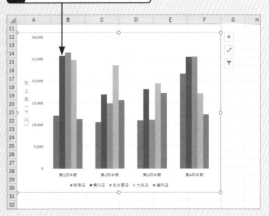

Q 353 グラフの色を変更するには？

A <色の変更>または<図形の塗りつぶし>を利用します。

グラフ全体の色を変更する場合は、グラフを選択し、<グラフツール>の<デザイン>タブの<色の変更>をクリックして、目的の配色をクリックします。特定のデータ系列またはデータ要素の色を変更する場合は、データ系列（データ要素）を選択し、<グラフツール>の<書式>タブの<図形の塗りつぶし>をクリックして、目的の色をクリックします。また、折れ線グラフの線や、棒グラフの枠線などの色は、<図形の枠線>から変更できます。

● グラフ全体の色の変更

1 グラフをクリックして選択し、

2 <グラフツール>の<デザイン>タブをクリックして、

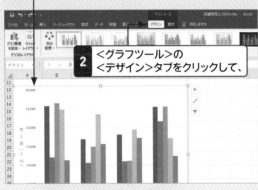

3 <色の変更>をクリックし、

4 目的の配色をクリックすると、

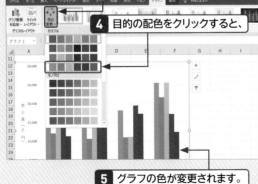

5 グラフの色が変更されます。

● グラフ系列の塗りつぶしの色の変更

1 データ系列をクリックして選択し、

2 <グラフツール>の<書式>タブをクリックして、

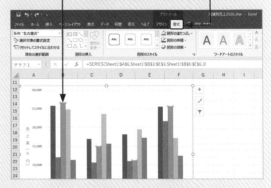

3 <図形の塗りつぶし>をクリックし、

4 目的の色をクリックすると、

5 データ系列の塗りつぶしの色が変更されます。

● 折れ線グラフの線や棒グラフの枠線の色の変更

<図形の枠線>から、線の色や太さ、種類を変更できます。

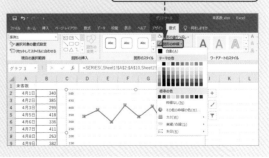

Q 354 横棒グラフの縦（項目）軸の順序を逆にするには？

A ＜軸の書式設定＞作業ウィンドウで軸を反転します。

横棒グラフを作成すると、縦（項目）軸が、下から上の順で表示されます。順序を逆にするには、縦（項目）軸を選択し、＜グラフツール＞の＜書式＞タブをクリックして、＜選択対象の書式設定＞をクリックします。＜軸の書式設定＞作業ウィンドウが表示されるので、＜軸のオプション＞の＜軸を反転する＞をオンにします。このとき、＜横軸との交点＞を＜最大項目＞にすると、横（値）軸が下に表示されます。

1 縦（項目）軸をクリックして選択し、

2 ＜グラフツール＞の＜書式＞タブをクリックして、

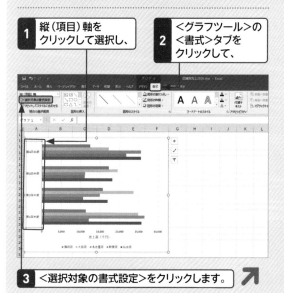

3 ＜選択対象の書式設定＞をクリックします。

4 ＜軸を反転する＞をオンにして、

5 ＜最大項目＞をオンにすると、

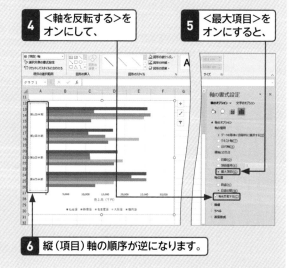

6 縦（項目）軸の順序が逆になります。

Q 355 折れ線グラフとプロットエリアの両端を揃えるには？

A ＜軸位置＞を＜目盛＞に設定します。

折れ線グラフを作成すると、線の始点と終点が、プロットエリアの端から離れたところに表示されます。線の両端とプロットエリアの両端を揃えるには、＜横（項目）軸＞をクリックして選択し、＜グラフツール＞の＜書式＞タブの＜選択対象の書式設定＞をクリックします。＜軸の書式設定＞作業ウィンドウが表示されるので、＜軸位置＞の＜目盛＞をクリックします。

1 横（項目）軸をクリックして選択し、

2 ＜グラフツール＞の＜書式＞タブをクリックして、

3 ＜選択対象の書式設定＞をクリックします。

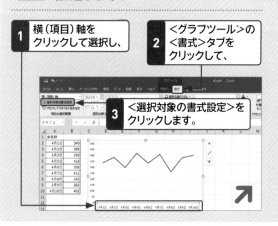

4 ＜目盛＞をクリックすると、

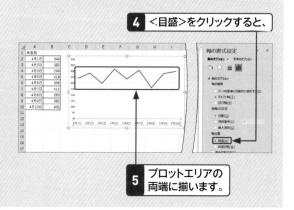

5 プロットエリアの両端に揃います。

序 Excel文書とは？
1 文書作成の基本
2 文書の入力
3 文書の編集
4 文字やセルの書式
5 罫線と表作成
6 数式の入力と編集
7 関数の利用
8 図形や画像の操作
9 グラフの作成
10 ファイルの保存と共有
11 文書の印刷

Q 356 折れ線グラフのマーカーと項目名を結ぶ線を表示するには？

A <グラフ要素の追加>から<降下線>を表示します。

折れ線グラフのデータマーカーと項目名を結ぶ線を「降下線」といいます。降下線を表示するには、グラフを選択し、<グラフツール>の<デザイン>タブをクリックして、<グラフ要素を追加>をクリックし、<線>をポイントして、<降下線>をクリックします。

1 グラフをクリックして選択し、

2 <グラフツール>の<デザイン>タブをクリックして、

3 <グラフ要素の追加>をクリックし、

4 <線>をポイントして、

5 <降下線>をクリックすると、

6 降下線が表示されます。

Q 357 データラベルの表示位置を変更するには？

A <グラフ要素を追加>で位置を変更します。

データラベルの表示位置を変更するには、グラフを選択し、<グラフツール>の<デザイン>タブの<グラフ要素を追加>をクリックして、<データラベル>をポイントし、位置を指定します。また、グラフを選択すると右上に表示される<グラフ要素>＋をクリックして、<データラベル>をポイントし、▶をクリックして、位置を指定しても変更できます。
特定のデータラベルを移動したい場合は、データラベルをクリックして選択し、目的の位置までドラッグします。

1 グラフをクリックして選択し、

2 <グラフツール>の<デザイン>タブをクリックして、

3 <グラフ要素の追加>をクリックし、

4 <データラベル>をポイントして、

5 位置を指定すると、

6 データラベルの位置が変更されます。

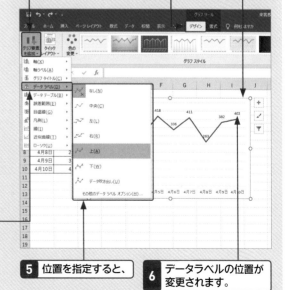

Q 358 データラベルに表示する内容を変更するには？

A <データラベルの書式設定>作業ウィンドウを利用します。

データラベルに表示される内容を変更するには、データラベルをクリックして選択し、<グラフツール>の<書式>タブの<選択対象の書式設定>をクリックします。<データラベルの書式設定>作業ウィンドウが表示されるので、<ラベルの内容>で表示するラベルの内容をオンにします。複数の内容を表示する場合は、<区切り文字>を指定することもできます。

1 データラベルをクリックして選択し、

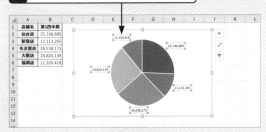

2 <グラフツール>の<書式>タブをクリックして、

3 <選択対象の書式設定>をクリックします。

4 表示する内容をオンにすると、

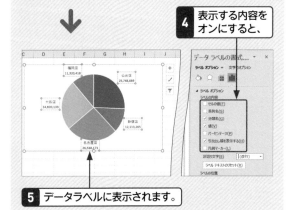

5 データラベルに表示されます。

Q 359 円グラフにパーセンテージを表示するには？

A データラベルでパーセンテージを表示します。

円グラフにパーセンテージを表示するには、<データラベルの書式設定>作業ウィンドウの<データラベルの内容>で<パーセンテージ>を指定します。
すでにデータラベルを表示している場合は、データラベルを選択し、<グラフツール>の<書式>タブの<選択対象の書式設定>をクリックして、<データラベルの書式設定>作業ウィンドウを表示します。データラベルを表示していない場合は、グラフを選択し、<グラフツール>の<デザイン>タブの<グラフ要素を追加>をクリックし、<データラベル>をポイントして、<その他のデータラベルオプション>をクリックすると、<データラベルの書式設定>作業ウィンドウが表示されます。

1 <データラベルの書式設定>作業ウィンドウを表示して、

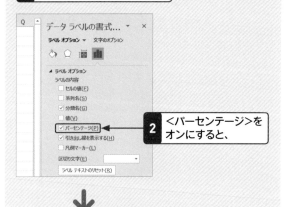

2 <パーセンテージ>をオンにすると、

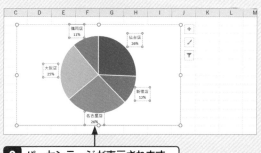

3 パーセンテージが表示されます。

Q 360 グラフの背景に模様やグラデーションを表示するには？

A <グラフエリアの書式設定>作業ウィンドウを利用します。

グラフの背景にグラデーションを設定するには、グラフエリアを選択して、<グラフツール>の<書式>タブの<選択対象の書式設定>をクリックして、<グラフエリアの書式設定>作業ウィンドウを表示します。<塗りつぶし>で<塗りつぶし（グラーション）>をクリックし、グラデーションを設定します。

また、木目や紙などの模様（テクスチャ）を設定するには、<塗りつぶし>で<塗りつぶし（図またはテクスチャ）>をクリックし、<テクスチャ>でテクスチャの種類を指定します。

● グラデーションの設定

1 <グラフエリアの書式設定>作業ウィンドウを表示して、

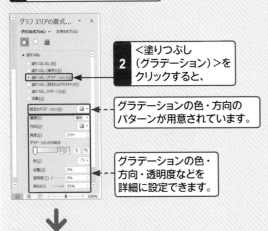

2 <塗りつぶし（グラデーション）>をクリックすると、

グラデーションの色・方向のパターンが用意されています。

グラデーションの色・方向・透明度などを詳細に設定できます。

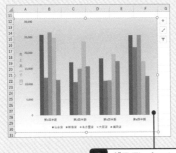

3 グラデーションが設定されます。

● テクスチャの設定

1 <グラフエリアの書式設定>作業ウィンドウを表示して、

2 <塗りつぶし（図またはテクスチャ）>をクリックし、

3 をクリックして、

4 目的のテクスチャをクリックすると、

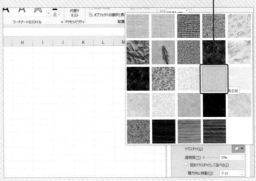

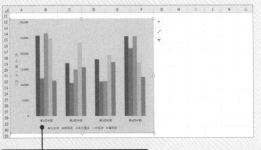

5 テクスチャが設定されます。

Q 361 異なる種類のグラフを組み合わせて作成するには？

A 複合グラフを作成します。

棒グラフと折れ線グラフなど、異なる種類のグラフを組み合わせたグラフを「複合グラフ」といいます。単位の異なるデータや、数値の差が大きいデータをグラフにする場合に利用します。

複合グラフの作成には、<グラフの挿入>ダイアログボックスで<組み合わせ>を選択する方法と、棒（または面）グラフを作成してから特定のデータ系列を折れ線グラフに変更する方法があります。

●<グラフの挿入>ダイアログボックスの利用

1 グラフにするセル範囲をドラッグして選択し、

2 <挿入>タブをクリックして、

3 <複合グラフの挿入>をクリックし、

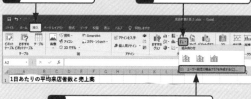

4 <ユーザー設定の複合グラフを作成する>をクリックします。

Hint 複合グラフが思うように作成できない場合は？

<グラフの挿入>ダイアログボックスで、系列と項目が逆になってしまい、複合グラフが思うように作成できない場合は、すべてのデータ系列を棒グラフ（または面グラフ）で作成してから、特定のデータ系列を折れ線グラフに変更する方法で、複合グラフを作成します。

5 各データ系列のグラフの種類を設定し、

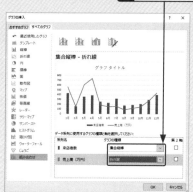

6 折れ線グラフのデータ系列の<第2軸>をオンにして、

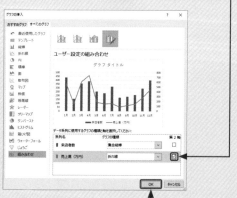

7 <OK>をクリックすると、

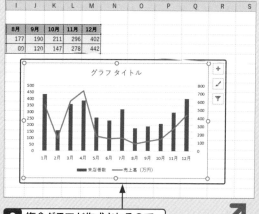

8 複合グラフが作成されるので、

9 必要に応じてグラフタイトルを
入力し、軸ラベルを追加します。

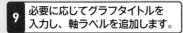
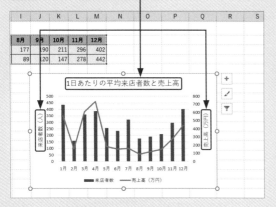

	8月	9月	10月	11月	12月
	177	190	211	296	402
	89	120	147	278	442

1日あたりの平均来店者数と売上高

5 ＜組み合わせ＞をクリックして、

6 選択したデータ系列を
＜折れ線＞に設定し、

7 ＜第2軸＞を
オンにして、

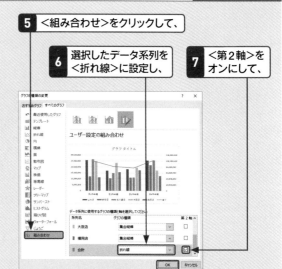
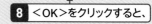

グラフの種類の変更

ユーザー設定の組み合わせ

グラフ タイトル

データ系列に使用するグラフの種類と軸を選択してください：

系列名	グラフの種類	第2軸
大阪店	集合縦棒	
福岡店	集合縦棒	
合計	折れ線	

8 ＜OK＞をクリックすると、

● 棒グラフから複合グラフの作成

1 棒グラフを作成し、

	A	B	C	D	E	F	G
3	店舗名	第1四半期	第2四半期	第3四半期	第4四半期	合計	
4	仙台店	25,748,689	16,976,673	18,188,236	25,525,296	86,438,894	
5	新宿店	12,113,265	10,619,312	11,023,981	21,704,744	55,461,302	
6	名古屋店	26,538,173	14,932,215	11,152,678	25,558,191	78,181,257	
7	大阪店	24,820,139	23,616,403	19,510,305	17,225,018	85,171,865	
8	福岡店	11,320,418	15,700,827	17,253,595	12,412,722	56,687,562	
9	合計	100,540,684	81,845,430	77,128,795	102,425,971	361,940,880	

グラフ タイトル

9 複合グラフに変更されるので、

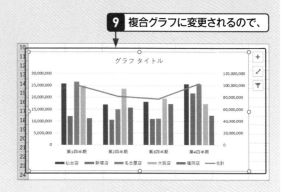

グラフ タイトル

2 折れ線グラフにするデータ
系列をクリックして選択し、

3 ＜グラフツール＞の
＜デザイン＞タブをクリックして、

グラフ ツール　店舗別売上2020.xlsx - Excel

デザイン　書式　何をしますか

グラフ スタイル　データ　種類　場所

4 ＜グラフの種類の変更＞を
クリックします。

10 必要に応じて
グラフタイトルを削除し、
軸ラベルを追加します。

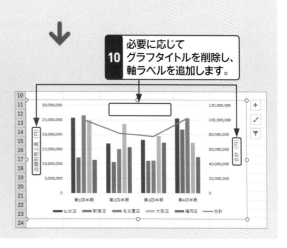

Q 362 既定の保存先を変更するには？

A ＜Excelのオプション＞で設定を変更します。

既定では、新規ファイルの保存先フォルダーは＜ドキュメント＞に設定されています。ほかのフォルダーに変更するには、＜Excelのオプション＞の＜保存＞の＜既定のローカルファイルの保存場所＞に保存先のフォルダーのパスを入力します。

フォルダーのパスは、エクスプローラーで目的のフォルダーを選択し、＜ホーム＞タブの＜パスのコピー＞をクリックすると、コピーできます。

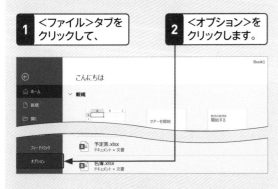

1 ＜ファイル＞タブをクリックして、

2 ＜オプション＞をクリックします。

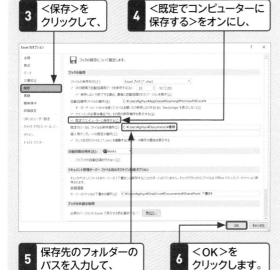

3 ＜保存＞をクリックして、

4 ＜既定でコンピューターに保存する＞をオンにし、

5 保存先のフォルダーのパスを入力して、

6 ＜OK＞をクリックします。

Q 363 作成者などの情報を削除して保存するには？

A ＜ドキュメント検査＞を利用します。

ファイルのプロパティには、ファイルの作成者と最終更新者の氏名、作成日時、更新日時などが表示されます。これらの情報を、ほかのユーザーに見られないようにするには、＜ドキュメント検査＞を利用します。ファイルにプロパティが含まれているかチェックし、削除することができます。

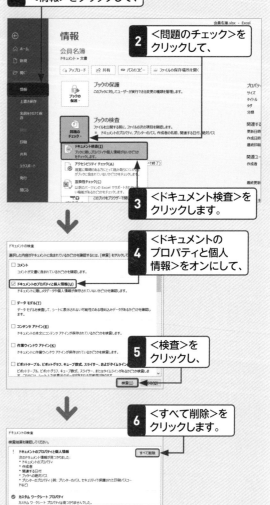

1 ＜ファイル＞タブの＜情報＞をクリックして、

2 ＜問題のチェック＞をクリックして、

3 ＜ドキュメント検査＞をクリックします。

4 ＜ドキュメントのプロパティと個人情報＞をオンにして、

5 ＜検査＞をクリックし、

6 ＜すべて削除＞をクリックします。

Q 364 ファイルを開かずに内容を確認するには？

A 縮小版を保存するか、プレビューウィンドウを利用します。

ファイルを開かずに内容を確認するには、ファイルの保存時に縮小版も保存するか、エクスプローラーのプレビューウィンドウを利用します。

縮小版を保存した場合は、エクスプローラーでファイルの表示レイアウトを中アイコン、大アイコン、特大アイコンにしたときに、アイコンがファイルの縮小版で表示されます。

また、プレビューウィンドウを利用すると、エクスプローラーで目的のファイルを選択したとき、左側にファイルの内容が表示されます。

● 縮小版の保存

1 <名前を付けて保存>ダイアログボックスを表示して、

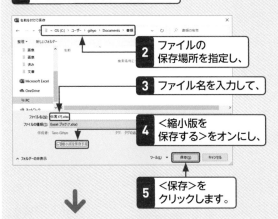

2 ファイルの保存場所を指定し、

3 ファイル名を入力して、

4 <縮小版を保存する>をオンにし、

5 <保存>をクリックします。

6 エクスプローラーで保存先のフォルダーを表示し、

7 <表示>タブをクリックして、

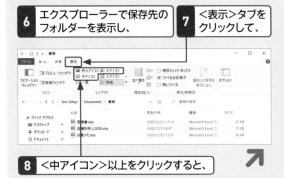

8 <中アイコン>以上をクリックすると、

9 アイコンが縮小版になります。

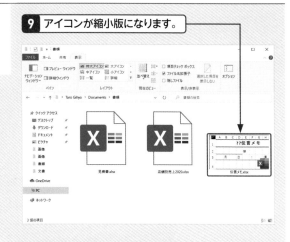

見積書.xlsx　店舗別売上2020.xlsx　仮言メモ.xlsx

● プレビューウィンドウの利用

1 エクスプローラーでファイルが保存されているフォルダーを表示し、

2 <表示>タブをクリックして、

3 <プレビューウィンドウ>をクリックし、

4 ファイルをクリックすると、

5 プレビューウィンドウにファイルのプレビューが表示されます。

✎ ファイルの保存　　　　　　　**見積書.xlsx**

Q 365 テンプレートとして保存するには?

A ファイル形式を＜Excelテンプレート＞で保存します。

「テンプレート」とは、文書のひな形のことです。申請書や見積書など、共通部分を作成してテンプレートとして保存しておけば、かんたんに文書を作成できます。また、文書を編集して使い回す場合と違い、誤って元の文書を上書き保存することもありません。

テンプレートとして保存するには、＜名前を付けて保存＞ダイアログボックスで、＜ファイルの種類＞に＜Excel テンプレート＞を指定します。保存先が自動的に＜Officeのカスタムテンプレート＞フォルダーに指定されるので、変更せずに保存します。

1 ＜名前を付けて保存＞ダイアログボックスを表示して、

2 ＜ファイルの種類＞で＜Excelテンプレート（.xltx）＞を指定し、

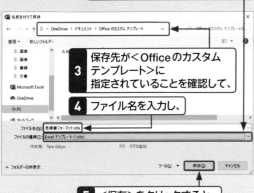

3 保存先が＜Officeのカスタムテンプレート＞に指定されていることを確認して、

4 ファイル名を入力し、

5 ＜保存＞をクリックすると、

6 テンプレートとして保存されます。

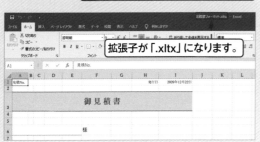

拡張子が「.xltx」になります。

✎ ファイルの保存

Q 366 テンプレートを利用して新規文書を作成するには?

A ＜ファイル＞タブの＜新規＞の＜個人用＞から作成します。

作成したテンプレートを利用して新規ファイルを作成するには、＜ファイル＞タブの＜新規＞画面の＜個人用＞をクリックします。オリジナルのテンプレートの一覧が表示されるので、目的のテンプレートをクリックします。

1 ＜ファイル＞タブの＜新規＞をクリックして、

2 ＜個人用＞をクリックし、

3 目的のテンプレートをクリックすると、

4 新規ファイルが作成されます。

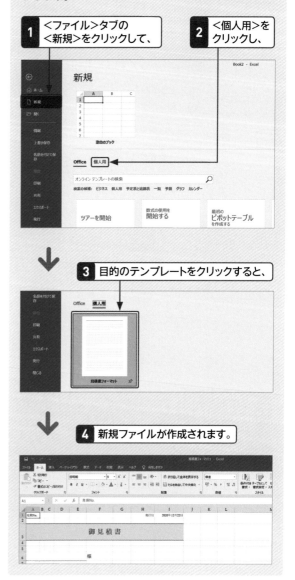

Q 367 PDFファイルとして保存するには？

A ファイル形式を
<PDF>で保存します。

PDF形式で保存すると、Excelをインストールしていないデバイスでも、レイアウトが崩れずにファイルを閲覧することができます。PDF形式で保存するには、<名前を付けて保存>ダイアログボックスで<ファイルの種類>に<PDF>を指定するか、<ファイル>タブの<エクスポート>の<PDF/XPSドキュメントの作成>をクリックして、<PDF/XPSの作成>をクリックします。また、<名前を付けて保存>ダイアログボックスで<オプション>をクリックすると、ページ範囲や発行対象などを設定できます。

1 <名前を付けて保存>ダイアログボックスを表示して、

2 保存先を指定し、

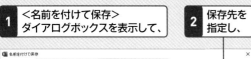

3 ファイル名を入力して、

4 <ファイルの種類>で<PDF(.pdf)>を指定し、

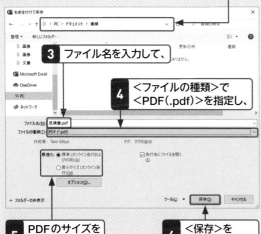

5 PDFのサイズを指定して、

6 <保存>をクリックすると、

7 PDFファイルが作成されます。

Q 368 ファイルを間違って編集しないようにするには？

A ファイルを読み取り専用で開くように設定します。

ファイルを開いたときに誤って変更するのを防ぐには、ファイルを読み取り専用で開くように設定します。<ファイル>タブの<情報>の<ブックの保護>から、<常に読み取り専用で開く>を指定します。
この場合、ファイルを開いたときに、「作成者は、'(ファイル名)'を変更する必要がなければ、読み取り専用で開くように指定しています。読み取り専用で開きますか？」というメッセージが表示されます。ここで<いいえ>をクリックすると、ファイルを編集できてしまうので、より強固に編集を防ぎたい場合は、パスワードの設定をおすすめします。

参照 ▶ Q382

1 <ファイル>タブの<情報>をクリックして、

2 <ブックの保護>をクリックし、

3 <常に読み取り専用で開く>をクリックすると、

4 読み取り専用に設定されます。

5 ファイルを開くと、メッセージが表示されます。

Q 369 ファイルに「保護ビュー」と表示される場合は？

A 安全性が確認できている場合は、編集を有効にします。

インターネットなどの安全でない可能性のある場所のファイルを開いたときに、タイトルバーに「保護ビュー」と表示されます。ファイルがウィルスに感染している可能性があるため、読み取り専用になっています。安全性が確認できたら、ウィンドウ上部に表示されている＜編集を有効にする＞をクリックします。

タイトルバーのファイル名の後ろに［保護ビュー］と表示されます。

＜編集を有効にする＞をクリックすると、編集できます。

Q 370 ファイルに「互換モード」と表示される場合は？

A 旧バージョンのファイルを開いたときに表示されます。

ファイルを開いたときに、タイトルバーに「互換モード」と表示された場合は、そのファイルがExcel 97-2003形式で保存されていることを示しています。互換モードでは、以前のバージョンと互換性がない新機能が無効になります。開いたファイルを、旧バージョンを使用しているユーザーと共有する場合は、互換モードのまま編集することをおすすめします。

タイトルバーのファイル名の後ろに［互換モード］と表示されます。

店舗別売上2020.xls ［互換モード］ - Excel

Q 371 旧バージョンのファイルを現在のファイル形式に変換するには？

A ＜ファイル＞タブの＜情報＞の＜変換＞を利用します。

Excel 97-2003形式で保存されたファイルを開くと、一部の機能が制限された「互換モード」で表示されます。すべての機能を利用して編集できるようにするには、＜ファイル＞タブの＜情報＞の＜変換＞をクリックします。

参照▶Q370

1 ＜ファイル＞タブの＜情報＞をクリックして、

2 ＜変換＞をクリックします。

3 保存先を指定して、　　**4** ファイル名を入力し、

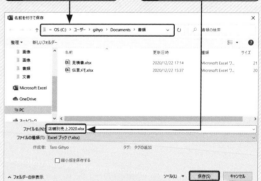

5 ＜保存＞をクリックすると、文書が変換されます。

6 ＜はい＞をクリックすると、ファイルが閉じて再度開き、現在のファイル形式の機能を利用できます。

Q372 旧バージョンでも開けるように保存するには？

A ファイル形式を<Excel 97-2003ブック>で保存します。

旧バージョンでもファイルが開けるようにするには、Excel 97-2003形式で保存します。互換性チェックが実行され、旧バージョンでサポートされていない機能が使用されている場合は問題点が表示されるので、確認し、そのまま保存する場合は<続行>をクリックします。

1 <名前を付けて保存>ダイアログボックスを表示して、

2 保存先を指定し、

3 ファイル名を入力して、

4 <ファイルの種類>で<Excel 97-2003ブック（.xls）>を指定し、

5 <保存>をクリックします。

6 互換性チェックが実行され、問題点がある場合は表示されます。

7 <続行>をクリックすると、

8 Excel 97-2003形式で保存されます。

店舗別売上2020.xls - Excel

ファイル拡張子は「.xls」になります。

Q373 手動で互換性チェックを実行するには？

A <ファイル>タブの<情報>の<問題のチェック>を利用します。

ファイルをExcel 97-2003形式で保存すると、自動的に互換性チェックが行われますが、手動で互換性チェックを行うこともできます。その場合は、<ファイル>タブの<情報>をクリックし、<問題のチェック>をクリックして、<互換性チェック>をクリックします。

参照 ▶ Q372

1 <ファイル>タブの<情報>をクリックし、

2 <問題のチェック>をクリックして、

3 <互換性チェック>をクリックします。

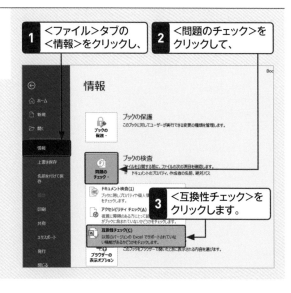

227

Q 374 ファイルをOneDriveに保存するには？

A 保存先に<OneDrive-個人用>を指定します。

Microsoftのオンラインストレージサービス「OneDrive」にファイルを保存するには、Excel から保存先を OneDrive に指定する方法と、Web ブラウザーで OneDrive にアクセスし、ファイルをアップロードする方法があります。Excel から保存する場合は、Microsoft アカウントでログインしている必要があります。

● Excel から保存する

1 <ファイル>タブの<名前を付けて保存>をクリックし、

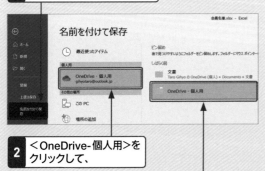

2 <OneDrive-個人用>をクリックして、

3 <OneDrive-個人用>をクリックします。

4 OneDriveのフォルダーの一覧が表示されるので、

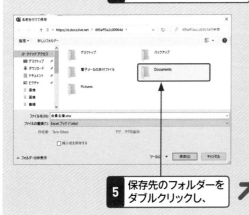

5 保存先のフォルダーをダブルクリックし、

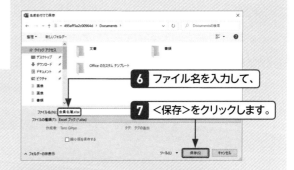

6 ファイル名を入力して、

7 <保存>をクリックします。

● Webブラウザーからアップロードする

1 Web ブラウザーを起動して、「https://onedrive.live.jp」を表示します。

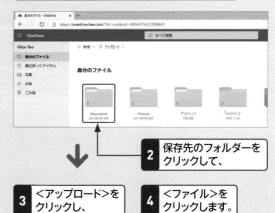

2 保存先のフォルダーをクリックして、

3 <アップロード>をクリックし、

4 <ファイル>をクリックします。

5 保存場所を指定して、

6 目的のファイルをクリックし、

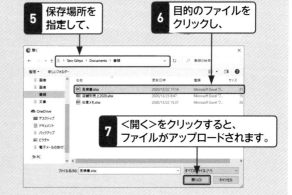

7 <開く>をクリックすると、ファイルがアップロードされます。

Q 375 OneDriveに保存されている ファイルを開くには？

A <開く>で場所を<OneDrive-個人用>に指定します。

OneDriveに保存したファイルを開くには、Excelから開く方法と、Webブラウザーから開く方法があります。さらに、Webブラウザーからは、Excelで開けるほか、Webブラウザー上で表示・編集できる「Excel Online」で開くこともできます。

● Excelから開く

1 <ファイル>タブまたは起動直後の画面で<開く>をクリックし、

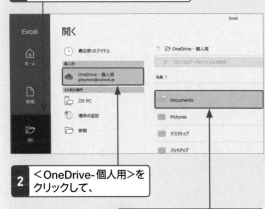

2 <OneDrive-個人用>を クリックして、

3 ファイルが保存されている フォルダーをクリックし、

4 目的のファイルをクリックすると、ファイルが開きます。

● WebブラウザーからExcelで開く

1 Webブラウザーを起動して、「 https://onedrive.live.jp 」を表示します。

2 目的のファイルをオンにして、　**3** <開く>をクリックし、

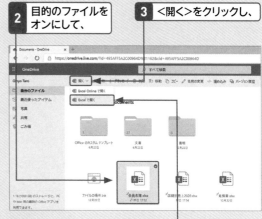

4 <Excelで開く>をクリックすると、Excelでファイルが開きます。

● WebブラウザーからExcel Onlineで開く

1 Webブラウザーを起動して、「 https://onedrive.live.jp 」を表示します。

2 目的のファイルをクリックすると、

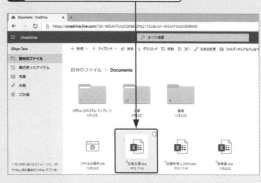

3 Excel Onlineでファイルが開き、Webブラウザー上で表示・編集できます。

序 Excel文書とは？
1 文書作成の基本
2 文書の入力
3 文書の編集
4 文字やセルの表示
5 罫線と表作成
6 数式の入力と編集
7 関数の利用
8 図形や画像の操作
9 グラフの作成
10 ファイルの保存と共有
11 文書の印刷

✎ ファイルの保存

Q 376 PCと同期するOneDriveの フォルダーを設定するには？

A OneDriveの設定を変更します。

既定では、OneDriveのすべてのフォルダーはPCと同期されます。同期するフォルダーを設定するには、Windows 10のタスクバーの通知領域からOneDriveアプリの設定画面を開き、＜アカウント＞タブの＜フォルダーの選択＞から、同期しないフォルダーをオフにします。

1 通知領域の OneDrive アイコンを右クリックして、

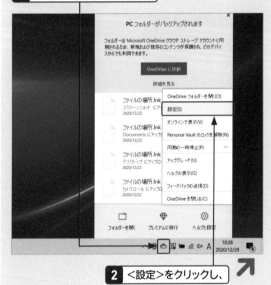

2 ＜設定＞をクリックし、

3 ＜アカウント＞をクリックして、

4 ＜フォルダーの選択＞をクリックし、

5 同期しないフォルダーをオフにして、

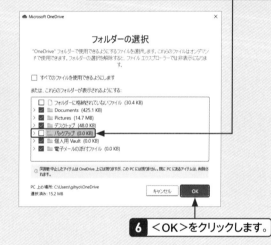

6 ＜OK＞をクリックします。

✎ ファイルの共有

Q 377 ファイルを共有するには？

A ExcelまたはWebブラウザーから 共有の設定を行います。

ファイルをほかのユーザーと共有するには、OneDriveにファイルを保存し、ファイルを共有可能に設定する必要があります。

共有の設定は、ExcelまたはWebブラウザーでOneDriveにアクセスして行います。その際、共有の権限を、ファイルの表示のみ可能にするのか、編集も可能にするのか指定します。

また、共有する方法も、リンクを取得して通知する方法と、特定のユーザーを指定する方法があります。リンクを通知する場合は、リンクを知っていれば誰でもファイルにアクセスできるため、多数のユーザーに共有するときに利用します。ユーザーを指定する場合は、ユーザーごとに共有の権限を設定できます。

Q 378 特定のユーザーと ファイルを共有するには？

A ユーザーのメールアドレスと 共有の権限を指定します。

特定のユーザーとファイルを共有するには、共有の設定画面で共有するユーザーのメールアドレスを入力して、共有権限を＜編集可能＞または＜表示可能＞で指定します。共有権限は、ユーザーごとに指定できます。共有を設定すると、相手のユーザーにURLが記載されたメールが送信されます。

● Excelから共有する

1 ＜共有＞をクリックして、

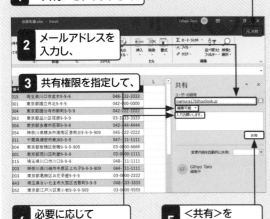

2 メールアドレスを 入力し、

3 共有権限を指定して、

4 必要に応じて メッセージを入力し、

5 ＜共有＞を クリックすると、

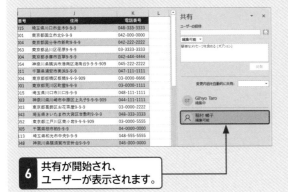

6 共有が開始され、 ユーザーが表示されます。

● Webブラウザーから共有する

1 Webブラウザーを起動して、 「 https://onedrive.live.jp 」を表示します。

2 目的のファイルをオンにして、

3 ＜共有＞をクリックします。

4 ＜リンクを知っていれば 誰でも編集できます＞を クリックして、

5 ＜特定のユーザー＞を クリックし、

6 編集を許可する 場合はオンにして、

7 ＜適用＞をクリックし、

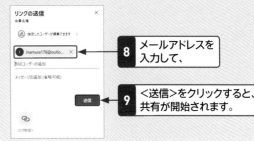

8 メールアドレスを 入力して、

9 ＜送信＞をクリックすると、 共有が開始されます。

Q 379 共有ファイルのURLを相手に知らせるには？

A 表示用または編集用の共有リンクを取得します。

共有ファイルをURLで相手のユーザーに伝えるには、表示用のリンクまたは編集用のリンクを取得します。URLをコピーして、メールやSNSなどで送れば、URLを知っているユーザーなら誰でもファイルにアクセスできるようになります。

● Excelからリンクを取得する

1 ＜共有＞をクリックして、

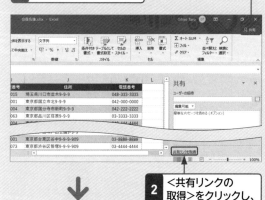

2 ＜共有リンクの取得＞をクリックし、

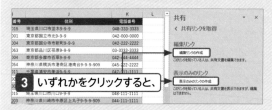

3 いずれかをクリックすると、

4 リンクが表示され、

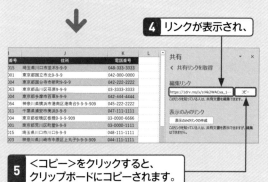

5 ＜コピー＞をクリックすると、クリップボードにコピーされます。

● Webブラウザーからリンクを取得する

1 Webブラウザーを起動して、「https://onedrive.live.jp」を表示します。

2 目的のファイルをオンにして、

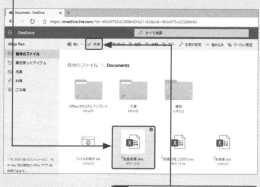

3 ＜共有＞をクリックします。

4 ＜リンクのコピー＞をクリックすると、

5 編集リンクが表示され、

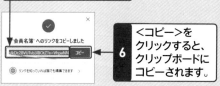

6 ＜コピー＞をクリックすると、クリップボードにコピーされます。

💡 Hint

表示リンクを取得するには？

Webブラウザーで、ファイルの表示リンクを取得するには、手順**6**で＜リンクを知っていれば誰でも編集できます＞をクリックします。＜リンクの設定＞画面で＜編集を許可する＞をオフにして、＜適用＞をクリックし、＜リンクの送信＞画面で＜リンクのコピー＞をクリックすると、表示リンクが表示されます。

Q 380 共有権限を変更するには？

A ExcelまたはWebブラウザーから変更できます。

共有ファイルの共有権限を変更するには、Excelまたは Webブラウザーから設定します。また、共有の解除を行うこともできます。

● Excelから権限を変更する

1 <共有>をクリックし、

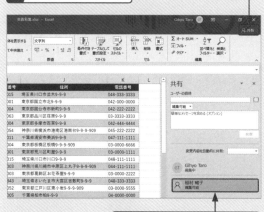

2 権限を変更するユーザーを右クリックして、

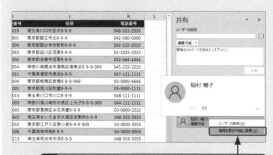

3 <権限を表示可能に変更>または<権限を編集可能に変更>をクリックします。

● Webブラウザーから権限を変更する

1 Webブラウザーを起動して、「 https://onedrive.live.jp 」を表示します。

2 目的のファイルをオンにして、

3 <詳細ウィンドウを開く>をクリックします。

4 <アクセス許可の管理>をクリックして、

5 権限を変更するユーザーのここをクリックし、

6 <表示のみ可能に変更>または<編集を許可>をクリックします。

💡 Hint

Excelから共有を解除するには？

Excelからファイルの共有を解除するには、手順**3**で<ユーザーの削除>をクリックします。

💡 Hint

Webブラウザーから共有を解除するには？

Webブラウザーからファイルの共有を解除するには、手順**6**で<共有を停止>をクリックします。

Q 381 特定のセル以外を編集できないようにするには？

A セルのロックの解除とシートの保護を設定します。

見積書や申請書など、入力欄以外に余計なデータが入力されたり、数式を削除されたりしないようにするには、シートを保護します。シートを保護すると、設定した操作以外は行えなくなります。しかし、単純にシートを保護するだけでは、すべてのセルが編集できなくなるため、編集を許可するセルのロックをあらかじめ解除しておく必要があります。

1 編集を許可するセルを Ctrl を押しながらクリックして選択し、

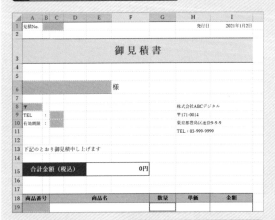

2 ＜ホーム＞タブの＜書式＞をクリックして、

3 ＜セルのロック＞をクリックすると、選択したセルのロックが解除されます。

4 ＜校閲＞タブをクリックして、

5 ＜シートの保護＞をクリックし、

6 シートの保護を解除するためのパスワードを入力して、

7 シートを保護したあとに許可する操作をオンにし、

8 ＜OK＞をクリックします。

9 再度パスワードを入力し、

10 ＜OK＞をクリックすると、

11 シートが保護されます。

12 ロックされているセルに入力しようとすると、

13 メッセージが表示されます。

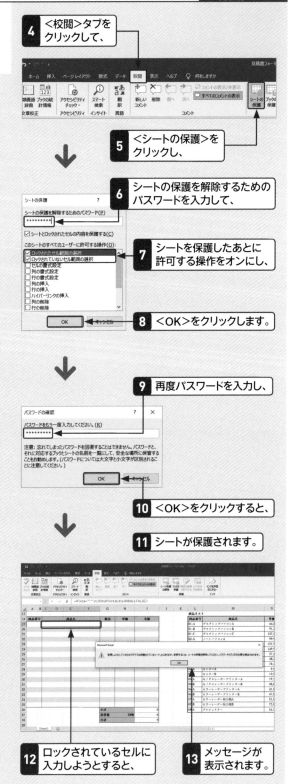

Q 382 ファイルにパスワードを設定するには？

A <全般オプション>ダイアログボックスを利用します。

ファイルの読み取りや書き込みにパスワードを設定するには、<名前を付けて保存>ダイアログボックスから<全般オプション>ダイアログボックスを表示し、パスワードを指定します。

読み取りパスワードを設定すると、ファイルを開くときにパスワードの入力が要求されます。書き込みパスワードを設定すると、編集するときにパスワードの入力が要求されます。

なお、パスワードは、大文字と小文字が区別されます。

1 <名前を付けて保存>ダイアログボックスを表示し、

2 <ツール>をクリックして、

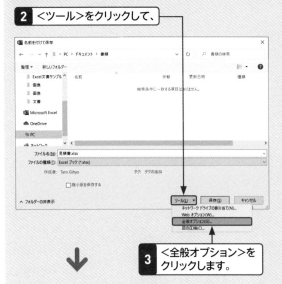

3 <全般オプション>をクリックします。

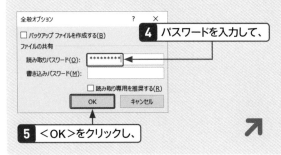

4 パスワードを入力して、

5 <OK>をクリックし、

6 再度パスワードを入力して、

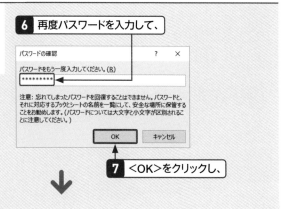

7 <OK>をクリックし、

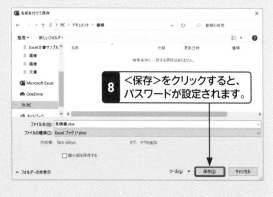

8 <保存>をクリックすると、パスワードが設定されます。

9 ファイルを開くと、パスワードが要求されるので、

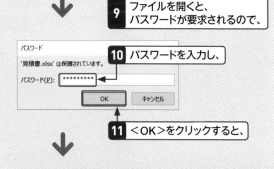

10 パスワードを入力し、

11 <OK>をクリックすると、

12 ファイルが開きます。

Q 383 用紙の中央に印刷するには？

A <ページ設定>ダイアログボックスの<余白>タブで設定します。

用紙の中央に印刷するには、<ページ設定>ダイアログボックスの<余白>タブを利用します。<ページ中央>の<水平>をオンにすると左右中央に、<垂直>をオンにすると上下中央に配置されます。
<ページ設定>ダイアログボックスは、<ページレイアウト>タブの<ページ設定>グループのダイアログボックス起動ツール 🔲 をクリックしても表示できます。

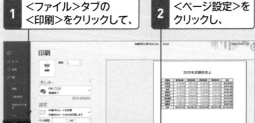

1 <ファイル>タブの<印刷>をクリックして、

2 <ページ設定>をクリックし、

3 <余白>をクリックして、

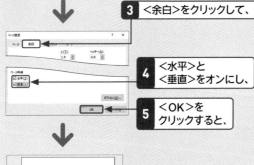

4 <水平>と<垂直>をオンにし、

5 <OK>をクリックすると、

6 用紙の上下左右中央に配置されます。

Q 384 特定の範囲だけを印刷するには？

A 印刷範囲を設定するか、選択範囲だけを印刷します。

特定の範囲を何度も印刷する場合は、印刷範囲を設定します。また、特定の範囲を一度だけ印刷する場合は、<印刷>画面で印刷範囲を選択範囲に指定します。

● 印刷範囲の設定

1 印刷したいセル範囲をドラッグして選択し、

2 <ページレイアウト>タブをクリックして、

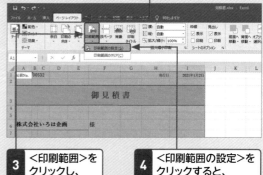

3 <印刷範囲>をクリックし、

4 <印刷範囲の設定>をクリックすると、

5 印刷範囲が設定され、実線で表示されます。

● 選択範囲の印刷

1 印刷したいセル範囲をドラッグして選択し、

2 <ファイル>タブの<印刷>をクリックして、

3 ここをクリックし、

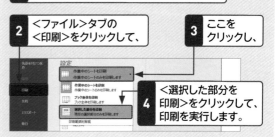

4 <選択した部分を印刷>をクリックして、印刷を実行します。

Q385 印刷範囲を変更するには？

A 再度印刷範囲を設定するか、改ページプレビューで変更します。

印刷範囲を変更するには、再度印刷範囲を設定します。また、＜表示＞タブの＜改ページプレビュー＞をクリックして、改ページプレビューに切り替えると、印刷範囲外がグレーで表示されるので、青い境界線をドラッグすると、印刷範囲を変更できます。

1 ＜表示＞タブをクリックして、
2 ＜改ページプレビュー＞をクリックし、

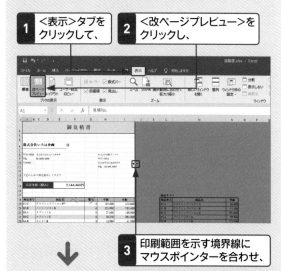

3 印刷範囲を示す境界線にマウスポインターを合わせ、

4 ドラッグすると、

5 印刷範囲が変更されます。

Q386 印刷範囲を解除するには？

A ＜印刷範囲のクリア＞を実行します。

設定した印刷範囲を解除するには、＜ページレイアウト＞タブの＜印刷範囲＞をクリックして、＜印刷範囲のクリア＞をクリックします。

1 ＜ページレイアウト＞タブをクリックして、

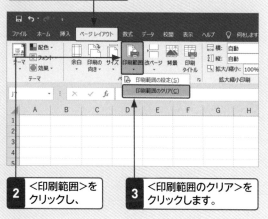

2 ＜印刷範囲＞をクリックし、
3 ＜印刷範囲のクリア＞をクリックします。

Q387 白紙のページが印刷される場合は？

A 印刷範囲を設定するか、不要な行や列を削除します。

白紙のページが印刷されてしまう場合は、一見データが入力されていなくても、セルにスペースが入力されていたり、オブジェクトが配置されていたりすることが考えられます。このような場合は、印刷範囲を設定します。
また、＜表示＞タブの＜改ページプレビュー＞をクリックして、改ページプレビューに切り替えると、印刷範囲外はグレーで表示されるので、印刷範囲に含まれる不要な行や列を削除するという方法もあります。

参照 ▶ Q385

Excel文書とは？　文書作成の基本　文書の入力　文書の編集　文字やセルの書式　罫線と表作成　数式の入力と編集　関数の利用　図形や画像の操作　グラフの作成　ファイルの保存と共有　文書の印刷

序 1 2 3 4 5 6 7 8 9 10 11

序 Excel文書とは？
1 文書作成の基本
2 文書の入力
3 文書の編集
4 文字やセルの書式
5 罫線と表作成
6 数式の入力と編集
7 関数の利用
8 図形や画像の操作
9 グラフの作成
10 ファイルの保存と共有
11 文書の印刷

✏ 文書の印刷

Q 388 特定の行や列、セルを印刷しないようにするには？

A 行や列は非表示に、セルはフォントと塗りつぶしの色を同じにします。

特定の行や列を印刷しないようにするには、それらを非表示にします。

また、セルを印刷しないようにするには、印刷時にセルのフォントの色を塗りつぶしの色と同じにして、見えなくします。印刷が終了したら、フォントの色を元に戻しておきます。 参照 ▶ Q112, Q138

> 非表示にした行や列は印刷されません。

	A	B	C	D	E	H	I	
1	会員番号	氏	名	シ	メイ	性別	郵便番号	
2	0001	村上	通	ムラカミ	トオル	女性	332-0015	埼玉県川口市
3	0002	佐藤	明美	サトウ	アケミ	女性	186-0001	東京都国立市
4	0003	加藤	大輔	カトウ	ダイスケ	男性	185-0004	東京都国分寺
5	0004	山田	健太郎	ヤマダ	ケンタロウ	男性	142-0063	東京都品川区
6	0005	阿部	彩	アベ	アヤ	女性	206-0004	東京都多摩市
7	0006	三浦	美香	ミウラ	ミカ	女性	234-0054	神奈川県横浜
8	0007	佐々木	直樹	ササキ	ナオキ	男性	279-0011	千葉県浦安市
9	0008	西村	陸	ニシムラ	リク	男性	173-0004	東京都板橋区
10	0009	小川	美咲	オガワ	ミサキ	女性	116-0001	東京都荒川区
11	0010	佐々木	学	ササキ	マナブ	男性	332-0015	埼玉県川口市
12	0011	森	達哉	モリ	タツヤ	男性	211-0003	神奈川県川崎
13	0012	長谷川	茜	ハセガワ	アカネ	女性	124-0003	東京都葛飾区
14	0013	石川	沙織	イシカワ	サオリ	女性	330-0843	埼玉県さいた
15	0014	福田	拓海	フクダ	タクミ	男性	133-0052	東京都江戸川
16	0015	林	香織	ハヤシ	カオリ	女性	277-0005	千葉県柏市柏
17	0016	金子	淳	カネコ	ジュン	男性	351-0113	埼玉県和光市
18	0017	坂本	明日香	サカモト	アスカ	女性	238-0048	神奈川県横須

✏ 文書の印刷

Q 389 拡大して印刷するには？

A 印刷する倍率を指定します。

小さい表をそのまま印刷するとバランスが悪いときは、拡大して印刷します。拡大して印刷するには、<ページ設定>ダイアログボックスまたは<ページレイアウト>タブで、倍率を指定します。

● <ページ設定>ダイアログボックスの利用

1 <ファイル>タブの<印刷>をクリックして、

2 ここをクリックし、

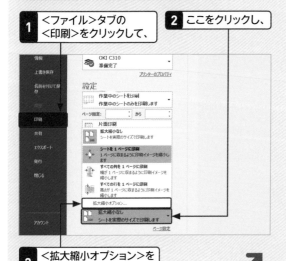

3 <拡大縮小オプション>をクリックします。

4 <ページ>タブをクリックして、

5 <拡大/縮小>をクリックし、

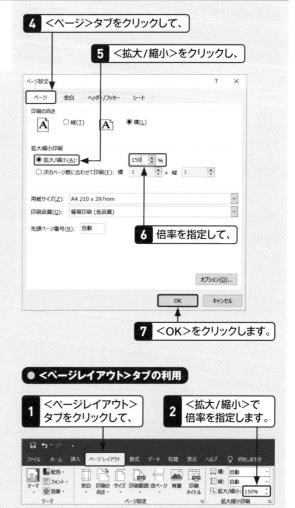

6 倍率を指定して、

7 <OK>をクリックします。

● <ページレイアウト>タブの利用

1 <ページレイアウト>タブをクリックして、

2 <拡大/縮小>で倍率を指定します。

Q 390 改ページの位置を変更するには？

A 改ページプレビューで、改ページ位置の境界線をドラッグします。

区切りのよくないところで改ページされるときは、改ページの位置を変更します。<表示>タブの<改ページプレビュー>をクリックして、改ページプレビューに切り替えると、改ページ位置が青の破線で表示されるので、目的の位置までドラッグします。

1 <表示>タブをクリックして、

2 <改ページプレビュー>をクリックし、

3 改ページ位置を示す青の破線にマウスポインターを合わせて、

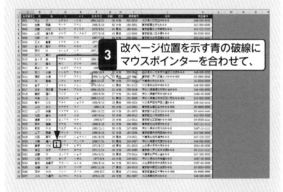

4 ドラッグすると、改ページ位置が変更されます。

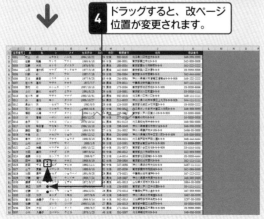

Q 391 任意の位置に改ページを挿入するには？

A <ページレイアウト>タブの<改ページ>から挿入します。

任意の位置で改ページを入れたい場合は、改ページを挿入する右下のセルを選択し、<ページレイアウト>タブの<改ページ>をクリックして、<改ページの挿入>をクリックします。選択したセルの左側と上側に改ページが挿入されます。

1 改ページを挿入したい右下のセルをクリックして選択し、

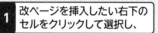

2 <ページレイアウト>タブをクリックして、

3 <改ページ>をクリックし、

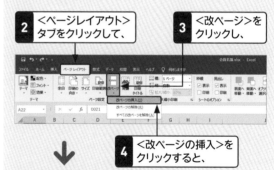

4 <改ページの挿入>をクリックすると、

5 改ページが挿入され、グレーの線が表示されます。

序　Excel文書とは？　1 文書作成の基本　文書の入力　2 文書の編集　3 文字やセルの書式　4 罫線と表作成　5 数式の入力と編集　6 関数の利用　7 図形や画像の操作　8 グラフの作成　9 ファイルの保存や共有　10 文書の印刷　11

Q 392 改ページ位置を解除するには？

A ＜ページレイアウト＞タブの＜改ページ＞から解除します。

挿入した改ページを解除するには、解除する改ページ位置の右下のセルを選択し、＜ページレイアウト＞タブの＜改ページ＞をクリックして、＜改ページの解除＞をクリックします。また、＜すべての改ページの解除＞をクリックすると、すべての改ページを解除できます。

1 解除したい改ページ位置の右下のセルをクリックして選択し、

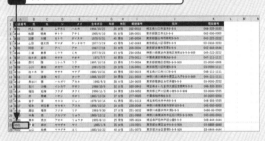

2 ＜ページレイアウト＞タブをクリックして、

3 ＜改ページ＞をクリックし、

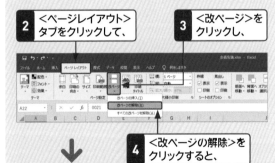

4 ＜改ページの解除＞をクリックすると、

5 改ページが解除されます。

Q 393 ワークシートの一部が印刷されない場合は？

A 印刷範囲の設定を確認します。

ワークシートの一部が印刷されない場合は、設定されている印刷範囲の外にデータが入力されていることが考えられます。標準ビューでは印刷範囲がわかりづらいので、＜表示＞タブの＜改ページプレビュー＞をクリックして、改ページプレビューに切り替え、印刷範囲を確認し、正しく印刷範囲を設定し直します。

参照 ▶ Q385

Q 394 印刷するページを指定するには？

A ＜印刷＞画面の＜ページ指定＞で印刷するページを指定します。

一部のページだけを印刷する場合は、＜ファイル＞タブの＜印刷＞をクリックして、＜ページ指定＞に印刷するページの開始ページと終了ページを指定し、印刷を実行します。

1 ＜ファイル＞タブの＜印刷＞をクリックして、

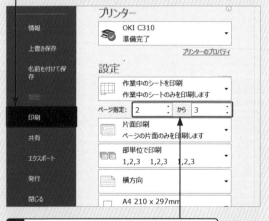

2 ＜ページ指定＞に開始ページと終了ページを入力し、印刷を実行します。

Q 395 すべてのページに表の見出しを印刷するには？

A ＜ページレイアウト＞タブの ＜印刷タイトル＞を利用します。

縦長の表や横長の表を印刷するときは、印刷タイトルを利用して、2ページ目以降も表の見出し行や見出し列を印刷すると見やすくなります。印刷タイトルを設定するには、＜ページレイアウト＞タブの＜印刷タイトル＞をクリックします。＜タイトル行＞または＜タイトル列＞をクリックし、印刷タイトルに設定する行番号または列番号をクリックします。このとき、複数の行（列）番号をドラッグすると、複数の行（列）を印刷タイトルに設定できます。

印刷タイトルを解除するには、＜タイトル行＞または＜タイトル列＞に入力されている文字を削除します。

1 ＜ページレイアウト＞タブをクリックして、

2 ＜印刷タイトル＞をクリックし、

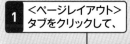
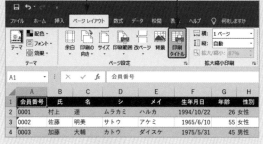

3 ＜タイトル行＞または＜タイトル列＞をクリックして、

4 タイトル行（列）に設定する行（列）番号をクリックすると、

5 行（列）番号が入力されるので、

6 ＜OK＞をクリックします。

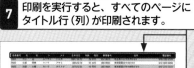

7 印刷を実行すると、すべてのページにタイトル行（列）が印刷されます。

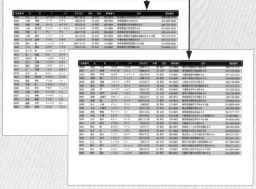

Q 396 ワークシートを1ページにおさめて印刷するには？

A <印刷>画面や<ページレイアウト>タブで設定します。

複数ページにわたる大きな表を1ページにおさめて印刷するには、<ファイル>タブの<印刷>、または<ページレイアウト>タブで設定を行います。

● <印刷>画面の利用

1 <ファイル>タブの<印刷>をクリックして、

2 ここをクリックし、

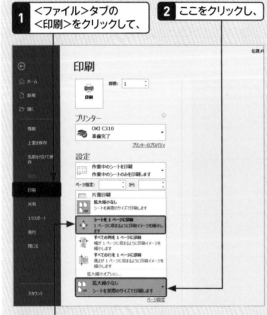

3 <シートを1ページに印刷>をクリックします。

● <ページレイアウト>タブの利用

1 <ページレイアウト>タブをクリックして、

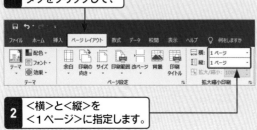

2 <横>と<縦>を<1ページ>に指定します。

Q 397 すべての列を1ページにおさめて印刷するには？

A <印刷>画面や<ページレイアウト>タブで設定します。

すべての列を1ページにおさめて印刷するには、<ファイル>タブの<印刷>、または<ページレイアウト>タブで設定を行います。

● <印刷>画面の利用

1 <ファイル>タブの<印刷>をクリックして、

2 ここをクリックし、

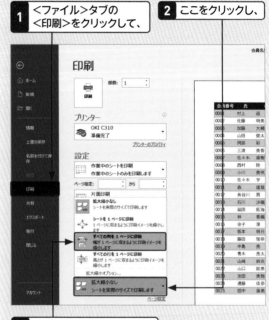

3 <すべての列を1ページに印刷>をクリックします。

● <ページレイアウト>タブの利用

1 <ページレイアウト>タブをクリックして、

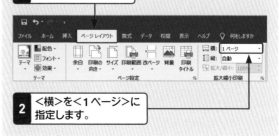

2 <横>を<1ページ>に指定します。

Q 398 ページ番号を挿入するには？

A ヘッダー/フッターを利用します。

ページ番号を挿入して印刷するには、ヘッダー/フッターを利用します。ヘッダー/フッターを編集するには、<表示>タブの<ページレイアウト>をクリックするか、<挿入>タブの<ヘッダーとフッター>をクリックして、ページレイアウトビューに切り替えます。ヘッダー/フッターは、それぞれ左、中央、右の領域に分かれているので、挿入したいボックスをクリックし、<ヘッダー/フッターツール>の<デザイン>タブの<ページ番号>をクリックします。「&[ページ番号]」と表示されるので、ヘッダー/フッター領域以外をクリックすると、ページ番号を確認できます。

参照 ▶ Q399, Q400, Q401

1 <表示>タブをクリックして、

2 <ページレイアウト>をクリックし、

3 ページ番号を挿入する領域をクリックして、

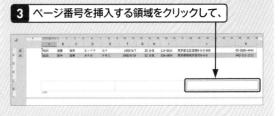

4 <ヘッダー/フッターツール>の<デザイン>タブをクリックし、

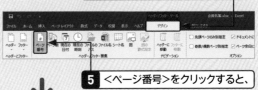

5 <ページ番号>をクリックすると、

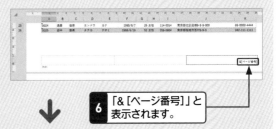

6 「&[ページ番号]」と表示されます。

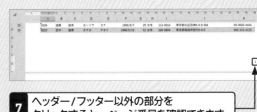

7 ヘッダー/フッター以外の部分をクリックすると、ページ番号を確認できます。

Q 399 ページ番号の書式を変更するには？

A <ホーム>タブの<フォント>グループを利用します。

挿入したページ番号のフォントやフォントサイズ、フォントの色などの書式は、セルの文字と同様、<ホーム>タブの<フォント>グループで変更できます。書式を変更するときは、ページレイアウトビューに切り替え、「&[ページ番号]」をドラッグして選択してから行います。

「&[ページ番号]」をドラッグして選択し、<ホーム>タブで書式を変更します。

序　Excel文書とは？　1　文書作成の基本　2　文書の入力　3　文書の編集　4　文字やセルの書式　5　罫線と表作成　6　数式の入力と編集　7　関数の利用　8　図形や画像の操作　9　グラフの作成　10　ファイルの保存と共有　11　文書の印刷

✎ ヘッダー / フッター　　　　　　　　　　　　　　　　　　　　　　　　　　会員名簿.xlsx

Q 400

「ページ番号/総ページ数」を挿入するには？

A <ページ番号>と<ページ数>を利用します。

ヘッダー / フッターに、「ページ番号 / 総ページ数」の形式でページ番号とページ数を挿入するには、<ヘッダー / フッターツール>の<デザイン>タブの<ページ番号>をクリックして、「/」を入力し、<ページ数>をクリックします。

1 ページ番号を挿入する領域をクリックして、

2 <ヘッダー/フッターツール>の<デザイン>タブをクリックし、

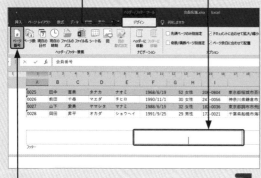

3 <ページ番号>をクリックします。

4 「&[ページ番号]」と表示されるので、その後に「/」を入力し、

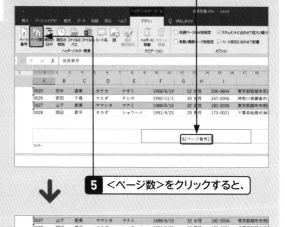

5 <ページ数>をクリックすると、

6 「&[総ページ数]」と表示されます。

7 ヘッダー/フッター以外の部分をクリックすると、確認できます。

Q 401

先頭のページ番号を「1」以外にするには？

A <ページ設定>ダイアログボックスで先頭のページ番号を指定します。

既定では、ページ番号は「1」から開始されますが、ほかの数字に変更したい場合は、<ページ設定>ダイアログボックスの<ページ>タブの<先頭ページ番号>で、ページ番号を指定します。

1 <ページ設定>ダイアログボックスを表示して、

2 <ページ>をクリックし、

3 先頭のページ番号を入力して、

4 <OK>をクリックします。

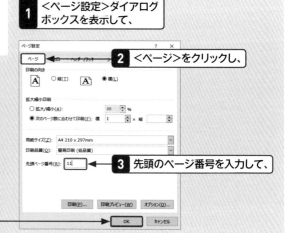

Q 402 ヘッダーに会社のロゴなどの画像を挿入するには？

A <ヘッダー/フッターツール>の <デザイン>タブの<図>を利用します。

ヘッダー / フッターに画像を挿入するには、ページレイアウトビューに切り替えて、挿入する領域をクリックし、<ヘッダー / フッターツール>の<デザイン>タブの<図>をクリックし、挿入する画像を指定します。

参照 ▶ Q173, Q322

1 画像を挿入する領域をクリックして、

2 <ヘッダー/フッターツール>の<デザイン>タブをクリックし、

3 <図>をクリックします。

4 挿入する画像の場所をクリックし、

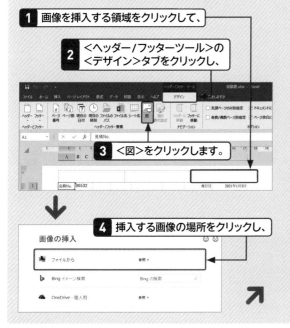

5 保存場所を指定して、

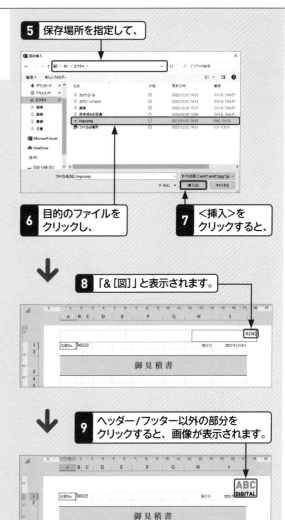

6 目的のファイルをクリックし、

7 <挿入>をクリックすると、

8 「&[図]」と表示されます。

9 ヘッダー/フッター以外の部分をクリックすると、画像が表示されます。

Q 403 ヘッダー/フッターの画像のサイズを変更するには？

A <図の書式設定>ダイアログボックスを利用します。

ヘッダー / フッターに挿入した画像のサイズを変更するには、ヘッダー / フッターの「&[図]」をクリックして選択し、<ヘッダー / フッターツール>の<デザイン>タブの<図の書式設定>をクリックします。<図の書式設定>ダイアログボックスが表示されるので、<サイズ>タブでサイズを指定します。

長さや倍率でサイズを指定します。

Q 404 ヘッダー/フッターに文字を入力するには？

A ヘッダー/フッター領域に文字を入力します。

ヘッダー/フッターには、表のタイトルや会社名など、任意の文字を入力することができます。ページレイアウトビューに切り替えて、挿入するヘッダー/フッターの領域をクリックし、文字を入力します。入力した文字は、＜ホーム＞タブの＜フォント＞グループで、フォントやフォントサイズ、フォントの色などの書式を変更することができます。

1 ＜表示＞タブをクリックして、

2 ＜ページレイアウト＞をクリックし、

3 入力する領域をクリックして、文字を入力し、

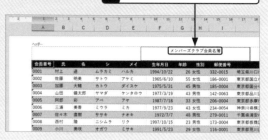

4 必要に応じて書式を設定します。

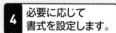

Q 405 ヘッダー/フッターに日付やファイル名を挿入するには？

A ＜ヘッダー/フッター要素＞グループを利用します。

ヘッダー/フッターに現在の日付やファイル名、シート名などを挿入するには、＜ヘッダー/フッターツール＞の＜デザイン＞タブの＜ヘッダー/フッター要素＞グループを利用します。挿入したい領域にカーソルを移動して、目的の要素をクリックするだけで、かんたんに挿入できます。また、＜ヘッダーとフッター＞グループ＞からは、ページ番号、ページ番号とファイル名など、さまざまな要素のパターンが用意されています。

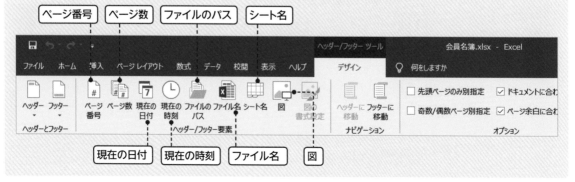

Q 406 印刷範囲や改ページ位置を確認しながら作業するには？

A 改ページプレビューやページレイアウトビューを利用します。

標準ビューでは、印刷範囲や改ページ位置は見づらいため、それらを確認しながら作業したいときは、＜表示＞タブの＜改ページプレビュー＞または＜ページレイアウト＞をクリックして、表示モードを切り替えます。
改ページプレビューでは、改ページ位置は青の破線または実線で表示され、印刷されない範囲はグレーで表示されます。
ページレイアウトビューでは、印刷結果が表示され、ヘッダー/フッターの編集も行えます。
いずれの表示モードでも、編集作業を行うことができます。

● 改ページプレビューの利用

改ページ位置に破線または実線が表示されます。

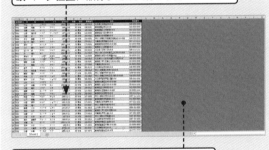

印刷されない範囲はグレーで表示されます。

● ページレイアウトビューの利用

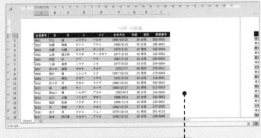

ページごとのレイアウトを確認できます。

Q 407 改ページ位置の破線が表示されない場合は？

A ＜Excelのオプション＞で設定を変更します。

新しいファイルを作成したり、保存してあるファイルを開いたりした直後は、標準ビューでは改ページ位置を示す破線は表示されません。用紙サイズの設定を行うか、一度改ページプレビューやページレイアウトビューに切り替えると、表示されるようになります。
それでも表示されない場合は、＜Excelのオプション＞で、改ページが表示されるように設定を変更します。

1 ＜ファイル＞タブの＜オプション＞をクリックして、

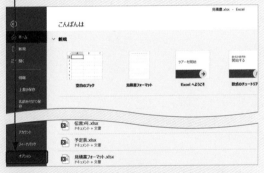

2 ＜詳細設定＞をクリックし、

3 ＜改ページを表示する＞をオンにして、

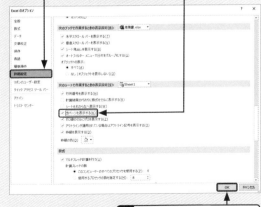

4 ＜OK＞をクリックします。

Q 408 行番号と列番号を印刷するには？

A ＜ページレイアウト＞タブの＜見出し＞の＜印刷＞をオンにします。

行番号と列番号を付けて印刷するには、＜ページレイアウト＞タブの＜見出し＞の＜印刷＞をオンにします。

1 ＜ページレイアウト＞タブをクリックして、

2 ＜見出し＞の＜印刷＞をオンにし、

3 印刷を実行すると、行番号と列番号が印刷されます。

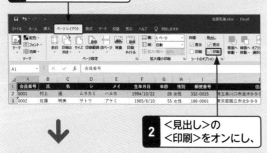

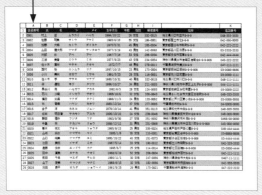

Q 410 数値が「####…」と印刷される場合は？

A セルの幅を広げるか、書式を変更します。

Q 409 セルの枠線を印刷するには？

A ＜ページレイアウト＞タブの＜枠線＞の＜印刷＞をオンにします。

ワークシートでセルに罫線を設定していなくても、＜ページレイアウト＞タブの＜枠線＞の＜印刷＞をオンにすれば、枠線を印刷することができます。

1 ＜ページレイアウト＞タブをクリックして、

2 ＜枠線＞の＜印刷＞をオンにし、

3 印刷を実行すると、セルの枠線が印刷されます。

画面上では正しく表示されているのに、印刷したときに数値が「####…」となったり、文字の一部が切れたりしている場合は、セル内の文字数に対してセルの幅がぎりぎりに設定されていることが原因です。正しく印刷されるようにするには、セルの幅を広げるか、フォントやフォントサイズを変更します。

Q 411 複数のワークシートを まとめて印刷するには？

A 印刷するワークシートのシート見出しを すべて選択してから印刷します。

複数のワークシートをまとめて印刷するには、印刷するワークシートのシート見出しを Ctrl を押しながらクリックして選択します。ワークシートがグループ化されるので、そのまま印刷を実行します。
また、ファイルのすべてのワークシートを印刷する場合は、<ファイル>タブの<印刷>画面で、印刷対象を<ブック全体を印刷>に指定します。

● 複数のワークシートを選択して印刷

印刷するワークシートのシート見出しを Ctrl を
押しながらクリックして選択し、印刷を実行します。

● ファイル全体を印刷

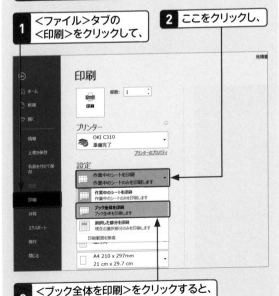

1 <ファイル>タブの<印刷>をクリックして、

2 ここをクリックし、

3 <ブック全体を印刷>をクリックすると、すべてのワークシートが印刷されます。

Q 412 印刷プレビューにグラフしか 表示されない場合は？

A グラフ以外の部分を選択します。

ワークシートにグラフ以外のデータが入力されているにもかかわらず、印刷プレビューにグラフしか表示されていない場合は、グラフを選択した状態で、<印刷>画面を表示している可能性があります。編集画面に戻り、任意のセルをクリックしてから、再度<印刷>画面を表示します。

Q 413 セルのエラー値を印刷 しないようにするには？

A <ページ設定>ダイアログ ボックスで設定します。

既定では、セルのエラー値は印刷されてしまいます。エラー値を印刷しないようにするには、<ページ設定>ダイアログボックスの<シート>タブの<セルのエラー>で設定を変更します。

1 <ページ設定>ダイアログボックスを表示して、

2 <シート>をクリックし、

3 をクリックして、

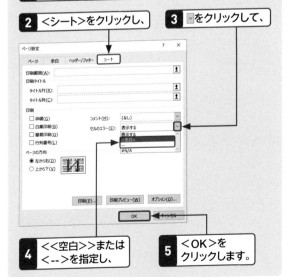

4 <<空白>>または<-->を指定し、

5 <OK>をクリックします。

Q 414 印刷タイトルが設定できない場合は？

A ＜印刷＞画面ではなく、＜ページレイアウト＞タブから設定します。

印刷タイトルを設定するときに、＜ファイル＞タブの＜印刷＞の＜ページ設定＞から＜ページ設定＞ダイアログボックスを表示すると、＜印刷タイトル＞のボックスがグレーで表示され、設定できません。この場合は、＜ページレイアウト＞タブの＜印刷タイトル＞から＜ページ設定＞ダイアログボックスを表示します。

参照 ▶ Q395

1 ＜ファイル＞タブの＜印刷＞をクリックして、

2 ＜ページ設定＞をクリックすると、

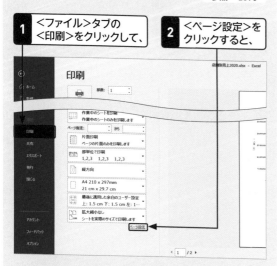

3 印刷範囲と印刷タイトルの設定を行うことができません。

Q 415 印刷の設定を保存するには？

A ＜ユーザー設定のビュー＞を利用します。

ページ設定や余白、ヘッダー / フッターなどの印刷の設定を保存するには、＜ユーザー設定のビュー＞を利用して、印刷の設定を含めて登録しておきます。複数の印刷設定を、かんたんに切り替えることもできます。＜ユーザー設定のビュー＞ダイアログボックスは、＜表示＞タブの＜ユーザー設定のビュー＞をクリックすると表示されます。

1 ＜ユーザー設定のビュー＞ダイアログボックスを表示して、

2 ＜追加＞をクリックし、

3 名前を入力して、

4 ＜印刷の設定＞をオンにし、

5 ＜OK＞をクリックすると、ビューが登録されます。

6 ＜ユーザー設定のビュー＞ダイアログボックスで、利用するビューをクリックし、

7 ＜表示＞をクリックすると、ビューが切り替わります。

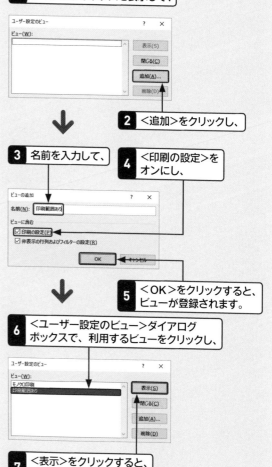

Q 416 1部ずつ仕分けして印刷するには？

A <部単位で印刷>を利用します。

複数の部数を印刷するときに、1部ずつページ順で印刷すると、印刷後に仕分けする手間を省くことができます。その場合は、<ファイル>タブの<印刷>で、<部単位で印刷>を指定します。

1 <ファイル>タブの<印刷>をクリックして、

2 ここをクリックし、

3 <部単位で印刷>をクリックします。

Q 417 白黒で印刷するには？

A <ページ設定>ダイアログボックスで設定します。

白黒で印刷するには、<ページ設定>ダイアログボックスの<シート>タブで、<白黒印刷>をオンにします。

Q 418 両面印刷を行うには？

A 両面印刷対応のプリンターを利用します。

使用しているプリンターが両面印刷に対応している場合は、両面印刷を行うことができます。
<ファイル>タブの<印刷>をクリックして、<プリンターのプロパティ>をクリックし、両面印刷の設定を行います。プリンターのプロパティ画面は、機種によって異なるので、両面印刷の設定方法は、各プリンターのマニュアルなどを参照してください。

1 <ファイル>タブの<印刷>をクリックして、

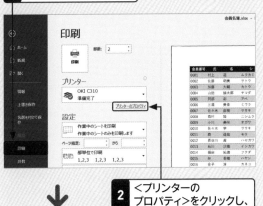

2 <プリンターのプロパティ>をクリックし、

3 両面印刷の設定を行って、

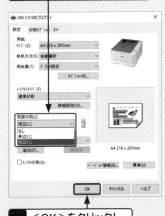

4 <OK>をクリックし、印刷を実行します。

索引

記号・数字

####·····························	66, 170, 248
#N/A····························	177
,（カンマ）······················	64, 134
3-D参照·························	141

英字

AND関数·························	166
ASC関数·························	179
AVERAGE関数···················	156
COUNTA関数····················	162
COUNTIFS関数··················	164
COUNTIF関数··········	160, 162, 163, 180
COUNT関数···············	162, 168
DATEDIF関数···················	173
DATE関数······················	171
DAY関数···················	170, 171
EDATE関数·····················	172
EOMONTH関数··················	172
Excel 97-2003形式··········	226, 227
FLOOR.MOTH関数················	175
HOUR関数······················	170
IFERROR関数···············	167, 177
IF関数··········	165, 166, 167, 168, 180
INDIRECT関数··················	177
INT関数························	156
ISBLANK関数···················	168
JIS関数························	179
LEFT関数······················	180
LEN関数························	179
LOWER関数·····················	179
MAX関数························	178
MID関数························	180
MINUTE関数····················	170
MIN関数························	178
MOD関数························	115
MONTH関数·················	170, 171
NETWORKDAYS関数···············	174
NOW関数························	169
OneDrive······················	228
OR関数·························	166
PDF····························	225
PERCENTILE.INC関数·············	167
PHONETIC関数··················	179
PROPER関数····················	179
RANK.AVG関数··················	178
RANK.EQ関数···················	178
ROUNDDOWN関数·················	157
ROUNDUP関数···················	157
ROUND関数·····················	157
ROW関数························	115
SECOND関数····················	170
SmartArt······················	196
SUBSTITUTE関数················	180
SUBTOTAL関数··················	160
SUMIF関数·····················	164
SUM関数·················	155, 159, 168
TIME関数······················	171
TODAY関数·····················	169
UPPER関数·····················	179
URL····························	63
VLOOKUP関数···················	176
WEEKDAY関数···················	114
WORKDAY関数···················	174
YEAR関数··················	170, 171

あ行

アイコン···················	191, 192
新しいウィンドウ················	104
新しいシート····················	92
印刷·······················	47, 236
印刷イメージ····················	47
印刷タイトル···············	241, 250
印刷の設定を保存················	250
印刷の向き·····················	40
印刷範囲·················	236, 237, 247
インデント·················	106, 107
ウィンドウ枠の固定··············	102
ウィンドウを整列················	104
ウィンドウを分割················	103
上書き保存·····················	46
営業日·························	174
エラーインジケーター···········	136, 147
エラー値··············	146, 167, 177, 249
エラーチェック·················	147
演算子·························	133
オートSUM·················	155, 158

オートコレクト ……………………………… 62, 63
オートコンプリート ……………………………… 59
オートフィル ……………………… 53, 54, 56, 57
オブジェクトの選択と表示 ……………………… 188
折り返して全体を表示する ……………………… 43

か行

改行 ……………………………………………… 42
改ページ ……………………………… 239, 247
改ページプレビュー ………………… 237, 239, 247
書き込みパスワード ……………………………… 235
拡大して印刷 ……………………………………… 238
拡張子 ……………………………………………… 46
囲い文字 …………………………………………… 61
画像 ………………………… 122, 123, 199, 245
画像のサイズ ……………………………………… 199
画像の修整 ………………………………………… 200
画像を移動 ………………………………………… 200
画像を変更 ………………………………………… 202
画面を拡大 / 縮小 ………………………………… 104
カラーリファレンス ………………… 136, 138
関数 ………………………………………………… 151
関数の検索 ………………………………………… 154
期間 ………………………………………………… 173
記号 …………………………………………… 60, 61
行の移動 …………………………………………… 91
行のグループ化 …………………………………… 90
行の削除 …………………………………………… 91
行の挿入 …………………………………………… 88
行の高さ ……………………………………… 42, 89
行の非表示 ………………………………………… 90
行番号 ……………………………………………… 248
行見出し …………………………………………… 102
共有 ………………………………………………… 230
行を選択 …………………………………………… 78
切り上げ …………………………………………… 157
切り捨て ……………………………… 156, 157, 175
切り取り …………………………………………… 81
空白セル …………………………………………… 80
グラフ ……………………………………………… 203
グラフタイトル …………………………………… 209
グラフの色 ………………………………………… 215
グラフのサイズ …………………………………… 207
グラフの種類の変更 ……………………………… 205

グラフのスタイル ………………………………… 207
グラフの背景 ……………………………………… 219
グラフのレイアウトの変更 ……………………… 206
グラフ要素 ………………………………………… 206
クリップボード …………………………………… 83
罫線 ………………………………………………… 125
罫線の色 …………………………………………… 127
罫線の削除 ………………………………………… 128
罫線の種類 ………………………………………… 126
桁区切りスタイル ………………………………… 64
結語 ………………………………………………… 25
検索 …………………………… 95, 100, 162, 176
合計 …………………………… 155, 158, 164, 168
降順 …………………………………………… 98, 101
互換性チェック …………………………………… 227
互換モード ………………………………………… 226
五十音順 …………………………………………… 98
個人情報 …………………………………………… 222
コピー ………………………………… 51, 82, 124

さ行

再計算 ……………………………………………… 142
最小値 ……………………………………………… 178
最大値 ……………………………………………… 178
再変換 ……………………………………………… 60
算術演算子 ………………………………………… 133
参照方式 ……………………………… 133, 135
シートの保護 ……………………………………… 234
シート見出し ………………………………… 92, 94
シートを1ページに印刷 ………………………… 242
時給 ………………………………………………… 175
軸ラベル …………………………………………… 210
時刻 ……………………………… 71, 74, 169
四捨五入 ……………………………………… 67, 157
ジャンプ …………………………………………… 80
集計 ………………………………………………… 160
住所 …………………………………………… 62, 180
縮小して全体を表示する ………………………… 43
縮小版 ……………………………………………… 223
順位 ………………………………………………… 178
循環参照 …………………………………………… 148
条件付き書式 ……………………………………… 112
条件分岐 …………………………………………… 165
条件を選択してジャンプ ………………………… 80

Index

昇順 ··· 98, 101
小数 ································· 66, 67, 139, 150
小数点以下を切り捨て ························ 156
白黒で印刷 ··································· 251
数学記号 ····································· 61
数式 ·· 133
数式オートコンプリート ················ 153, 154
数式の検証 ··································· 149
ズームスライダー ···························· 104
透かし ······································ 122
図形 ·· 181
図形に文字を入力 ···························· 186
図形の位置 ··································· 190
図形の重なり順 ······························ 189
図形の間隔 ··································· 190
図形の効果 ··································· 185
図形のサイズ ································· 182
図形のスタイル ······························ 185
図形の塗りつぶし ···························· 184
図形の枠線 ··································· 184
図形を移動 ··································· 181
図形を回転 ··································· 187
図形をグループ化 ···························· 191
図形をコピー ································· 182
図形を反転 ··································· 187
スタイル ······························· 130, 185
図の効果 ···································· 201
図の変更 ···································· 202
図表 ·· 196
スペルチェック ······························· 63
絶対参照 ······························· 133, 134
セル参照 ··························· 133, 138, 146
セルの移動 ···································· 48
セルの強調表示ルール ························ 113
セルの結合 ···································· 43
セルの削除 ···································· 87
セルのスタイル ······························ 111
セルの選択 ···································· 78
セルの挿入 ···································· 87
セルの背景 ··································· 111
セルのロック ································· 234
セルの枠線を印刷 ···························· 248
セル範囲 ···································· 143
セル番地 ···································· 133
選択範囲 ····································· 78
先頭行の固定 ································· 102
先頭列の固定 ································· 102
相対参照 ······························· 133, 134

た行

タイトル行 ··································· 241
タイトル列 ··································· 241
縦(値)軸 ··································· 210
縦書き ······································ 108
段組み ······································ 195
置換 ··· 96
重複データ ··································· 180
通貨記号 ································· 65, 134
データ系列 ··································· 208
データ要素 ··································· 208
データの移動 ································· 81
データの個数 ································ 162
データのコピー ······························· 82
データの入力規則 ····························· 75
データラベル ································· 217
テーブル ······························· 129, 146
テーブルスタイル ···························· 130
テーマ ································· 118, 121
テキストボックス ···························· 193
テンプレート ································· 224
電話番号 ····································· 70
頭語 ··· 25
ドキュメント検査 ···························· 222
特殊文字 ····································· 60
トリミング ··································· 201

な行

斜めの罫線 ··································· 127
名前ボックス ························· 49, 80, 143
名前を付けて保存 ····························· 46
並べ替え ····································· 98
入力規則 ····································· 75
入力候補 ····································· 59
入力モード ··································· 77
塗りつぶしの色 ·························· 111, 114

は行

配色パターン ································· 120
配置 ···························· 43, 44, 106, 107
ハイパーリンク ······························· 63
パスワード ······························ 234, 235
貼り付け ······························· 58, 81, 124
貼り付け ····································· 81
貼り付けのオプション ························· 84
引数 ·· 151

日付······························71, 169, 246
表···129
表示形式···································68, 71
表示桁数····································139
ファイル名拡張子······························46
フィルター···································100
フォント·····································45
フォントサイズ································45
フォントの色·································105
フォントパターン·····························119
複合グラフ··································220
複合参照·······························133, 135
フッター·····························122, 123, 243
負の数······································69
フラッシュフィル··························51, 52, 70
ふりがな·······························109, 110, 179
プレビューウィンドウ····························223
プロパティ··································222
平均·····································156, 160
ページ番号··································243
ページレイアウトビュー·························243
ヘッダー·····························122, 123, 243
保護ビュー··································226
保存·······································46
保存先·····································222

ま行

メールアドレス·································63
文字数·····································179
文字を回転··································108

や行

ユーザー設定のビュー····························250
郵便番号··································62, 70
用紙サイズ···································40
曜日······························56, 72, 114
余白·······································41
読み取り専用································225
読み取りパスワード····························235

ら行

リスト······································77
リボンを自動的に非表示··························103
両面印刷···································251
リンク······································63
累計······································161

列の移動·····································91
列のグループ化································90
列の削除·····································91
列の挿入·····································88
列の幅···································42, 89
列の非表示···································90
列番号·····································248
列見出し····································102
列を選択·····································78
連続データ···································53

わ行

ワークシート·······························92, 103
ワークシート全体を選択··························79
ワークシートの移動····························92
ワークシートのグループ化·······················94
ワークシートのコピー···························92
ワークシートの名前····························94
ワークシートの背景···························122
ワークシートを削除····························93
ワークシートを追加····························92
ワークシートを並べて表示······················104
ワークシートを分割····························103
ワードアート·································198
和暦·······································72

■お問い合わせについて

本書に関するご質問については、本書に記載されている内容に関するもののみとさせていただきます。本書の内容と関係のないご質問につきましては、一切お答えできませんので、あらかじめご了承ください。また、電話でのご質問は受け付けておりませんので、必ずFAXか書面にて下記までお送りください。
なお、ご質問の際には、必ず以下の項目を明記していただきますようお願いいたします。

1　お名前
2　返信先の住所またはFAX番号
3　書名（今すぐ使えるかんたん Excel 文書作成
　　完全ガイドブック　困った解決&便利技 [2019/2016/2013/
　　365対応版]）
4　本書の該当ページ
5　ご使用のOSとソフトウェアのバージョン
6　ご質問内容

なお、お送りいただいたご質問には、できる限り迅速にお答えできるよう努力いたしておりますが、場合によってはお答えするまでに時間がかかることがあります。また、回答の期日をご指定なさっても、ご希望にお応えできるとは限りません。あらかじめご了承くださいますよう、お願いいたします。

■問い合わせ先

〒162-0846
東京都新宿区市谷左内町21-13
株式会社技術評論社　書籍編集部
「今すぐ使えるかんたん Excel 文書作成 完全ガイドブック 困った解決&便利技 [2019/2016/2013/365対応版]」質問係
FAX番号　03-3513-6167
https://book.gihyo.jp/116

今すぐ使えるかんたん Excel 文書作成
完全ガイドブック 困った解決&便利技
[2019/2016/2013/365対応版]

2021年6月10日　初版　第1刷発行

著　者●稲村暢子
発行者●片岡　巖
発行所●株式会社 技術評論社
　　　　東京都新宿区市谷左内町21-13
　　　　電話　03-3513-6150　販売促進部
　　　　　　　03-3513-6160　書籍編集部
装丁●岡崎　善保（志岐デザイン事務所）
本文デザイン●リンクアップ
DTP●稲村　暢子
編集●荻原　祐二
製本／印刷●大日本印刷株式会社

定価はカバーに表示してあります。

ISBN978-4-297-12094-8 C3055
Printed in Japan

■お問い合わせの例

FAX

1　お名前
　　技術　太郎

2　返信先の住所またはFAX番号
　　03-XXXX-XXXX

3　書名
　　今すぐ使えるかんたん Excel
　　文書作成 完全ガイドブック
　　困った解決&便利技
　　[2019/2016/2013/365
　　対応版]

4　本書の該当ページ
　　241ページ

5　ご使用のOSとソフトウェアのバージョン
　　Windows 10 Pro
　　Excel 2019

6　ご質問内容
　　印刷タイトルが設定できない。

※ご質問の際に記載いただきました個人情報は、回答後速やかに破棄させていただきます。